Gerhard Schurz
Wahrscheinlichkeit

Grundthemen Philosophie

Herausgegeben von
Dieter Birnbacher
Pirmin Stekeler-Weithofer
Holm Tetens

Gerhard Schurz
Wahrscheinlichkeit

DE GRUYTER

ISBN 978-3-11-042550-5
e-ISBN (PDF) 978-3-11-042036-4
e-ISBN (EPUB) 978-3-11-042056-2

Library of Congress Cataloging-in-Publication Data
A CIP catalog record for this book has been applied for at the Library of Congress.

Bibliografische Information der Deutschen Nationalbibliothek
Die Deutsche Nationalbibliothek verzeichnet diese Publikation in der Deutschen
Nationalbibliografie; detaillierte bibliografische Daten sind im Internet über
http://dnb.dnb.de abrufbar.

© 2015 Walter de Gruyter GmbH, Berlin/Boston
Einbandabbildung: Martin Zech
Satz: fidus Publikations-Service GmbH, Nördlingen
Druck und Bindung: Hubert & Co. GmbH & Co. KG, Göttingen
♾ Gedruckt auf säurefreiem Papier
Printed in Germany

www.degruyter.com

Persönliches Vorwort

In den über 30 Jahren, in denen ich mich der Wissenschaftstheorie und wissenschaftlichen Philosophie gewidmet habe, war die Wahrscheinlichkeitstheorie (neben anderen formalen Methoden) mein ständiger Begleiter. Dies erklärt sich einerseits dadurch, dass ich (schon aufgrund meiner Doppelausbildung in Naturwissenschaft und Philosophie) immer ein den Fachwissenschaften nahestehender Wissenschaftsphilosoph war, und andererseits durch die Natur der Wissenschaften und ihrer Gegenstände selber. Erstens sind die meisten in den Wissenschaften erforschten Gesetzmäßigkeiten (eventuell mit Ausnahme der klassischen Physik) nicht strikt deterministischer, sondern statistischer Natur. Zweitens ist wissenschaftliches Wissen, außer in formalwissenschaftlichen Gebieten, grundsätzlich unsicher. Aus dem ersten Grund benötigt man die statistische und aus dem zweiten die epistemische Wahrscheinlichkeitstheorie. Eine theoretische Philosophie, die nicht im philosophischen Elfenbeinturm verbleiben möchte, sondern für die Realwissenschaften bedeutsame und anwendbare Ergebnisse sucht, kann nicht im Rahmen der deduktiven Logik verbleiben, sondern muss die Wahrscheinlichkeitstheorie mit einbeziehen. Diese Feststellung heißt keineswegs, dass deshalb die deduktive Logik unwichtig sei oder auf sie verzichtet werden könne. Nein, auch im Kern der Wahrscheinlichkeitstheorie steckt (als notwendiger, aber nicht hinreichender Bestandteil) die deduktive Logik, und wer die letztere ignoriert, kann auch die erstere nicht verstehen.

So erklärt sich, warum die Wahrscheinlichkeitstheorie mein ständiger Begleiter war: weil ich sie für Anwendungen benötigte. Dieter Birnbacher habe ich es zu verdanken, dass aus dieser Situation der Anstoß wurde, meine angesammelten Erfahrungen und Einsichten in diesem Gebiet in Form eines Büchleins zusammenzuschreiben. Das Besondere an diesem Büchlein ist – so meine ich zumindest – dass ich die Wahrscheinlichkeitstheorie nicht, wie üblich, aus einer bestimmten Ecke betrachte und entwickle, sondern die unterschiedlichen Perspektiven, Terminologien und Wissenschaftslager zusammenzubringen versuche.

Wie ich es sehe, befindet sich das Gebiet der Wahrscheinlichkeitstheorie seit Jahrzehnten in einem bedauerlichen Zustand der Lagertrennung. Während in den empirischen Wissenschaften fast ausschließlich von statistischer Wahrscheinlichkeit die Rede ist, verstehen die in der Wissenschaftstheorie einflussreichen Bayesianer Wahrscheinlichkeit grundsätzlich im subjektiven Sinn von rationalen Glaubensgraden, wogegen die dritte Gruppe der mathematischen Wahrscheinlichkeitstheoretiker diesen Interpretationskonflikt systematisch ignoriert. Als anwendungsorientierter Wissenschaftsphilosoph bin ich nicht selten vor die unangenehme Situation gestellt, dass ich, um anwendbare Ergebnisse zu haben, den statistischen Wahrscheinlichkeitsbegriff benutze, während mir Kolleg/inn/en entgegenhalten, es wäre doch „gezeigt worden", dass der „frequentistische Wahrscheinlichkeitsbegriff" nicht funktioniere und man besser entweder den bayesianischen Begriff des Glaubensgrades oder den metaphysischen Begriff der objektiven Einzelfallpropensität verwenden solle. Doch die angewandten Wissenschaften verwenden ohne Umstände die Methoden der Statistik – die, wie zu sehen sein wird, bei rechtem Verständnis des Begriffes des Häufigkeitsgrenzwertes sehr gut funktionieren –, während der subjektive Wahrscheinlichkeitsbegriff wie auch der metaphysische Begriff der Einzelfallpropensität in den Wissenschaften eine vergleichsweise untergeordnete Rolle spielen. Diese verzwickte Lage war ein weiterer Anstoß für mich, dieses Buch zu schreiben.

Schlussendlich bin ich zur Auffassung gelangt, dass man beide Wahrscheinlichkeitsbegriffe benötigt, weshalb ich in diesem Buch eine *dualistische* Position entwickle, der es vor allem darum geht, die Brückenprinzipien zwischen beiden Wahrscheinlichkeitsbegriffen herauszuarbeiten. Dies beginnt damit, dass ich die Wahrscheinlichkeitsfunktion über der Algebra der Eigenschaften respektive Propositionen einer interpretierten Sprache entwickle, weil nur so der logische Unterschied zwischen statistischer und epistemischer Wahrscheinlichkeit (erstere besitzt offene Formeln und letztere Sätze als Argumente) explizit gemacht werden kann, was Voraussetzung für die Herausarbeitung der sie verbindenden Brückenprinzipien ist. In Anlehnung an einen bekannten Passus von Kant lässt sich die dualistische Position so formulieren: Subjektive ohne statistische Wahrscheinlichkeitstheorie ist blind (also irrational), statistische ohne subjektive Wahrscheinlichkeitstheorie ist leer (also ohne empirischen Bezug). Die dualistische Position bedeutet jedoch nicht, dass nun alles, was in beiden Positionen behauptet wurde, übernommen werden kann – dies würde schnell zu Widersprüchen führen. Vielmehr müssen in beiden Positionen zugleich gewisse Anteile als „kaum haltbar" fallen gelassen werden. Beispielsweise sehe ich die radikal-subjektivistische Position im Bayesianismus als ebenso wenig haltbar an wie die These, dass rationale Subjekte zu jeder Sachfrage (auch dann, wenn sie darüber keine Erfahrungen gesammelt haben) rationale apriorische Glaubensgrade in Form fairer Wettquotienten besitzen müssen. Umgekehrt meine ich, dass die traditionelle Auffassung, der statistische Begriff des Häufigkeitsgrenzwerts sei ein zumindest „approximativ" empirisch gehaltvoller Begriff, ebenfalls korrekturbedürftig ist, da der empirische Gehalt dieses Begriffs nicht deduktiver, sondern induktiver Natur ist und man zu seiner Formulierung den epistemischen Wahrscheinlichkeitsbegriff benötigt. Viele weitere Einsichten dieser Art ergeben sich im dualistischen Ansatz, über den ich jetzt aber nichts weiter verraten will, sondern stattdessen der Leserin und dem Leser viel Vergnügen beim Lesen dieses Büchleins wünsche.

Düsseldorf, im Mai 2014   Gerhard Schurz

Technische Anmerkungen

Der *logisch-mathematische Anhang* enthält wesentliche Ergänzungen, teils einführender und teils fortgeschrittener Art. Anhang 10.1 präsentiert elementare logische Voraussetzungen zum Nachschlagen für den Neuling. Anhang 10.2 erläutert die Details des logischen Aufbaus von Wahrscheinlichkeitsfunktionen über Algebren und logischen Sprachen für den fortgeschrittenen Leser. Anhang 10.3 präsentiert schließlich die Beweise sämtlicher in diesem Buch angeführten Theoreme.

Die Nummerierung von *Abbildungen* erfolgt nach folgendem Muster „Abb. KapitelNr-Nr". Beispiel: „Abb. 2.1-2" ist die 2. Abbildung von Kap. 2.1. Analog werden *Definitionen*, *Merksätze* und *Hervorhebungen* nummeriert. Beispiel: „(Def. 4.2-2)" ist die 2. Definition von Kapitel 4.2. „(3.1-4)" ist die 4. Hervorhebung von Kap. 3.1. Einfache Anführungszeichen stehen für stilistische und doppelte für wörtliche Zitationen.

Inhaltsverzeichnis

Persönliches Vorwort — V
Technische Anmerkungen — VII

1. **Einführung** — 1

2. **Objektive und epistemische Wahrscheinlichkeit** — 3

3. **Mathematische Grundlagen der Wahrscheinlichkeit** — 9
   3.1 Gesetze der Wahrscheinlichkeit — 9
   3.2 Binomialverteilung und Gesetz der großen Zahl — 16
   3.3 Formale Aufbauarten der Wahrscheinlichkeitstheorie — 20
   3.4 Sigma-Additivität: Für und Wider — 26

4. **Rechtfertigung von Schlussarten innerhalb der Wahrscheinlichkeitstheorie** — 29
   4.1 Schlussarten — 29
   4.2 Deduktives Schließen — 30
   4.3 Unsichere Konditionale — 33
   4.4 Induktives Schließen — 34
   4.5 Abduktives Schließen — 36

5. **Probleme des objektiv-statistischen Wahrscheinlichkeitsbegriffs** — 39
   5.1 Rechtfertigungsprobleme — 39
   5.2 Definitionsprobleme — 43
   5.3 Empirischer Gehalt — 54
   5.4 Objektive Zufälligkeit, Determinismus und Indeterminismus — 55
   5.5 Singuläre Propensitäten — 60

6. **Probleme des subjektiv-epistemischen Wahrscheinlichkeitsbegriffs** — 65
   6.1 Definitionsprobleme — 65
   6.2 Rechtfertigungsprobleme: Kohärente faire Wettquotienten — 65

7. **Beziehungen zwischen objektiven und epistemischen Wahrscheinlichkeiten: ein dualistischer Ansatz** — 73
   7.1 Das Koordinationsprinzip („principal principle") — 73
   7.2 Der induktiv-empirische Gehalt statistischer Hypothesen — 77
   7.3 Erfahrungsunabhängige Ausgangswahrscheinlichkeiten — 79

7.4		Von Ausgangswahrscheinlichkeiten zu aktualen Glaubensgraden: Konditionalisierung auf die Gesamtevidenz —— 80
7.5		Stützungswahrscheinlichkeiten und das Problem der alten Evidenz —— 82
7.6		Vertauschbarkeit und de Finettis Repräsentationstheorem —— 85
7.7		Regularität und induktives Lernen —— 87
7.8		Die Rechtfertigung engster Referenzklassen —— 89
7.9		Arten engster Referenzklassen und Kalibrierung —— 91
8		**Die Überprüfung statistischer Hypothesen —— 97**
8.1		Überprüfung auf Wahrheit – die Methode der Akzeptanzintervalle —— 98
8.2		Auffindung statistischer Hypothesen und Konfidenzintervalle —— 101
8.3		Überprüfung auf Relevanz – die Methode der signifikanten Unterschiede —— 103
8.4		Statistische Repräsentativität und Arten statistischer Hypothesen —— 108
8.5		Teststatistik und Inferenzstatistik —— 112
8.6		Wahrscheinlichkeitsverteilungen und statistische Methoden für kontinuierliche Variablen —— 114
8.7		Fehlerquellen in der Statistik: Repräsentativität, kausale Interpretation und individueller Fall —— 123
9		**Bayes-Statistik und Bayesianismus —— 133**
9.1		Die Likelihood-Intuition —— 133
9.2		Bayesianische Rechtfertigung der Likelihood-Intuition —— 138
9.3		Objektiver Bayesianismus und Indifferenzprinzip: Induktives Schließen I —— 140
9.4		Hypothesenwahrscheinlichkeiten ohne Indifferenzprinzip? —— 146
9.5		Subjektiver Bayesianismus und Konvergenz subjektiver Glaubensgrade: Induktives Schließen II —— 151
9.6		Unabhängig übereinstimmende Evidenzen —— 156
9.7		Probabilistische Rechtfertigung des induktiven Schließens? Die Goodman-Paradoxie —— 158
9.8		Allgemeine Bayesianische Theorien der Bestätigung —— 163
9.9		Pseudobestätigung durch Gehaltsbeschneidung versus genuine Bestätigung —— 164
9.10		Kurvenfitten —— 171
9.11		Wahrscheinlichkeit und Akzeptanz —— 175

10 Logisch-mathematischer Anhang —— 179
10.1 Logische Grundlagen —— **179**
10.2 Logische Konstruktion statistischer Wahrscheinlichkeitsfunktionen über kombinierten Zufallsexperimenten —— **186**
10.3 Beweise —— **189**

Anmerkungen —— 201

Literaturverzeichnis —— 207

Verzeichnis der Abbildungen, Definitionen und Sätze —— 215

Personenindex —— 217

Sachindex —— 219

1 Einführung

Der intuitive Begriff der Wahrscheinlichkeit involviert zugleich etwas Objektives („wahr-") und etwas Subjektives („-scheinlich"). Die frühen Begründer der Wahrscheinlichkeitstheorie hatten diese Doppeldeutigkeit nur unzureichend bemerkt. Erst im 20. Jahrhundert wurde die unterschiedliche Natur der beiden Wahrscheinlichkeitsbegriffe herausgearbeitet.

Die Theorie der Wahrscheinlichkeit entstand im 16. und 17. Jahrhundert, überwiegend im Kontext von *Glücksspielen*.[1] Wichtige Dokumente aus dieser Zeit sind unter anderem ein Manuskript von Galilei aus dem frühen 17. Jahrhundert, ein Briefwechsel zwischen Pascal und Fermat aus dem Jahre 1654, sowie eine 1657 veröffentlichte Schrift von Huygens, alle drei über die Frage, wie die Ergebniswahrscheinlichkeiten bei Glücksspielen mit mehreren Würfeln zu berechnen sind. 1713 erschien die berühmte Schrift von Bernoulli, in der er die Binomialverteilung und das schwache Gesetz der großen Zahlen bewies, und 1763 wurde das Theorem von Bayes veröffentlicht (Bayes und Price 1763). Erst ein halbes Jahrhundert später, 1814, veröffentlichte Laplace seine Essays über Wahrscheinlichkeiten, mit denen man die Geschichte der Wahrscheinlichkeitstheorie oftmals beginnen lässt. Laplaces Wahrscheinlichkeitsansatz war aus heutiger Sicht ein epistemischer, da Laplace allen epistemisch (d. h. erkenntnismäßig) gleichermaßen möglichen Ergebnissen eines Experimentes oder physikalischen Prozesses dieselbe Wahrscheinlichkeit zuschrieb. Allerdings unterschied Laplace dieses subjektive „Gleichverteilungsprinzip" nicht von der objektiven Gleichwahrscheinlichkeit der Wurfresultate eines regulären Würfels (Laplace 1814, 6f). Erst von Mises (1928, 69) machte den Unterschied deutlich, als er die Frage stellte, wie man wahrscheinlichkeitstheoretisch mit einem irregulären, z. B. einseitig magnetisierten Würfel umgehen sollte, dessen Ergebnisse zwar ebenfalls epistemisch unbekannt, aber statistisch gesehen eben nicht gleichwahrscheinlich sind. Innerhalb von Laplaces Theorie konnte zwischen den beiden Fällen nicht differenziert werden, da nicht zwischen subjektiver und objektiver Wahrscheinlichkeit unterschieden wurde.[2]

Die gegenwärtige Wahrscheinlichkeitstheorie ist durch eine anhaltende Lagertrennung gekennzeichnet. Während in den empirischen Wissenschaften fast ausschließlich von objektiver statistischer Wahrscheinlichkeit die Rede ist, verstehen die in der Wissenschafts- und Erkenntnistheorie einflussreichen Bayesianer Wahrscheinlichkeit im subjektiven Sinn von rationalen Glaubensgraden, wohingegen die mathematischen Wahrscheinlichkeitstheoretiker diesen Interpretationskonflikt systematisch ignorieren. Neben diesen drei Hauptgruppen gibt es einige philosophisch bedeutende Untergruppen. Im objektiven Lager beispielsweise die Propensitätstheoretiker, welche Wahrscheinlichkeiten als objektive physikalische Tendenzen auffassen, im subjektiven Lager die Vertreter der logischen Wahrscheinlichkeitstheorie oder des objektiven Bayesianismus, wobei hier das „objektiv" nicht im Sinne von „subjekt-extern", sondern von „intersubjektiv" aufzufassen ist. Last but not least sei die Gruppe der dualistischen Wahrscheinlichkeitstheorien erwähnt, zu der ich auch meinen Ansatz rechne.

Obwohl es natürlich erscheint, die objektiven Wahrscheinlichkeitsauffassungen den „subjektiven" Auffassungen gegenüberzustellen, schließe ich mich Gillies (2000, 2) an und bezeichne die Auffassungen von Wahrscheinlichkeit als rationalem Glaubensgrad als die Familie der *epistemischen* Wahrscheinlichkeitstheorien. Denn diese Familie enthält neben den Subjektivisten auch die „logischen" Wahrscheinlichkeitstheoretiker und „objektiven" Bayesianer, welche die Bezeichnung ihrer Wahrscheinlichkeiten als „subjektiv" zurückweisen, weil darin die Bedeutung von „subjektiv variabel" mitschwingt, die zwar auf einige (z. B. personalistische), aber nicht auf alle epistemische Wahrscheinlichkeitstheorien zutrifft.

Zu den Hauptbegründern der statistischen Wahrscheinlichkeitstheorie zählen u. a. von Mises (1964), Reichenbach (1935, 1949), und Fisher (1956) (als Einführungsliteratur in Statistik sei Hays/Winkler 1970 und Bortz 1985 empfohlen). Die Hauptbegründer der subjektiven Theorie sind u. a. Ramsey (1926) und de Finetti (1970) (einführende Literatur findet sich z. B. in Earman 1992 und Howson/Urbach 1996). Keynes (1921) und Carnap (1950, 1971 und 1980) begründeten die logische Wahrscheinlichkeitstheorie, die den Grundaxiomen der Wahrscheinlichkeitstheorie weitere Axiome oder Prinzipien hinzufügt, welche die Glaubensgrade für alle rationalen Subjekte „apriorisch" fixieren sollen. Es besteht allerdings weitgehend Einigkeit, dass diese Zusatzaxiome weit über den Bereich des logisch-analytisch Gültigen hinaus gehen, weshalb ich das ‚logische' dieser Wahrscheinlichkeitstheorien in Anführungszeichen setze (zum Begriff der logischen bzw. analytischen Wahrheit/Gültigkeit s. Anhang 10.1.3). Repräsentative Einführungen in die mathematische Wahrscheinlichkeitstheorie sind Bauer (1996) oder Billingsley (1995); Überblicke über verschiedene Wahrscheinlichkeitsansätze geben z. B. Fine (1973), Stegmüller (1973a,b), Kutschera (1972, Kap. 2), Howson/Urbach (1996) und insbesondere Gillies (2000).

2 Objektive und epistemische Wahrscheinlichkeit

Die objektive Wahrscheinlichkeit drückt eine subjektunabhängige Eigenschaft der Realität aus. Die subjektive Wahrscheinlichkeit drückt dagegen den Glaubensgrad eines (aktualen oder hypothetischen) rationalen Subjekts aus. Falls es sich dabei um intersubjektive Glaubensgrade handelt, sprechen wir allgemeiner von „epistemischer" Wahrscheinlichkeit (Näheres dazu weiter unten). Def. 2-1 präsentiert die grundlegende Definition statistischer und subjektiver Wahrscheinlichkeiten, wobei wir uns der symbolischen Schreibweise bedienen. Dabei steht „Fx" für „x ist ein F" und „Fa" für „a ist ein F"; „F" ist ein Prädikat, das ein Merkmal oder einen Ereignistyp F bezeichnet; „x" ist eine Individuenvariable und „a" eine Individuenkonstante, die ein variables resp. bestimmtes Individuum bezeichnen. Eine Kurzeinführung in logische Notationen und Begriffsarten findet sich in Anhang 10.1.

> (Def. 2-1) Die *statistische (objektive)* Wahrscheinlichkeit eines Merkmals oder wiederholbaren Ereignistyps, z. B. Fx, ist die relative Häufigkeit seines Eintretens bzw. der Grenzwert seiner relativen Häufigkeit auf lange Sicht. *Formal* schreiben wir dafür ein „kleines" p(–): p(Fx) steht somit für die Häufigkeit bzw. den Häufigkeitsgrenzwert, mit der beliebige Individuen x eines gegebenen Bereichs die Eigenschaft F besitzen. – Beispiel: Die Häufigkeit von Sonnentagen in Düsseldorf.
>
> Die *epistemische (subjektive)* Wahrscheinlichkeit eines bestimmten Ereignisses bzw. Sachverhaltes, z. B. Fa, ist der rationale Glaubensgrad, in dem ein gegebenes Subjekt oder alle Subjekte eines bestimmten Rationalitätstyps an das Eintreten des Ereignisses glauben. *Formal* schreiben wir dafür ein „großes" P(–): P(Fa) steht somit für den Glaubensgrad dafür, dass das bestimmte Individuum a die Eigenschaft F besitzt. – Beispiel: Der Grad unseres Glaubens, dass der morgige Tag in Düsseldorf ein Sonnentag sein wird.

Die *relative Häufigkeit* h(Fx) eines Ereignistyps Fx in einem *endlichen* Individuenbereich („domain") D ist die Anzahl aller F's in D geteilt durch die Anzahl aller Individuen in D. Für endliche Individuenbereiche identifizieren wir die statistische Wahrscheinlichkeit mit der relativen Häufigkeit, also p(Fx) = h(Fx). Falls D dagegen unendlich ist, ist die relative Häufigkeit undefiniert. In diesem Fall bezieht man sich auf eine zufällige Anordnung der Individuen in D in Form einer (unendlichen) *Zufallsfolge* $(d_1, d_2, ...)$. Die relative Häufigkeit $h_n(Fx)$ von F's unter den ersten n Folgegliedern ist definiert als $h_n(F) =_{def} a_n(F)/n$, mit „$a_n(F)$" als der Anzahl von F's in den ersten n Folgegliedern. Man bestimmt nun die statistische Wahrscheinlichkeit p(Fx) als den Grenzwert der relativen Häufigkeiten $h_n(Fx)$ von

F's in n-gliedrigen Anfangsabschnitten der Zufallsfolge, für n gegen unendlich: $p(Fx) = \lim_{n\to\infty} h_n(Fx)$. Der Grenzwertbegriff ist wie folgt definiert:

> (Def. 2-2) Der *Grenzwert der relativen Häufigkeit* des Ereignistyps Fx in einer gegebenen Zufallsfolge $(d_1, d_2,...)$ beträgt r, oder kurz $\lim_{n\to\infty} h_n(Fx)= r$, g. d. w. es für jedes noch so kleines $\epsilon>0$ eine Stellenzahl n gibt, sodass für alle m ≥ n die relative Häufigkeit $h_m(Fx)$ vom Grenzwert r um weniger als ϵ abweicht.

Zur Veranschaulichung ist in Abb. 2-1 die Konvergenz der relativen Häufigkeiten eines Ereignisses mit Häufigkeitsgrenzwert $p(Fx) = 0{,}6$ in zwei Zufallsfolgen dargestellt.

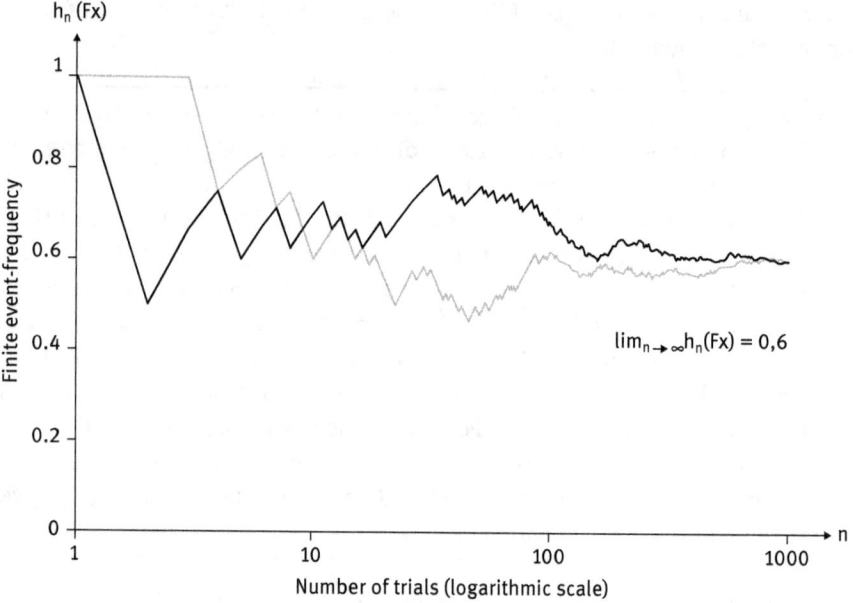

Abb. 2-1: *Konvergenz der relativen Häufigkeiten* eines Ereignisses mit Häufigkeitsgrenzwert $p(Fx) = 0.6$ in zwei Zufallsfolgen (programmiert in Visual Basic).

Häufigkeitsgrenzwerte sind *theoretische Idealisierungen*, die über die faktisch beobachtbaren Häufigkeiten hinausgehen. Zufallsfolgen werden durch wiederholte Durchführungen von sogenannten Zufallsexperimenten realisiert (Näheres in Kap. 5). Die Ergebnisse dieser Realisierungen bilden die Glieder der Zufallsfolge. Bei der Rede von Häufigkeitsgrenzwerten handelt es sich daher um die Behauptung, dass das zugrundeliegende Zufallsexperiment eine gewisse *Disposition* besitzt, das fragliche Ergebnis Fx mit einer auf lange Sicht konvergierenden

Häufigkeit zu produzieren. Man nennt diese Disposition auch eine „generische Propensität" (Kap. 5.2). Die Rede von Häufigkeitsgrenzwerten geht ontologisch weit über aktuale Häufigkeiten hinaus, weshalb ich es bevorzuge, von „statistischer" – anstatt wie häufig im englischsprachigen Bereich von „frequentistischer" – Wahrscheinlichkeit zu sprechen. Auch das zufällige Ziehen eines Individuums aus einem Individuenbereich D stellt ein Zufallsexperiment dar. Dabei ergibt sich folgender Zusammenhang zu endlichen Häufigkeiten: die Häufigkeit des Merkmals F in einem endlichen Bereich D stimmt genau dann mit der statistischen Wahrscheinlichkeit, zufällig ein F-Individuum aus D zu ziehen, überein, wenn jedes Individuum in D dieselbe statistische Chance besitzt gezogen zu werden – dies ist die grundlegende Forderung an Zufallsziehungen. Formal gesprochen muss für alle $d \in D$ gelten: $p(x=d) = 1/|D|$ (mit „$x=d$" für „das Ziehungsresultat x war d" und „$|D|$" für die Kardinalität von D).

Wann immer sich statistische Wahrscheinlichkeiten auf die Ergebnisse von beliebig oft wiederholbaren Experimenten beziehen, macht es wenig Sinn, diese mit endlichen Häufigkeiten zu identifizieren, da die Ergebnisse von nur endlich vielen Versuchsdurchführungen immer von *Zufälligkeiten* mitbestimmt sind, die die zugrundeliegenden Wahrscheinlichkeiten verzerren. Aus diesem Grund erscheint die Bezugnahme auf Häufigkeitstendenzen im Grenzwert die einzig akzeptable Lösung. Nur wenn sich statistische Wahrscheinlichkeiten explizit auf Verteilungen in einer endlichen Population beziehen, die von keinem bekannten Zufallsexperiment bzw. Kausalprozess erzeugt wurden, ist deren Identifikation mit endlichen Häufigkeiten sinnvoll.

Damit der so definierte statistische Wahrscheinlichkeitsbegriff eine objektive Eigenschaft der Realität ausdrückt, muss der Begriff der Zufallsfolge in zufriedenstellender Weise charakterisiert werden. Dies ist das Hauptproblem der statistischen Theorie, mit dem wir uns in Kap. 5 beschäftigen. Das Hauptproblem der epistemischen Wahrscheinlichkeitstheorie liegt dagegen darin, dass unterschiedliche Subjekte, auch *wenn* sie dieselben Erfahrungen machen, denselben Propositionen unterschiedliche Glaubensgrade zuordnen können. Das Problem der epistemischen Theorie besteht also darin, subjektive Glaubensgrade zu rationalisieren und zu *objektivieren*, womit wir uns in Kap. 6 und 7 beschäftigen.

Zur Interpretation von Eins- und Nullwahrscheinlichkeiten: Im epistemischen Fall bedeutet die Aussage $P(A) = 1$ einfach, dass sich das gegebene Subjekt hinsichtlich der Aussage bzw. Proposition A *sicher* ist, d. h. in keiner Weise an der Wahrheit von A zweifelt – wie immer es um den faktischen Wahrheitswert von A bestellt sein mag. Im statistischen Fall bedarf die Bedeutung von $p(Fx) = 1$ dagegen einer näheren Erläuterung. *Nur* im Falle eines *endlichen* Individuenbereichs ist $p(Fx) = 1$ gleichbedeutend mit dem strikten bzw. ausnahmslosen Allsatz $\forall x Fx$ (Alle Individuen sind F), bzw. $p(Fx) = 0$ gleichbedeutend mit $\forall x \neg Fx$. Im Fall eines unendlichen Individuenbereichs ist p(Fx) = 1 dagegen *schwächer* als ∀xFx (und p(Fx) = 0 schwächer als ∀x¬Fx). Denn gegeben eine unendliche Zufallsfolge (d_1, d_2,...) und ein Ereignistyp Fx, dann impliziert p(Fx) = 0 nicht, dass es in dieser Folge *kein* Individuum d_i gibt, welches das Merkmal F hat, sondern lediglich, dass die Häufigkeiten h_n(Fx) *gegen null konvergieren*. Sei die Zufallsfolge beispielsweise die Ordnung der natürlichen Zahlen ℕ, also 1, 2,..., und bezeichne Fx das Prädikat „x ist eine ganzzahlige Potenz von 2". Es gibt unter den natürlichen Zahlen *unendlich* viele ganzzahlige 2er-Potenzen, nämlich alle Zahlen der Form 2^k für ein k∈ℕ. Dennoch gilt $\lim_{k \to \infty}$ p(Fx) = $\lim_{k \to \infty}$(k/2^k) = 0, denn unter den ersten 2^k natürlichen Zahlen befinden sich k Zweierpotenzen, und das Verhältnis von k zu 2^k geht gegen null, wenn k unendlich groß wird. Die statistische Wahrscheinlichkeit dafür, dass eine natürliche Zahl eine (bzw. keine) Zweierpotenz ist, beträgt damit null (bzw. eins). Die statistische Hypothese p(Fx) = 1 lässt somit beliebig und sogar unendlich viele Ausnahmen zu, sofern deren Häufigkeit nur gegen Null konvergiert; sie ist also wesentlich schwächer als die Allaussage ∀xFx.

Statistische Wahrscheinlichkeiten beziehen sich immer auf einen *wiederholbaren* Ereignis*typ* bzw. Sachverhaltstyp, ausgedrückt durch ein Prädikat bzw. eine *offene Formel*, z. B. Fx.³ Die subjektive Wahrscheinlichkeit bezieht sich dagegen auf ein *bestimmtes* Ereignis oder einen bestimmten Sachverhalt, ausgedrückt in einem *Satz* bzw. einer geschlossenen Formel, z. B. Fa. Denn nur Sätze mit bestimmter Bedeutung, aber nicht offene Formeln mit unbestimmter Bedeutung, können Gegenstand des Glaubens sein und Glaubensgrade besitzen. Ein *Beispiel:* Wenn gesagt wird, die Wahrscheinlichkeit dafür, dass es *morgen* in Düsseldorf regnet, betrage 3/4, so kann dies prima facie keine Häufigkeitsaussage, sondern nur eine epistemische Wahrscheinlichkeitsaussage sein. Denn den morgigen Tag gibt es nur *einmal* – entweder es regnet morgen oder es regnet morgen nicht. Prima facie kann mit einer Einzelfallwahrscheinlichkeit P(Fa) also nur eine epistemische Wahrscheinlichkeitsaussage – eine Aussage über z. B. meinen Glaubensgrad an Fa – gemeint sein. Die korrespondierende statistische Wahrscheinlichkeit p(Fx) kann dagegen nur einem wiederholbaren Ereignistyp Fx zugesprochen werden, etwa dass es an einem beliebigen Tag x in Düsseldorf regnet. Meine subjektive Wahrscheinlichkeit P(Fa_i) kann für verschiedene Individuen a_i beliebig variieren; der Häufigkeitsgrenzwert p(Fx) ist dagegen durch die Klasse aller Fs und durch den Individuenbereich D bzw. das zugrundeliegende Zufallsexperiment festgelegt und von keiner individuellen Instanziierung Fa_i abhängig. Syntaktisch bedeutet dies, dass der statistische Wahrscheinlichkeitsfunktor p(A) *sämtliche* freien Variablen in der Formel A *bindet* (ähnlich wie das ein Quantor tut). Der Ausdruck „p(Fx)" enthält also keine freie Variable; er ist gleichzusetzen mit p({x:Fx}) (mit „{x:Fx}" für „die Menge aller x die Fs sind") und bezeichnet den Häufigkeitsgrenzwert von Fx in D-Zufallsfolgen (vgl. Bacchus 1990, Kap. 3, der hierfür „$p_x(Fx)$" schreibt). Über die Variablen in statistischen Wahrscheinlichkeiten zu quantifizieren, also etwa $\forall x(p(Fx) = 0{,}5)$, wäre daher eine *syntaktische Konfusion*, wogegen die Allquantifikation für subjektive Wahrscheinlichkeiten Sinn macht: $\forall x(P(Fx) = 0{,}5)$ besagt, dass für jedes Individuum d in D der Glaubensgrad der Proposition „d ist ein F" 0,5 beträgt.

Trotz dieser grundlegenden Unterschiede gibt es zwischen den beiden Wahrscheinlichkeitsbegriffen Zusammenhänge. Das bekannteste Prinzip, um statistische Wahrscheinlichkeiten auf subjektive Einzelfallwahrscheinlichkeiten zu übertragen, ist das folgende auf Reichenbach (1949, § 72) zurückgehende Prinzip:

> (Def. 2-3) *Prinzip der engsten Referenzklasse:* Die subjektive Wahrscheinlichkeit P(Fa) eines Einzelereignisses wird bestimmt als die (geschätzte) *bedingte* statistische Wahrscheinlichkeit p(Fx|Rx) des entsprechenden Ereignistyps Fx in der *engsten* (nomologischen) Bezugsklasse bzw. Referenzklasse R, von der das zugrundeliegende Subjekt weiß bzw. mit Sicherheit annimmt, dass a in ihr liegt (also Ra gilt).[4]

Das Prinzip der engsten Referenzklasse findet im Alltag und in den Wissenschaften durchgängige Verwendung. Wollen wir z. B. die subjektive Wahrscheinlichkeit dafür bestimmen, dass eine bestimmte Person eine bestimmte Berufslaufbahn einschlägt (Fa), so stützen wir uns auf die uns bekannten Eigenschaften dieser Person als engste Referenzklasse (Ra) und auf die statistische Wahrscheinlichkeit, dass eine Person x mit den Eigenschaften Rx diese Berufslaufbahn einschlägt (p(Fx|Rx)). In der obigen Wetterprognose „die Wahrscheinlichkeit dafür, dass es *morgen* regnet, beträgt 3/4" ist die engste Referenzklasse die vom Meteorologen berücksichtigte *vorausgehende* Wetterentwicklung. Diese Wetterprognose hat gemäß Reichenbachs Prinzip die folgende Deutung: die statistische Wahrscheinlichkeit dafür, dass es an einem Tag regnet, dem eine typologisch gleiche Wetterentwicklung vorausgeht wie dem heutigen Tag, beträgt 3/4. Dies meinen Meteorologen, wenn sie probabilistische Wetterprognosen anstellen.

Reichenbachs Prinzip steht in enger Beziehung zu folgendem Schlussprinzip:

(2-1) *Induktiver Spezialisierungsschluss* (vgl. Carnap 1950, 207f):
Prämisse 1: r % aller Fs sind Gs
Prämisse 2: Dies ist ein F
================================ [mit r % Glaubenswahrscheinlichkeit]
Konklusion: Dies ist ein G

Der induktive Spezialisierungsschluss wird auch „direct inference" (Levi 1977) genannt. Der Doppelstrich „===" deutet an, dass dieser Schluss unsicher ist, also nur mit einer gewissen Wahrscheinlichkeit (die rechts von Doppelstrich angemerkt ist) von wahren Prämissen zu einer wahren Konklusion führt. Wie bei allen unsicheren Schlüssen gilt das Prinzip der *Gesamtevidenz:* die singuläre Prämisse muss die gesamte für die Konklusion relevante Evidenz enthalten (s. Schurz 2006, 56, Ms. 2.6-4). Unter dieser Zusatzbedingung ist Reichenbachs Prinzip der engsten Referenzklasse eine Anwendung des induktiven Spezialisierungsschlusses, der seinerseits seine tiefere Begründung in dem in Kap. 7.1 besprochenen statistischen Koordinationsprinzip besitzt (Näheres zu induktiven Schlussarten in Kap. 4.1.4).

Mithilfe von Reichenbachs Prinzip der engsten Referenzklasse kann nur die subjektive Wahrscheinlichkeit von *Singulärsätzen* (also Sätzen, die Individuenkonstanten enthalten) durch statistische Wahrscheinlichkeiten bestimmt werden, nicht jedoch die subjektive Wahrscheinlichkeit von *generellen* Hypothesen wie z. B. „Alle Raben sind schwarz" (formal $\forall x(Fx \rightarrow Gx)$) oder „50 % aller Münzwürfe landen auf Zahl" (formal $p(Fx) = 0,5$). Die subjektive Wahrscheinlichkeit genereller Hypothesen hängt von ihrer subjektiven Ausgangswahrscheinlichkeit ab, die *nicht* auf statistische Wahrscheinlichkeiten zurückführbar ist (s. Kap. 7.3).

Die genaue Ausbuchstabierung des Prinzips der engsten Referenzklasse bringt eine Reihe von Problemen und Verfeinerungen mit sich, die in Kap. 7 erläutert werden. Dort wird auch die Forderung in Def. 2-3 (Klammer), die Bezugsklasse müsse „nomologisch sein", genauer erläutert.

3 Mathematische Grundlagen der Wahrscheinlichkeit

3.1 Gesetze der Wahrscheinlichkeit

Der statistische und der epistemische Wahrscheinlichkeitsbegriff gehorchen denselben mathematischen Grundgesetzen, die erstmals von Kolmogorov (1933) axiomatisiert wurden. Zur Formulierung dieser Gesetze benutzen wir die üblichen logischen und mengentheoretischen Symbole, insbesondere: ¬ (Negation), ∧ (Konjunktion), ∨ (Disjunktion), → (materiale Implikation), ↔ (Äquivalenz), ∀ (Allquantor), ∃ (Existenzquantor), ∈ (Elementbeziehung), ∪ (Mengenvereinigung), ∩ (Mengendurchschnitt), − (Mengendifferenz), ∅ (leere Menge), ⊆ (unechte oder echte Teilmenge), ⊂ (echte Teilmenge). f:A→B (f ist Funktion von Menge A nach Menge B). „$=_{def}$" steht für „ist per definitionem identisch". Näheres zu Symbolik und Grundlagen der Logik und Mengenlehre s. Anhang 10.1. Wir werden den Gehalt von formalisierten Aussagen zwecks Einübung für den Leser oft in Worten wiederholen.

Kolmogorov präsentierte die Wahrscheinlichkeitsaxiome in der mathematisch üblichen *mengenalgebraischen* Darstellung. Hierbei stehen A, B, ... für *Teilmengen* eines sogenannten *Möglichkeitsraumes* Ω (die man auch „Ereignisse" nennt). Dabei ist Ω die Menge aller möglichen Ergebnisse eines *Zufallsexperimentes*. Ein Beispiel ist das Werfen eines Würfels (Ω = {1,2,3,4,5,6}) oder das Ziehen eines Individuums aus dem gegebenen Individuenbereich D, der auch Grundgesamtheit genannt wird (Ω = D). Teilmengen von Ω-Elementen werden als *Disjunktionen* von möglichen Ergebnissen des Experimentes aufgefasst; so entspricht die Menge {1,3,5} beim Würfelwurf der Aussage „es wurde eine 1, 3 oder 5, d. h. eine ungerade Zahl gewürfelt", usw. In der mengenalgebraischen Darstellung muss die Negation ¬A als das Komplement $A^c =_{def} \Omega − A$, die Disjunktion A∨B als die Vereinigung A∪B, und die Konjunktion A∧B als der Durchschnitt A∩B gelesen werden; insbesondere ist A∨¬A = Ω und A∧¬A = ∅. Es wird angenommen, dass die Algebra von Teilmengen von Ω unter diesen Operationen geschlossen ist (Details in Kap. 3.3). Der mengenalgebraische Aufbau kann sowohl statistisch wie subjektiv interpretiert werden: Im statistischen Fall steht p(A) für den Häufigkeitsgrenzwert des Ereignisses A in einer Zufallsfolge von Experimentrealisierungen, und im subjektiven Fall steht P(A) für die Glaubenswahrscheinlichkeit an das Ereignis A in einer *einzelnen* Experimentrealisierung.

Für die Wissenschaftstheorie ist die *sprachliche* Darstellung der Wahrscheinlichkeitstheorie zu bevorzugen, weil sie den Unterschied zwischen Einzelereignissen und Ereignistypen *explizit* macht. Hierbei stehen A, B,... für offene

Formeln, wenn die Wahrscheinlichkeit im statistischen Sinn aufgefasst wird, und für Sätze, wenn sie im subjektiven Sinn aufgefasst wird.

Die Variablen A, B,... können im Folgenden sowohl als Teilmengen von Ω (mathematisch), als offene Formeln (statistisch) oder als Sätze (epistemisch) gelesen werden; die Wahrscheinlichkeitsgesetze sind immer dieselben. Dass A und B *disjunkt* sind, bedeutet mengenalgebraisch, dass A∩B leer ist; in der statistischen Lesart, dass die Extension von A∧B faktisch (also im dem als ‚faktisch gegeben' betrachteten Modell) leer ist; und in der subjektiven Lesart, dass A∧B in allen als epistemisch möglich erachteten Modellen der Sprache unerfüllbar ist. Die Menge aller möglichen Modelle (oder ‚Welten'), kurz „Mod", die der subjektiven Wahrscheinlichkeitsfunktion zugrunde liegt, muss nicht unbedingt mit der Menge aller logisch möglichen Modelle zusammenfallen, sondern kann eine Untermenge davon sein. Wir schreiben im Folgenden □A (für „A ist notwendig"), wenn A von allen Modellen in Mod erfüllt wird, und analog „◊A" für „A ist möglich", wenn A von mindestens einem Modell in Mod erfüllt wird. „□" und „◊" sind die zwei grundlegenden modallogischen Satzoperatoren; es gilt ◊A g. d. w. ¬□¬A, oder *in Worten:* A ist möglich g. d. w. die Negation von A nicht möglich ist. Im statistischen Fall behauptet „□A", dass A exhaustiv ist und „◊A", dass A's Extension nicht leer ist.

Die Allquantifikation „für alle A" bezeichnet in der mengenalgebraischen Lesart alle in den Mengenalgebra enthaltenen Teilmengen von Ω (Kap. 3.3), in der statistischen Lesart alle offenen Formeln und in der subjektiv-epistemischen alle Sätze der zugrundeliegenden Sprache.

(Def. 3-1) *Grundaxiome der Wahrscheinlichkeit*
Für alle A, B,... , wobei statt „p" auch „P" stehen kann:
(A1) p(A) ≥ 0   (Nicht-Negativität)
In Worten: Wahrscheinlichkeiten sind immer größer-gleich null.
(A2) p(A∨¬A) = 1   (Normierung auf 1)
In Worten: die Wahrscheinlichkeit des gesamten Möglichkeitsraumes ist 1.
(A3) Wenn A, B *disjunkt* sind: p(A∨B) = p(A) + p(B)   (endliche Additivität)
In Worten: für disjunkte Ereignis(typen) addieren sich die Wahrscheinlichkeiten.

Eine Funktion, die Axiome (A1-3) erfüllt, heißt eine (Kolmogorovsche) Wahrscheinlichkeitsfunktion.

Aus den Grundaxiomen der Wahrscheinlichkeit ergeben sich eine Reihe von Theoremen, von denen in Satz 3.1 die wichtigsten genannt sind. Eine Formel A in n freien Variablen heißt *exhaustiv* im statistischen Fall g. d. w. A im gegeben Modell von *allen* möglichen n-Tupel von Individuen in D erfüllt wird. Im subjektiven Fall heißt ein Satz A exhaustiv g. d. w. alle epistemisch möglichen Modelle der Sprache A wahr machen. In der mengenalgebraischen Lesart schließlich ist A exhaustiv, wenn A mit dem gesamten Möglichkeitsraum Ω zusammenfällt. Eine Folge von n paarweise disjunkten A_i (1≤i≤n) heißt eine *Partition* oder Zerlegung von Ω g. d. w. die Disjunktion $A_1 \vee ... \vee A_n$ *exhaustiv* ist. Sämtliche im Folgenden angeführten Theoreme gelten – sofern nichts anderes gesagt wird – für *alle* A, B,..., und statt „p" kann wieder „P" stehen: wir ersparen uns im Folgenden diese Zusätze.

(Satz 3-1) *Theoreme unbedingter Wahrscheinlichkeit* (Beweis Anhang 10.3.1)
(T1) $p(\neg A) = 1 - p(A)$ (Komplementärwahrscheinlichkeit)
In Worten: Die Wahrscheinlichkeit der Negation eines Ereignisses ist 1 minus jener des Ereignisses.
(T2) $p(A) \leq 1$ (obere Schranke)
In Worten: Die Wahrscheinlichkeit jedes Ereignisses ist kleiner-gleich 1.
(T3) $p(A \wedge \neg A) = 0$ (Kontradiktion)
In Worten: Ein Widerspruch besitzt die Wahrscheinlichkeit Null.
(T4) Für jede Partition $A_1,...,A_n$: $\sum_{1 \leq i \leq n} p(A_i) = 1$ und $p(B) = \sum_{1 \leq i \leq n} p(B \wedge A_i)$
In Worten: Die Summe der Wahrscheinlichkeiten der Ereignisse einer Partition (A_i: 1≤i≤n) von Ω addiert sich zu 1, und die Ereignisse ($A_i \wedge B$: 1≤i≤n) bilden eine Partition von B, deren Wahrscheinlichkeiten sich zu p(B) aufaddieren.
(T5) $p(A_1 \vee A_2) = p(A_1) + p(A_2) - p(A_1 \wedge A_2)$ (allgem. Additionsgesetz)
(T6) Wenn $A_1 \rightarrow A_2 =_{def} \neg A_1 \vee A_2$ exhaustiv ist, dann gilt $p(A_1) \leq p(A_2)$ (Monotonie)
In Worten: Wenn A_1 mit Notwendigkeit A_2 impliziert, dann ist die Wahrscheinlichkeit von A_1 kleiner-gleich der von A_2.
(T7) Ist $A_1 \leftrightarrow A_2$ exhaustiv, dann gilt $p(A_1) = p(A_2)$ (Äquivalenz)

Die Wahrscheinlichkeit von A unter der *Annahme*, dass B vorliegt, nennt man die *bedingte Wahrscheinlichkeit* von A gegeben B. Man schreibt dafür p(A|B) bzw. P(A|B) und definiert diesen Ausdruck gewöhnlich wie folgt:

(Def. 3-2) *Bedingte Wahrscheinlichkeit:* $p(A|B) =_{def} \frac{p(A \wedge B)}{p(B)}$, *sofern* $p(B) > 0$.
(Analog für „P" anstelle von „p".)

In p(A|B) heißt B das *bedingende* Ereignis oder Antecedens und B das *bedingte* Ereignis oder Konsequens. Im endlich-statistischen Fall koinzidiert p(A|B) mit der relativen Häufigkeit von A in der Menge B, die ihrerseits eine Teilmenge des Individuenbereichs D ist – siehe Abb. 3-1. Im unendlich-statistischen Fall koinzidiert p(A|B) mit dem Häufigkeitsgrenzwert von A's in einer Zufallsfolge von B-Individuen.

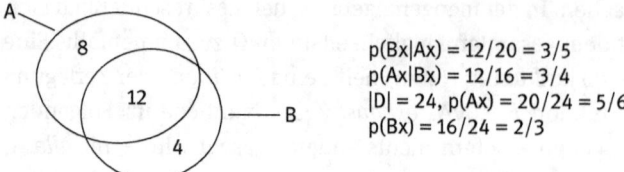

Abb. 3-1: *Bedingte statistische Wahrscheinlichkeiten*

Im subjektiv-epistemischen Fall steht P(A|B) für den *hypothetischen* Glaubensgrad an A, unter der Annahme, dass B sicher ist, also mit P(B) = 1 geglaubt wird. Wird B tatsächlich mit Sicherheit geglaubt, gilt also P(B) = 1, dann folgt P(A) = P(A|B). Zur Vermeidung von Missverständnissen sei darauf hingewiesen, dass P(A) = 1, also subjektive Sicherheit bzgl. A, weder logisch noch analytisch impliziert, dass A wahr ist: subjektive Sicherheit ist *fallibel* und die Glaubensfunktion P ist somit unabhängig von der Wahrheitswertfunktion I (s. Anhang 10.1.3 zur logischen Semantik). Man kann diesbezügliche Zusatzannahmen natürlich machen: z. B. nimmt man gelegentlich an, dass das betreffende Subjekt zumindest bzgl. empirischer Evidenzen (Erfahrungen) E infallibel ist, dass hier also p(E) = 1 auch I(E) = 1 impliziert. Aber solche Annahmen gehen über die Wahrscheinlichkeitstheorie hinaus.

Die gewöhnliche Definition von p(A|B) hat den Nachteil, dass p(A|B) für ein 0-wahrscheinliches Ereignis B nicht definiert ist. Nicht nur unmögliche Ereignisse haben Wahrscheinlichkeit null. Auch kontingente Ereignisse können Wahrscheinlichkeit null besitzen, wie z. B. das erwähnte Beispiel der Wahrscheinlichkeit, aus unendlich vielen natürlichen Zahlen zufällig eine Zahl zu ziehen, die die 2er Potenz einer natürlichen Zahl ist. Daher wurden Methoden entwickelt, die bedingte Wahrscheinlichkeit, statt sie durch die unbedingte zu definieren, direkt zu axiomatisieren, um sie so auf kontingente nullwahrscheinliche Antecedensereignisse ausdehnen zu können. Carnap (1971, 38f) schlug folgendes Axiomensystem vor:

(Def. 3-3) *Direkte Axiomatisierung bedingter Wahrscheinlichkeit:*
Annahme: Die Antecedensereignisse (die in den Axiomen auftreten) sind jeweils nicht leer bzw. möglich:
(B1) p(A|B) ≥ 0 (Nicht-Negativität)
(B2) p(A∨B|B) = 1 (Folgerung)
(B3) Für disjunkte A und B: p(A∨B|C) = p(A|C)+p(B|C) (endliche Additivität)
(B4) p(A∧B|C) = p(B|C) · p(A|B∧C) (allgemeines Multiplikationsprinzip)

Ist das Antecedensereignis unmöglich, dann ist die bedingte Wahrscheinlichkeit auch in ihrer direkten Axiomatisierung undefiniert. Denn wäre sie für diesen Fall definiert, ergäbe sich folgender Widerspruch: es gilt $p(A|B \land \neg B) = p(\neg A|B \land \neg B) = 1$, weil aus einem Widerspruch $B \land \neg B$ Beliebiges logisch folgt, also auch A sowie ¬A. Per Additivität ergäbe sich daraus $p(A \lor \neg A \mid \bot) = 2$, im Widerspruch zu Satz 3-1 (T2).

Ein anderer Vorschlag der direkten Axiomatisierung bedingter Wahrscheinlichkeiten, der in Kap. 4.2 besprochen wird, stammt von Popper (1935).

Mit direkt axiomatisierten bedingten Wahrscheinlichkeiten definiert man unbedingte Wahrscheinlichkeiten, indem man die ersteren auf Tautologien konditionalisiert. Man definiert also $p(A) =_{def} p(A|T)$ (mit „T" für eine Tautologie, z. B. $B \lor \neg B$). Carnap bewies den folgenden Satz, der gewährleistet, dass die direkt axiomatisierte bedingte Wahrscheinlichkeit mit der herkömmlich (gemäß Def. 3-2) definierten zusammenstimmt:

(Satz 3-2) Sei p eine durch A1-3 axiomatisierte unbedingte, und p* eine durch B1-3 axiomatisierte bedingte Wahrscheinlichkeitsfunktion. Dann gilt für alle A und nichtleere B:
$p(B \land A) = p^*(B|A) \cdot p(A)$, d. h. p und p* stimmen überein, g. d. w. $p(A) = p^*(A|T)$.

Der Beweis von Satz 3-2 findet sich in Carnap (1971, 41, T1-5). Aus $p(B \land A) = p^*(B|A) \cdot p(A)$ ergibt sich $p(B|A) =_{def} p(B \land A)/p(A) =_{def} p^*(B|A)$, sofern $p(A) > 0$. Die beiden Begriffe bedingter Wahrscheinlichkeit stimmen also überein, sofern die Antecedenswahrscheinlichkeit grösser Null ist. Aus Einfachheitsgründen beziehen wir uns im Folgenden mit bedingten Wahrscheinlichkeiten auf die Standarddefinition (Def. 3-2), sofern nichts Gegenteiliges hinzugesagt wird.

Für viele Zwecke benötigt man den Begriff der probabilistischen (Un)Abhängigkeit:

(Def. 3-4) Zwei Ereignisse A, B heißen *probabilistisch unabhängig* voneinander, abgekürzt $A \perp B$, g. d. w. $p(A \land B) = p(A) \cdot p(B)$.

Die Definition probabilistischer Unabhängigkeit unterscheidet sich ein wenig, je nachdem ob man die Standarddefinition $p(-|-)$ oder die direkte Axiomatisierung $p^*(-|-)$ von bedingter Wahrscheinlichkeit annimmt. Im letzteren Fall schreiben wir $A \perp^* B$, abgekürzt für $p^*(A \land B) = p^*(A) \cdot p^*(B)$. Wie man leicht sieht, gilt folgendes (Beweis Anhang 10.3.2):

(3-1) A⊥B g. d. w. p(A|B) = p(A) oder p(B) = 0 (*in Worten:* g. d. w. die Annahme von B A's Wahrscheinlichkeit nicht verändert, oder B's Wahrscheinlichkeit Null beträgt) g. d. w. p(B|A) = p(B) oder p(A) = 0.
(3-2) A⊥*B g. d. w. p*(A|B) = p*(A) oder □¬B (*in Worten:* g. d. w. die Annahme von B A's Wahrscheinlichkeit nicht verändert, oder B unmöglich ist) g. d. w. p(B|A) = p(B) oder □¬A.

Gemäß diesen Gleichungen sind zwei nicht-nullwahrscheinliche bzw. mögliche Ereignisse A, B probabilistisch *abhängig* g. d. w. p(A|B) ≠ p(A) gilt, also wenn das Vorliegen des einen Ereignisses die Wahrscheinlichkeit des anderen *verändert*. Insbesondere heißen A, B *positiv* abhängig, wenn p(A|B) > p(A) (bzw. p(A∧B) > p(A)·p(B)) gilt, und *negativ* abhängig, wenn p(A|B) < p(A) (bzw. p(A∧B) < p(A)·p(B)) gilt.

Bedeutend ist die *Nichtmonotonie* bedingter Wahrscheinlichkeiten: ein hoher Wert von p(A|B) impliziert keineswegs einen hohen Wert von p(A|B∧C); vielmehr kann zugleich p(A|B∧C) = 0 gelten. Abb. 3-2 zeigt ein solches Beispiel.

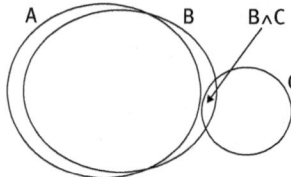

Abb. 3-2: *Nichtmonotonie bedingter Wahrscheinlichkeiten:*
p(A|B) ist hoch, aber p(A|B∧C) beträgt Null.

Für bedingte Wahrscheinlichkeiten ergeben sich eine Reihe abgeleiteter Theoreme, von denen hier die bedeutendsten genannt seien:

(Satz 3-3) *Theoreme bedingter Wahrscheinlichkeit* (Beweis Anhang 10.3.3):
Annahme: Für die Formeln X in Antecedensposition wird p(X) > 0 angenommen (bzw. bei direkter Axiomatisierung gemäß Satz 3-2 ◊X)
(TB1): Für die auf B *konditionalisierte* Wahrscheinlichkeitsfunktion $p_B(A) =_{def}$ p(A|B) gelten alle Gesetze der unbedingten Wahrscheinlichkeit.
(TB2:) Wenn A→B exhaustiv ist, dann gilt p(B|A) = 1. Die Umkehrung gilt nicht.
(TB3) p(A∧B) = p(A|B)·p(B)
(TB4) Für jede Partition $B_1,...,B_n$ gilt: p(A) = $\sum_{1 \leq i \leq n}$ p(A|B_i)·p(B_i) (allg. Multiplikationsprinzip). Speziell folgt: p(A) = p(A|B)·p(B) + p(A|¬B)·(1−p(B))
(TB5) p(A|B) = p(B|A)·p(A)/p(B) (Bayes-Theorem, 1. Version)

(TB6) Für jede Partition $A_1,...,A_n$ gilt: $p(A_i|B) = p(B|A_i) \cdot p(A_i) / \sum_{1 \leq i \leq n} p(B|A_i) \cdot p(A_i)$
(Bayes-Theorem, 2. Version)
(TB7) Symmetrie der probabilistischen Abhängigkeit (sofern $1 > p(B), p(A) > 0$):
$p(A|B) > p(A)$ g. d. w. $p(B|A) > p(B)$ g. d. w. $p(A|B) > p(A|\neg B)$ (analog für $\geq$)

(TB1) ist für das Bayesianische Prinzip der Konditionalisierung grundlegend (s. Kap. 7.4). (TB2) zeigt uns den in Kap. 3 schon erwähnten Sachverhalt, dass eine strikte (ausnahmslose) Implikation eine bedingte Wahrscheinlichkeit von 1 impliziert, aber nicht umgekehrt. (TB3) ist elementar. (TB4) subsumiert den wichtigen Spezialfall $p(A) = p(A|B) \cdot p(B) + p(A|\neg B) \cdot p(B)$, der zeigt, dass $p(A)$ ein *gewichtetes Mittel* von $p(A|B)$ und $p(A|\neg B)$ bildet, mit den Gewichten $p(B)$ und $p(\neg B)$ (die sich zu 1 aufsummieren). Deshalb muss $p(A)$ größenmäßig immer echt oder unecht zwischen den beiden Werten $p(A|B)$ und $p(A|\neg B)$ liegen.

Die Bedeutung der beiden *bayesschen Theoreme* (TB5) und (TB6) liegt in jenen Situationen vor, in denen man an $P(A_i|B)$ interessiert ist, aber nur die inverse bedingte Wahrscheinlichkeit $P(B|A_i)$ praktisch zugänglich ist. Dies ist z. B. der Fall, wenn es sich bei den A_i um rivalisierende Hypothesen und bei B um ein empirisches Stichprobenresultat oder um eine Datenmenge handelt – ein bedeutender Anwendungsfall der bayesianischen Wahrscheinlichkeitstheorie. Ein anderer Anwendungsfall sind *Diagnoseprobleme*, wo B die Rolle eines *Indikators* für einen zu messenden Zustand A spielt. Z. B. könnte B für einen positiven Krebstestbefund und A für de-facto Krebskrankheit stehen. Experimentell einfach messbar ist nur die Wahrscheinlichkeit eines Indikatorergebnisses, gegeben die Krankheit A liegt vor oder nicht vor. Man nennt in diesem Zusammenhang auch $p(B|A)$ die *Sensitivität* und $p(\neg B|\neg A)$ die *Spezifität* des Indikators B für A. Für Prognosezwecke interessiert man sich für die inverse Wahrscheinlichkeit einer Krebskrankheit, gegeben ein Indikatorbefund, also für die Wahrscheinlichkeiten $p(A|B)$ und $p(\neg A|\neg B)$; man nennt diese Werte auch die *Reliabilität* bzw. *Effizienz* des Indikators als Prognoseinstrument (vgl. Sachs 1992, 84-8). Mit dem Bayes-Theorem können also Reliabilität und Effizienz eines Indikators aus seiner Sensitivität, Spezifität und der Ausgangswahrscheinlichkeit $p(A)$ in der Population berechnet werden.

Bedeutend ist die *Symmetrie* probabilistischer Abhängigkeiten, die (TB7) ausdrückt: erhöht A B's Wahrscheinlichkeit, dann erhöht B auch A's Wahrscheinlichkeit. Im Gegensatz dazu sind Kausalbeziehungen grundsätzlich asymmetrisch – woraus ersichtlich ist, dass der Schluss von probabilistischen auf kausale Abhängigkeiten keine generelle Gültigkeit besitzen kann (s. Kap. 8.7).

3.2 Binomialverteilung und Gesetz der großen Zahl

Ein *Zufallsexperiment* ist ein wiederholbarer Prozess, der jedesmal zu einem von mehreren möglichen Ergebnissen, aber nicht immer zum selben Ergebnis führt. Beispiele sind das Werfen eines Würfels, das zufällige Ziehen eines Individuums aus einem Individuenbereich (‚Urne'), aber auch das tägliche Eintreten oder Nichteintreten von bestimmten Ereignissen wie z. B. Regen. Die möglichen Ergebnisse eines Zufallsexperiments müssen nicht völlig „zufällig" im Sinne von gleichwahrscheinlich sein; es müssen nur mehrere Ergebnisse möglich sein, sodass man davon sprechen kann, dass *auch* Zufall mit im Spiel ist.

Besonders bedeutend für die statistische Wahrscheinlichkeitstheorie sind *unabhängige Wiederholungen* desselben (bzw. ‚identischen') Zufallsexperiments. Darunter versteht man die Hintereinanderausführung desselben Zufallsexperimentes, wobei die Einzelausführungen physikalisch und daher auch probabilistisch voneinander unabhängig sind. Beispiele wären etwa die Ergebnisse von n Münzwürfen ($e_1,...,e_n$), dabei steht e_i für „Kopf" oder „Zahl", d. h. $e_i \in$ {Kopf, Zahl}. Sprachlich sind diese Ergebnisse darzustellen als n-fache Konjunktionen $E_1x_1 \wedge ... \wedge E_nx_n$; dabei steht „$E_ix_i$" für „Kopf($x_i$)" oder „Zahl($x_i$)", und die Individuenvariable x_i referiert auf das Ergebnis der i.ten Durchführung des Zufallsexperiments. *Beachte*: Die Indizes von Individuenvariablen haben jedoch keine Bezeichungsfunktion, sondern dienen nur zur Unterscheidung: Fx_1 und Fx_2 bezeichnen also denselben Ereignistyp F mit der Extension {x:Fx} und der Wahrscheinlichkeit $p(Fx_i) = p(Fx)$. Allgemein gesprochen bezeichnet eine offene Formel mit n distinkten Individuenvariablen die Ergebniskombination eines n-fach durchgeführten Zufallsexperimentes. Dabei wird vereinbart, dass die i.te Individuenvariable von links nach rechts in der Formel angeordnet, auf das Ergebnis der i.ten Experimentdurchführung referiert (näheres im Anhang 10.2). Daraus folgt das *Permutationsgesetz*, demzufolge die *statistische* Wahrscheinlichkeit eines Ereignistyps invariant ist unter Vertauschung bzw. Permutation seiner Individuenvariablen, also z. B. $p(A(x_1,x_2,x_3)) = p(A(x_2,x_1,x_3)) = p(A(x_3,x_1,x_2))$ (usw.). Dagagegen gilt nicht $p(A(x_1,x_2)) = p(A(x,x))$.

Unabhängigkeit bedeutet philosophisch gesehen, dass das Zufallsexperiment im Verlaufe wiederholter Durchführungen seine Dispositionen nicht ändert.[5] Die statistische Wahrscheinlichkeit, mit einer sich nicht abnutzenden regulären Münze eine Zahl zu werfen, hängt nicht davon ab, was in vorausliegenden Münzwürfen geworfen wurde. Allgemeiner gesprochen gilt $p(E_2x_2|E_1x_1) = p(E_2x)$, oder *in Worten*, die Wahrscheinlichkeit, Ergebnis E_2 eines Zufallsexperimentes zu erzielen, ändert sich nicht dadurch, dass in einer anderen Durchführung E_1 erzielt wurde. Selbst wenn zehnmal Kopf geworfen wurde, beträgt die statistische Wahrscheinlichkeit, nach einer solchen Serie Zahl zu werfen, immer noch 1/2.

Darauf beruht die sogenannte *Unmöglichkeit von Spielsystemen* in Zufallsspielen. Ein anderes Beispiel ist das zufällige Ziehen von Individuen aus einer ‚Urne'; dabei ist wesentlich, dass die Individuen nach dem Ziehen wieder zurückgelegt werden, denn ansonsten verändert sich die Wahrscheinlichkeitsverteilung und die Wiederholungen sind nicht unabhängig. Aus der physikalischen Unabhängigkeitsannahme folgt das statistische Unabhängigkeitsgesetz:

(3-3) *Statistisches Unabhängigkeitsgesetz für Ereigniskombinationen:*
$Fx_1 \perp Gx_2$, d. h. $p(Fx_1 \wedge Gx_2) = p(Fx) \cdot p(Gx)$; dies wird auch *Produktgesetz* genannt.[6]
In Worten: Die statistische Wahrscheinlichkeit, in zwei Durchführungen *desselben* Zufallsexperimentes einmal F und dann G zu erzielen, gleicht dem Produkt der Wahrscheinlichkeiten, in einer einmaligen Durchführung F respektive G zu erzielen.
Daraus folgt: $p(Gx_2|Fx_1) = p(Gx)$ und $p(Fx_1|Gx_2) = p(Fx)$.

Beispielsweise beträgt die Wahrscheinlichkeit, in zwei Würfelwürfen *zuerst* eine gerade Zahl und *dann* eine Sechs zu würfeln, gleich $p(\text{GeradeZahl}(x_1) \wedge \text{Sechs}(x_2))$ = $p(\text{GeradeZahl}(x)) \cdot p(\text{Sechs}(x)) = (1/2) \cdot (1/6) = 1/12$. Die Wahrscheinlichkeit, in zwei Würfen in *beliebiger Reihenfolge* einmal eine Sechs und ein anderes Mal eine gerade Zahl zu würfeln, beträgt genau das Doppelte davon, also 1/6, denn es gibt zwei disjunkte Möglichkeiten, dieses Ergebnis zu realisieren: zuerst eine gerade Zahl und dann eine Sechs zu würfeln, oder umgekehrt. Statt hintereinander können die beiden Zufallsexperimente auch gleichzeitig durchgeführt werden, z. B. mithilfe von zwei gleichartigen zugleich geworfenen Würfeln: dann bezeichnet $p(Fx_1 \wedge Gx_2)$ die statistische Wahrscheinlichkeit, mit Würfel 1 Ergebnis F und mit Würfel 2 Ergebnis G zu erzielen.

Für die subjektiven Wahrscheinlichkeiten kombinierter Ereignisse gilt das Unabhängigkeitsgesetz (oder Produktgesetz) im allgemeinen *nicht*. Im Gegenteil: sobald das epistemische Wahrscheinlichkeitsmaß *induktiv* ist, muss unser Glaubensgrad dafür, dass das nächste Individuum ein F ist, mit der Häufigkeit von bisher beobachteten Individuen, die F waren, anwachsen. Es muss also $P(Fa|Fb) > P(Fa)$ und somit $P(Fa \wedge Fb) > P(Fa) \cdot P(Fb)$ gelten, was dem Produktgesetz widerspricht. Dieser Unterschied ist so zu erklären: In der subjektiven Wahrscheinlichkeitstheorie geht man davon aus, dass man die statistische Wahrscheinlichkeit *nicht kennt*. Man weiß z. B. nicht mit Sicherheit, ob es sich bei einer gegebenen Münze um eine symmetrische Münze ($p = 1/2$) oder um eine asymmetrische Münze mit Bias handelt, z. B. um eine magnetisierte Münze mit $p(\text{Zahl}) = 1/3$. In diesem Fall ist es induktiv sinnvoll, aus dem gehäuften Eintreten von Kopf zu schließen, dass die Münze eher Kopf als Zahl ergibt. In der statistischen Wahrscheinlichkeitstheorie spricht man dagegen nicht über unseren Glaubensgrad über eine unbekannte statistische Wahrscheinlichkeit, sondern über diese Wahrscheinlichkeit selbst, die als gegeben bzw. „bekannt" angenommen wird. Für diese gilt aufgrund der physikalischen Unabhängigkeitsannahme das Produktgesetz. D. h. wenn es zutrifft, dass die Münze mit relativer Häufigkeit r auf Kopf landet, so tut sie dies unabhängig von vorausliegenden Münzwürfen; man kann also daraus z. B. schließen, dass die Münze im zweimaligen Wurf mit relativer Häufigkeit r^2 auf Kopf landen wird, usw. Diese Überlegung zeigt uns, dass zwischen objektiven und subjektiven Wahrscheinlichkeiten tiefliegende Unterschiede bestehen.

Aus dem statistischen Produktgesetz leitet sich das bekannte *Binomialgesetz* (oder *Bernoulli* Gesetz) für das Ziehen von n-elementigen *Zufallsstichproben*, bzw. das n-fache Durchführen eines Zufallsexperimentes ab. Sei $p =_{def} p(Fx)$, und bezeichne $h_n(Fx)$ die relative Häufigkeit eines Ereignisses Fx in einer n-elementigen Zufallsstichprobe, dann gilt:

(3-4) *Binomialformel:* $p(h_n(Fx) = \frac{k}{n}) = \binom{n}{k} \cdot p^k \cdot (1-p)^{n-k}$.

Dabei ist $\binom{n}{k}$ („n über k") definiert als $\frac{n!}{k! \cdot (n-k)}$, und k! („k zur Fakultät") als $1 \cdot 2 \cdot \ldots \cdot (k-1) \cdot k$. $\binom{n}{k}$ ist bekanntlich die Anzahl der Möglichkeiten, aus n Individuen k auszuwählen. Damit ist die Binomialformel schnell erklärt: Jede *bestimmte* Auswahl von k unter n Individuen mit der Eigenschaft F und den restlichen Individuen ¬F hat gemäß dem Produktgesetz die Wahrscheinlichkeit $p^k \cdot (1-p)^{n-k}$. Da es genau $\binom{n}{k}$ solcher Möglichkeiten gibt, resultiert die Binomialformel (3-4).

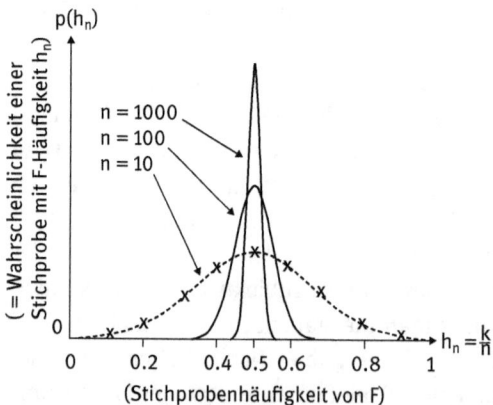

Abb. 3-3: *Drei Binomialverteilungen $p(h_n=k/n)$ für p=1/2 (approximiert durch Normalverteilungen).*

Die Binomialverteilung ist in Abb. 3-3 über dem Einheitsintervall [0,1] abgebildet (sie nimmt nur für Zahlen r = k/n nichtverschwindende Werte an). Ersichtlicherweise wird die Verteilung für zunehmende Stichprobengrößen n immer steilgipfeliger; die wahrscheinlichkeitsmäßig zu erwartende Abweichung der Stichprobenhäufigkeit von der Wahrscheinlichkeit in der Grundgesamtheit wird also immer geringer. Für $n \to \infty$ strebt die Binomialverteilung gegen eine unendlich steilgipfelige kontinuierliche *Gauß-Verteilung*, deren Werte p(h) für h$\neq$p gegen null und für h=p gegen 1 streben (Hays/Winkler 1970, 222ff, 609ff). Daraus ergeben sich die beiden Gesetze der *großen Zahlen* (Bauer 1978, Kap. 34, 38; Howson/Urbach 1996, 47f):

> (Satz 3-4) *Gesetze der großen Zahlen:*
> (3-4.1) *Schwaches* Gesetz der großen Zahlen: Für jede noch so kleine positive Zahl є strebt die Wahrscheinlichkeit dafür, dass $h_n(F)$ von p(F) um weniger als є abweicht, für n gegen unendlich gegen 1.
> Formal: $\forall \epsilon > 0: \lim_{n \to \infty} p(|h_n(F) - p(F)| < \epsilon) = 1$
> (3-4.2) *Starkes* Gesetz der großen Zahlen: Die Wahrscheinlichkeit dafür, dass der Häufigkeitsgrenzwert von F in einer unendlichen Zufallsfolge mit der Wahrscheinlichkeit von F übereinstimmt, beträgt 1.
> Formal: $p(\lim_{n \to \infty} h_n(Fx) = p(Fx)) = 1$

Das starke Gesetz spricht direkt über die Wahrscheinlichkeit von (Klassen von) unendlichen Zufallsfolgen; das schwache Gesetz dagegen nur über die Wahrscheinlichkeit beliebig langer endlicher Zufallsfolgen und deren Grenzwert. Das starke Gesetz impliziert das schwache, aber nicht umgekehrt. Das schwache Gesetz folgt aus der Tatsache, dass die Streuung einer Binomialverteilung $p \cdot (1-p)/\sqrt{n}$ beträgt (s. dazu Kap. 8.6) und daher für $n \to \infty$ gegen Null strebt. Der Beweis des starken Gesetzes erfordert die stärkere Annahme der σ-Additivität, die im nächsten Abschnitt besprochen wird. Zum Beweis der Gesetze der großen Zahlen s. Bauer (1978, § 19, 36-38) oder Stegmüller (1973b, 191ff).

Man ist zwar intuitiv geneigt, die Gesetze der großen Zahlen als „Bestätigung" der statistischen Wahrscheinlichkeitstheorie anzusehen, doch dies ist, wie wir in Kap. 5.2 sehen werden, nicht ohne weiteres der Fall. In erster Linie handelt es sich bei diesen Gesetzen um *formale* Theoreme, was man daran erkennt, dass die Konvergenz der Häufigkeiten gegen die Wahrscheinlichkeit ja nur mit einer Wahrscheinlichkeit von 1 gilt, was je nachdem, wie „Wahrscheinlichkeit" interpretiert wird, unterschiedliches bedeutet. Interpretiert man Wahrscheinlichkeiten subjektiv, so besagt das starke Gesetz, dass mit subjektiver Sicherheit (P = 1) geglaubt wird, dass der Häufigkeitsgrenzwert des Ereignistyps F in einer unendlichen Folge von gleichwahrscheinlichen und voneinander unabhängigen Ereignissen (¬)Fa_i (d. h. $P(Fa_i)$ = $P(Fa_j)$ und $P(Fa_i|Fa_j)$ = $P(Fa_i)$ für alle i≠j∈ℕ) mit der Glaubenswahrscheinlichkeit $P(Fa_i)$ übereinstimmt.

3.3 Formale Aufbauarten der Wahrscheinlichkeitstheorie

Es gibt zwei grundsätzlich unterschiedliche formale Konstruktionsweisen von Wahrscheinlichkeitsfunktionen: die *mathematische* Konstruktion, die Wahrscheinlichkeiten den Elementen einer Algebra zuordnet und dabei den Unterschied zwischen statistischer und epistemischer Wahrscheinlichkeit ignoriert, und die *linguistische* Konstruktion, die Wahrscheinlichkeitsfunktionen im statistischen Fall offenen Formeln und im epistemischen Fall Sätzen zuordnet. Die linguistische Konstruktion zerfällt wiederum in eine *semantische* und eine rein *syntaktische* Konstruktionsmethode. Diese Konstruktionsmethoden seien nun erläutert.

(1.) *Mathematisch* werden Wahrscheinlichkeitsmodelle als Tripeln der Form (Ω, AL,p) definiert (s. Bauer 1878, Kap. 1; Billingsley 1995, Kap. 2). Dabei ist Ω der *Möglichkeitsraum* oder Ergebnisraum, formal dargestellt durch eine nichtleere Menge von möglichen Ergebnissen, und AL ist eine sogenannte *Algebra* über Ω, also eine Menge von Ω-Teilmengen, die bzgl. Komplementbildung, Vereinigung und Durchschnitt abgeschlossen ist. D. h. mit A, B ∈ AL sind auch $A^c =_{def} \Omega - A$, B^c, sowie A∪B und A∩B in AL enthalten. Die Elemente von AL werden wie erwähnt als *Disjunktionen* von Möglichkeiten gelesen; z. B. repräsentiert „{1,3}" ein Würfelresultat, in dem eine 1 *oder* eine 3 geworfen wurde, und besitzt die Wahrscheinlichkeit 1/3 (usw.). Ist der Möglichkeitsraum endlich oder abzählbar, wählt man als Algebra meistens die Potenzmenge Pot(Ω), d. h. die Menge aller Teilmengen von Ω (die nachweislich größte Algebra über Ω). Ist Ω dagegen überabzählbar, z. B. die Menge ℝ aller reellen Zahlen eines Zahlenintervalls, dann ist Pot(Ω) ungeeignet, da nicht allen Teilmengen von ℝ sinnvolle Wahrscheinlichkeitsmaße zugeordnet werden können; man wählt in diesem Fall die Borel-Lebesgue-Algebra (s. Kap. 8.6). Wir nennen die Elemente von Ω im Folgenden auch „vollständige" und die von AL „disjunktive" Ergebnisse oder Ereignisse.

Die Wahrscheinlichkeitsfunktion p:AL→[0,1] ordnet jedem Element der Algebra AL einen reellwertigen Wahrscheinlichkeitswert im geschlossenen Intervall reeller Zahlen zwischen 0 und 1 zu ([0,1] $=_{def}$ {r∈ℝ: 0≤r≤1}). Abhängig davon, ob die Elemente von AL als bestimmte Ereignisse bzw. Sachverhalte oder als wiederholbare Ereignis- bzw. Sachverhaltstypen aufgefasst werden, handelt es sich bei diesem Wahrscheinlichkeitsmaß um ein epistemisches (P) oder ein statistisches (p).

(2.) Im *sprachsemantischen* Aufbau geht man von einer interpretierten PL-Sprache („language") $\mathscr{L}$ mit Interpretationen (D,I) aus; dabei ist D der Individuenbereich und I die Interpretationsfunktion, die Ausdrücken der Sprache $\mathscr{L}$ ihre Extension zuordnet (also Individuenkonstanten Individuen in D, n-stelligen Prädikaten Teilmengen von D^n; näheres im Anhang 10.1).

(2.1) Im *sprachsemantisch-statistischen* Aufbau (vgl. Adams 1974; Bacchus 1990, Kap. 3, Schurz/Leitgeb 2008, § 6) bezieht man sich auf eine *bestimmte* Interpretation bzw. ein bestimmtes Modell M = (D,I) der Sprache, das die wirkliche Welt wiedergeben soll. Wir betrachten einfachheitshalber zuerst nur Formeln in *nur einer* Individuenvariablen x. Die statistische Wahrscheinlichkeit von Formeln mit mehreren Individuenvariablen führt zur Betrachtung von Produkträumen, die weiter unten eingeführt werden. Der Individuenbereich D fungiert hier als Möglichkeitsraum, Ω = D, deren Elemente als Resultate einer Zufallsziehung bzw. eines Zufallsexperimentes betrachtet werden. Als Algebra AL wählt man eine Mengenalgebra über D, die alle Extensionen von offenen Formeln A(x) in der Individuenvariablen x enthält (die Menge dieser Extensionen bildet eine Algebra, weil die Menge aller x-Formeln unter aussagenlogischen Operationen abgeschlossen ist; s. Satz 3-5). Das Wahrscheinlichkeitsmaß p:AL→[0,1] wird so gewählt, dass für alle A∈AL p(A) mit der Häufigkeit von As in D, und im Falle eines unendlichen Ds mit dem Häufigkeitsgrenzwert eines A-Ergebnisses in einer gegebenen *Zufallsfolge* von D-Individuen übereinstimmt. Eine Zufallsfolge ist eine unendliche Folge von „Zufallsziehungen" von D-Individuen mit Zurücklegung, d. h. alle Individuen werden mit gleichem Häufigkeitsgrenzwert gezogen (p($\{d_i\}$) = p($\{d_j\}$) für alle d_i, $d_j \in$ D). Nur wenn letzteres der Fall ist, liefern Ziehungen mit Zurücklegung ein statistisches Maß, das im Falle eines endlichen D mit der endlichen Häufigkeit übereinstimmt.[7] Dieses Maß wird auf nun offene Formeln übertragen, indem die Wahrscheinlichkeit einer Formel A(x) mit der Wahrscheinlichkeit ihrer Extension in D identifiziert wird, die im Folgenden mit $||A(x)||^D$ bezeichnet wird (genaue Definition in Anhang 10.2). Man definiert also

p(A(x)) =$_{def}$ p($||A(x)||^D$),

und damit ist die statistische Wahrscheinlichkeit aller offenen Formeln der Sprache $\mathscr{L}$ in nur einer Variable x definiert. Man beachte, dass dadurch auch die statistische Wahrscheinlichkeit der Ziehung eines einzelnen Individuums in D mit Namen a_i definiert ist als die Wahrscheinlichkeit der Formel „x=a_i", wobei für statistische Wahrscheinlichkeiten gilt: p(x=a_i) = 1/|D| (s. Fn. 7). Für abzählbarunendliche Individuenbereiche ist der Häufigkeitsgrenzwert p(x=a_i) null, was zu dem in Kap. 3.4 besprochenen Problem der Verletzung der σ-Additivität führt.

(2.2) Im *sprachsemantisch-epistemischen* Aufbau (z. B. Carnap 1971, 1980; Kutschera 1972, 124ff; Bacchus 1990, Kap. 2) wählt man als Möglichkeitsraum Ω die Menge Mod aller Interpretationen bzw. Modelle der Sprache, die man als epistemisch möglich erachtet, und als Algebra AL über Mod die Menge jener Mod-Teilmengen, die Modellmengen von *Sätzen* der zugrundeliegenden Sprache $\mathscr{L}$ sind. Im Folgenden soll ||A|| die Menge der den Satz A verifizierenden $\mathscr{L}$-Modelle bezeichnen, oder formal ausgedrückt A $=_{def}$ {(D,I)∈Mod: (D,I) |== A}. Man nennt die Modellmenge ||A|| auch die von Satz „A" bezeichnete *Proposition*. Damit ist die Algebra AL definiert als die Menge der Propositionen {||A||: A ∈ Sent($\mathscr{L}$)}. Wegen der Geschlossenheit der Menge aller Sätze von $\mathscr{L}$ unter aussagelogischen Operationen ist die so definierte Menge von Modellmengen eine Algebra. Auf AL nimmt man eine Wahrscheinlichkeitsfunktion P:Mod→[0,1] an, die man auf die Sätze von $\mathscr{L}$ überträgt, indem die Wahrscheinlichkeit des Satzes A mit der Wahrscheinlichkeit seiner Modellklasse bzw. Proposition identifiziert wird:

P(A) $=_{def}$ P(||A||).

Der semantisch grundlegende Unterschied zwischen der statistischen und der epistemischen Wahrscheinlichkeit ist folgender: während die statistische Wahrscheinlichkeit eine Eigenschaft der realen Welt ist und sich daher auf ein bestimmtes als ‚real' (bzw. aktual) gesetztes Modell (D,I) bezieht, besagt die epistemische Wahrscheinlichkeit etwas über unsere Glaubensgrade und bezieht sich daher auf den gesamten Raum der epistemisch *möglichen* Modelle Mod. Gemeinsam ist beiden Versionen des sprachsemantischen Aufbaus, dass die Wahrscheinlichkeitsfunktion zuerst über der sprachlich generierten Algebra (über D bzw. über Mod) definiert und von dort aus auf Formeln bzw. Sätze übertragen wird. Diese Übertragung basiert auf dem bekannten Zusammenhang von logischen und mengentheoretischen Operationen, der garantiert, dass die logischen Äquivalenzklassen von Formeln/Sätzen in der Algebra ihrer Extensionen/Modellmengen ein isomorphes Bild besitzen:[8]

(Satz 3-5) *Logische und mengenalgebraische Operationen*:
(a) Die Negation einer Formel bzw. eines Satzes entspricht dem Komplement der entsprechenden Extension bzw. Modellmenge:
$||\neg A(x)||^D = D - ||A(x)||^D$ bzw. $||\neg A|| = Mod - ||A||$.
(b) Die Disjunktion zweier Formeln bzw. Sätze entspricht der Vereinigung der entsprechenden Extensionen bzw. Modellmengen:
$||A(x) \vee B(x)||^D = ||A(x)||^D \cup ||B(x)||^D$ und $||A \vee B|| = ||A|| \cup ||B||$.
(c) Analog entspricht die Konjunktion (∧) dem Durchschnitt (∩).

Möglichkeitsräume oder Individuenbereiche sind (nicht immer, aber im Regelfall) unendlich groß. Eine Mengenalgebra heißt *σ-Algebra* (sprich „sigma"-Algebra), wenn ihre Mengen unter abzählbar *unendlicher* Vereinigung (∪) bzw. Durchschnitt (∩) abgeschlossen sind; d. h. enthält AL eine unendliche Familie $M_i \in AL$ von Mengen, dann sind auch die unendliche Vereinigung $\cup_{i \in \mathbb{N}} M_i$ und der unendliche Durchschnitt $\cap_{i \in \mathbb{N}} M_i$ Elemente von AL. In der mathematischen Maß- und Integrationstheorie nimmt man üblicherweise σ-Algebren an. Die sprachgenerierten Algebren der Extensionen/Modellmengen von Formeln/Sätzen sind dagegen keine σ-Algebren, sofern sich in der gegebenen Sprache unendlich viele wechselseitig logisch nicht-äquivalente Formeln bilden lassen. Dies ist für Sprachen mit unendlich vielen Individuenkonstanten und/oder einstelligen Prädikaten immer der Fall (für Sprachen mit mehrstelligen Relationen genügen schon unendlich viele Individuenvariablen). Denn sprachliche Ausdrücke werden als algorithmisch entscheidbare Entitäten angenommen, die nur *endliche Länge* besitzen können. Die Formeln einer Sprache $\mathscr{L}$, die Vereinigungen bzw. Durchschnitten entsprechen, können daher immer nur aus *endlich* langen Disjunktionen bzw. Konjunktionen von Formeln bestehen, und da es in Sprachen mit unendlichem Zeichenvorrat unendlich viele paarweise nichtäquivalente Formeln gibt, kann die durch die $\mathscr{L}$-Formeln generierte Algebra von Propositionen keine σ-Algebra sein. Allquantifizierte Ausdrücke können zwar *einige*, aber nicht alle unendlich lange Konjunktionen nachbilden (und analog können Existenzsätze nur einige unendliche Disjunktionen nachbilden). Z. B. entspricht die unendlich lange Konjunktion $Fa_1 \wedge Fa_2 \wedge ...$ dem Allsatz $\forall x Fx$, aber die unendliche Konjunktion $F_1 a \wedge F_2 a \wedge ...$ (mit F_i als indizierte Menge einstelliger Prädikate) lässt sich durch keinen Allsatz wiedergeben.

Aus demselben Grund gibt es für Sprachen mit unendlichem Zeichenvorrat keinen Möglichkeitsraum Ω der logisch stärksten in $\mathscr{L}$ ausdrückbaren Möglichkeiten bzw. „möglichen Welten", deren Einermengen in der sprachgenerierten Algebra enthalten wären. Um diese als Formeln darzustellen, würde man unendlich lange Konjunktionen benötigen. Man kann solche „mögliche Welten" in gewöhnlichen formalen Sprachen nur durch unendliche Formel*mengen* wiedergeben, nämlich durch sogenannte *maximal konsistente* Formelmengen.[9] Es gibt freilich einen formal einfachen Weg, die Sprache so ausdrucksstark zu machen, dass die sprachgenerierte Algebra die σ-Abgeschlossenheit besitzt: indem man in diese Sprachen unendliche Konjunktionen/Disjunktionen als *abstrakte* Formeln einführt. Allerdings sind weder die Formregeln noch die Herleitungsregeln solcher Sprachen entscheidbar (da sie sich auf unendliche Prämissenmengen beziehen), womit der Sinn von Kalkülen als Beweisalgorithmen verlorengegangen ist.[10]

(3.) Im *sprachsyntaktisch-epistemischen* Aufbau (z. B. Carnap 1950) wird die Wahrscheinlichkeitsfunktion P direkt über den Sätzen einer Sprache $\mathscr{L}$ definiert und axiomatisch charakterisiert, z. B. mithilfe der Axiome in Def. 3-1 oder Def.

3-3. Ein syntaktischer Aufbau ist für statistische Wahrscheinlichkeiten möglich, doch ist mir niemand bekannt, der dies durchgeführt hätte. Aufgrund des Theorems (T7) von Satz 3-1 haben logisch äquivalente Sätze dieselbe Wahrscheinlichkeit, weshalb die syntaktisch konstruierte Wahrscheinlichkeitsfunktion P in eine semantische überführbar ist, indem P den Modellmengen logisch äquivalenter Sätze identisch zugeordnet wird. Wie erläutert sind für Sprachen mit unendlichem Zeichenvorat die logisch stärksten (vollständigen) Elemente des Möglichkeitsraumes sprachlich nicht mehr repräsentierbar. Aus diesem Grund hatte Carnap (1950) seine syntaktisch-epistemische Wahrscheinlichkeitsfunktion nur für endliche monadische Sprachen definiert (also Sprachen mit endlich vielen Individuenkonstanten und einstelligen Prädikaten). Carnap (1971) bevorzugte die semantische Konstruktion wegen ihrer größeren Ausdrucksstärke.

Auch im syntaktischen Aufbau wird normalerweise angenommen, dass die Wahrscheinlichkeitsfunktion p bzw. P zwar auf objektsprachliche Ausdrücke angewandt wird, aber in der mathematischen Metasprache ausgedrückt wird. Es ist auch möglich, den Wahrscheinlichkeitsfunktor p bzw. P direkt in einer erweiterten prädikatenlogischen Objektsprache einzuführen. Dieser mühsame Weg wird in Bacchus (1990, Kap. 2.3, 3.2) und Halpern (2003, Kap. 7.3, 7.7) beschrieben. Dabei müssen neben den Basisaxiomen der Wahrscheinlichkeit auch die Axiome für reelle Zahlen objektsprachlich ausgedrückt werden. Die so erhaltene prädikatenlogische Theorie ist korrekt, aber nachweislich unvollständig (Bacchus 1990, 62, Theorem 15).

Anschließend an die obigen Ausführungen präzisieren wir den Begriff der wahrscheinlichkeitstheoretischen Folgerung wie folgt:

(Def. 3-5) *Wahrscheinlichkeitstheoretische Folgerung:*
(a) Ein Wahrscheinlichkeitssatz ist ein Satz der mathematischen Sprache, der aus Termen folgender Form mit Hilfe von Variablen sowie mathematischen Funktions- und Relationszeichen gebildet ist: (i) Konstanten für Zahlenmengen oder Zahlen und (ii) Terme der Form P(X), wobei X entweder für eine Menge einer Algebra AL oder für einen Satz bzw. eine Formel einer Objektsprache $\mathscr{L}$ steht. Wahrscheinlichkeitssätze sind also z. B. Sätze der Form P(X) = r, P(X)/(P(Y) > 2·P(Z), oder P(Fa|Fb) > P(Fa) (analog für p).
(b) Ein Wahrscheinlichkeitssatz S *folgt wahrscheinlichkeitstheoretisch* aus einer Menge von Wahrscheinlichkeitssätzen Δ, wenn S aus Δ und den Basisaxiomen (A1-3 von Def. 3-1) unter Zuhilfenahme der Rechengesetze für reelle Zahlen logisch folgt. Wir schreiben dafür abkürzend Δ $\Vert-_{A1\text{-}3}$ S. Semantisch bedeutet dies folgendes: Δ $\Vert-_{A1\text{-}3}$ S gilt genau dann, wenn in allen Wahrscheinlichkeitsmodellen (Ω,AL,P), in denen Δ wahr ist, auch S wahr ist.[11]

Beispiele: Aus P(A) = 0,5 folgt wahrscheinlichkeitstheoretisch P(A∨B) ≥ 0,5; oder aus P(A) = 0,8 und P(B) = 0,9 folgt wahrscheinlichkeitstheoretisch P(A∧B) ≥ 1 − (1−0,8) − (1−0,9) = 0,7 (zu letzterem Resultat s. Satz 4-1).

Wir kommen abschließend zur Repräsentation von *Kombinationen* von (unabhängigen) Zufallsexperimenten. Unter einem *n-fachen* Zufallsexperiment verstehen wir die n-malige Ausführung desselben Zufallsexperimentes, z. B. durch Hintereinanderausführung. Für epistemische Wahrscheinlichkeiten benötigen diese keine gesonderte Behandlung, da der Möglichkeitsraum mit der Menge aller Modelle zusammenfällt, wodurch die Wahrscheinlichkeit aller Sätze mit beliebig vielen Individuenkonstanten festgelegt wird, unter anderem auch die Wahrscheinlichkeit jener Sätze, die auf die Einzelergebnisse der ins Auge gefassten Zufallsexperimente referieren. Kombinierte statistische Wahrscheinlichkeiten benötigen dagegen eine gesonderte Behandlung, da hierfür zusätzliche Gesetze wie das in Kap. 3.2 erwähnte statistische Unabhängigkeitsgesetz (3-3) gelten. Dabei erwähnen wir hier nur die wichtigsten Grundlagen und verschieben die logischen Details in den *Anhang 10.2*.

Durch ein einfaches Zufallsexperiment werden die Häufigkeitsgrenzwerte von Formeln in einer Variable, A(x), festgelegt, durch Bezug auf eine unendliche Sequenz von Zufallsziehungen aus Ω = D. In einer Formel mit zwei Individuenvariablen $A(x_1,x_2)$ bezieht sich x_1 auf das Ergebnis des ersten und x_2 auf das des zweiten (unabhängigen) Zufallsexperimentes in irgendeiner fixierten Anordnung. Ein Beispiel ist das zweimalige Werfen mit einer Münze. Der Möglichkeitsraum des zweifachen Zufallsexperimentes ist damit D^2 = D×D: wir ziehen zufällig Paare (d_i,d_j) aus D×D und prüfen, ob die Variablenbelegung $[x_1{:}d_i, x_2{:}d_j]$ (welche der Individuenvariablen x_1 das Individuum d_1 und x_2 das Individuum d_2 zuordnet) die Formel $A(x_1,x_2)$ erfüllt. Die statistische Wahrscheinlichkeit $p(A(x_1,x_2))$ wird als Häufigkeitsgrenzwert von $A(x_1,x_2)$-erfüllenden Paaren in einer unendlichen Sequenz von Zweifachziehungen bzw. Zweifachdurchführungen des Zufallsexperimentes $((d_{1,1},d_{1,2}), (d_{2,1},d_{2,2}), ...)$ bestimmt. Man beachte, dass durch ein zweifaches Experiment auch die Wahrscheinlichkeiten von Einfachresultaten bestimmt sind: die statistische Wahrscheinlichkeit von Fx ist wegen des Unabhängigkeitsgesetzes gleich der Wahrscheinlichkeit, ein Paar (x_1,x_2) zu ziehen, bei dem x_1 ein F und x_2 beliebig ist. Man nennt dies auch die „Projektion" des zweidimensionalen Ergebnisraums (x_1,x_2) auf die Dimension x_1, und nennt das Gesetz $p(Fx_1 \wedge x_2{=}x_2)$ = p(Fx) − bzw. in der Mengenschreibweise $p(\{(x_1,x_2): Fx_1\})$ = P({x:Fx}) − ein *Projektionsgesetz*. Die Durchführung dieser Konstruktion für beliebig-fach kombinierte Zufallsexperimente findet sich in Anhang 10.2.

3.4 Sigma-Additivität: Für und Wider

Eine über die Kolmogorovschen Basisaxiome hinausgehende Annahme für Wahrscheinlichkeitsmaße über σ-Algebren ist die *σ-Additivität*:

(Def. 3-6) *σ-Additivität*: Eine Wahrscheinlichkeitsfunktion p: AL→[0,1] heißt σ-additiv g. d. w. für jede unendliche Folge $(A_i: i \in \mathbb{N})$ von paarweise disjunkten Elementen A_i von AL gilt: $p(\bigcup_{i \in \mathbb{N}} A_i) = \sum_{i \in \mathbb{N}} p(A_i)$, oder *in Worten*: die Wahrscheinlichkeit ihrer unendlichen Vereinigung ist die unendliche Summe ihrer Wahrscheinlichkeiten.

Dabei ist die unendliche Summe $\sum_{i \in \mathbb{N}} p(A_i)$ als der Grenzwert der Folge der endlichen Summen erklärt, $\lim_{n \to \infty} \sum_{1 \leq i \leq n} p(A_i)$. Eine σ-additive Wahrscheinlichkeitsfunktion heißt auch Wahrscheinlichkeits*maß*. Die σ-Additivität ist eine grundlegende Annahme der mathematischen Maßtheorie über kontinuierlichen (reellwertigen) Möglichkeitsräumen und der Theorie der Lebesgue-Integrale (s. Kap. 8.6). Sie ist jedoch keine generell adäquate Forderung, da diese Annahme jeder Wahrscheinlichkeitsverteilung über einem *abzählbar unendlichen* Möglichkeitsraum einen *Bias* aufzwingt. Sei dieser Möglichkeitsraum z. B. die Menge der natürlichen Zahlen $\Omega = \mathbb{N}$, und bedeute p({i}) die Wahrscheinlichkeit, eine bestimmte Zahl i gleichsam aus einer unendlichen Urne zu ziehen. Mit Sicherheit wird irgendeine Zahl gezogen, d. h. $p(\mathbb{N}) = p(\bigcup_{i \in \mathbb{N}} \{i\}) = 1$. Doch die Gleichverteilung von p über $\mathbb{N}$ bewirkt, dass für jede natürliche Zahl ihre Ziehungswahrscheinlichkeit p({i}) null betragen muß (denn wäre p({i}) > 0, dann wäre $p(\bigcup_{i \in \mathbb{N}} \{i\}) = \sum_{i \in \mathbb{N}} p(\{i\})$ unendlich). Die Summe der Ziehungswahrscheinlichkeiten aller einzelnen Zahlen ist daher null, denn eine beliebig lange Summe von Nullen ergibt null: $\sum_{i \in \mathbb{N}} p(\{i\}) = 0 + 0 + \ldots = 0$. Somit gilt $\sum_{i \in \mathbb{N}} p(\{i\}) = 0 < p(\bigcup_{i \in \mathbb{N}} p(\{i\})) = 1$, d. h. eine gleichverteilte Wahrscheinlichkeitsfunktion über $\mathbb{N}$ kann nicht σ-additiv sein. Aus diesem Grund haben weder Kolmogorov (s. 1933, §1-2) noch de Finetti (s. 1970, Kap. III.11.6) σ-Additivität als Basisaxiom angesehen. Spielmann (1977) hat gegen das Beispiel eingewandt, dass reale Zufallsziehungen auf einen endlichen Anfangsabschnitt von $\mathbb{N}$ bezogen sein müssen. Aber man kann das unendliche Ziehungsexperiment auch als Grenzwert von immer umfassenderen endlichen Ziehungsexperimenten über {1,...,n} auffassen; auch in diesem Fall verletzen die resultierenden Grenzwertwahrscheinlichkeiten für $n \to \infty$ die σ-Additivität.

Die unendliche Summe $\sum_{i \in \mathbb{N}} p(\{i\})$ kann nur dann den Wert 1, bzw. irgend einen Wert größer als Null und kleiner als Unendlich annehmen, wenn die Folge der Wahrscheinlichkeiten $(p(\{i\}): i \in \mathbb{N})$ mit positiven Werten beginnt und dann hinreichend *schnell* gegen *Null* strebt.[12] Daher ist bei jeder σ-additiven Wahrscheinlichkeitsverteilung über $\mathbb{N}$ fast die gesamte Wahrscheinlichkeitsmasse auf einen endlichen Anfangsabschnitt von ℕ konzentriert und verschwindet für n→∞ gegen Null (vgl. Howson/Urbach 1996, 34). Dies ist in Abb. 3-4 dargestellt:

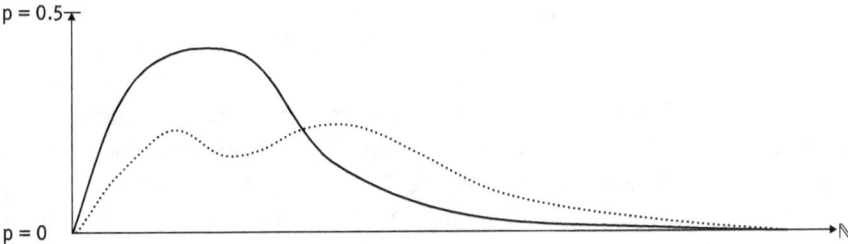

Abb. 3-4: *σ-additive Wahrscheinlichkeitsmaße über* ℕ.

Kelly (1996, 321ff) hat gezeigt, dass die σ-Additivität von *subjektiven* Wahrscheinlichkeiten eine schwache *induktive* Annahme involviert. Für jede universelle Hypothese ∀xA(x) über einem beliebig angeordneten unendlichen Bereich D = {d_1, d_2,...} muss nämlich aufgrund der σ-Additivität die Wahrscheinlichkeit, dass das n.te Individuum die *erste* falsifizierende Instanz von ∀xA(x) ist, mit zunehmenden n schnell gegen Null gehen. Wenn es also überhaupt Falsifikationsinstanzen einer Allhypothese gibt, dann müssen diese sehr bald auftreten. Als Konsequenz ergibt sich folgende

(3-5) *Limes-Induktivität* für strikte Allhypothesen:
Sofern P(∀xA(x)) > 0: $\lim_{n\to\infty}$P(∀xA(x)|A(a_1)∧...∧ A(a_n)) = 1.

D. h. wenn die Anzahl positiver Bestätigungen einer Allhypothese hinreichend zunimmt, steigert sich unser Glaubensgrad in die Hypothese ∀xA(x) (sofern diese anfänglich als möglich erachtet wird) bis hin zur Sicherheit. Ein Humescher Induktionsskeptiker könnte dem niemals zustimmen: er würde einwenden, dass nach jeder noch so großen endlichen Anzahl bestätigender Beobachtungen A(a_1),...,A(a_n) immer noch unendlich viele unbeobachtete Individuen verbleiben, die die Hypothese falsifizieren können, weshalb für ihn die Wahrscheinlichkeit, dass die Hypothese falsch ist, nicht um die Spur gesunken ist. Wie Kelly zeigt, bricht die Limes-Induktivität zusammen, sobald P nicht mehr σ-additiv ist.

Wir betrachten σ-Additivität daher im Folgenden nicht als ein generelles Axiom der Wahrscheinlichkeitstheorie. Nicht-σ-additive Wahrscheinlichkeitsmaße wurden unter anderem in Bhaskara Rao & Rao (1983) und in Schurz & Leitgeb (2008) studiert: sie erfüllen eine Reihe interessanter aber schwächerer Gesetze als σ-additive Maße. Z. B. gilt auch für nicht-σ-additive Wahrscheinlichkeitsfunktionen:

(3-6) *Für nicht-σ-additives p:* $p(\bigcup_{i \in \mathbb{N}} p(\{i\})) \geq \sum_{i \in \mathbb{N}} p(\{i\})$.

Da sich die σ-Additivität auf unendliche Vereinigungen bzw. Disjunktionen bezieht, kann sie im gewöhnlichen sprachlichen Aufbau nicht vollwertig wiedergegeben werden. Eine Möglichkeit, das Prinzip der σ-Additivität sprachlich vollwertig wiederzugeben, sind die oben erläuterten abstrakt-infiniten Sprachen mit unendlichen Konjunktions- und Disjunktionsoperationen. Für quantifizierte Sätze impliziert die σ-Additivität eines Wahrscheinlichkeitsmaßes jedoch das folgende Kontinuitätsprinzip, sofern eine Sprache mit abzählbar-unendlichem Individuenbereich und mit *Standardnamen* angenommen wird (s. Schurz/Leitgeb 2008, fact 6). Letzteres bedeutet, dass jedes Individuum d_i aus D in $\mathscr{L}$ genau einen Standardnamen a_i besitzt ($I(a_i)=d_i$).

(3-7) *Kontinuitätsprinzip* (Folge der σ-Additivität für Sprachen mit Standardnamen):
(a) *Epistemische Version:* $P(\forall x A(x)) = \lim_{n \to \infty} P(A(a_1) \wedge ... \wedge A(a_n))$. (Analog für $\exists$)
In Worten: Der Glaubensgrad, dass alle Individuen die Eigenschaft A besitzen, ist identisch mit dem Grenzwert des Glaubensgrades, dass die ersten n Individuen des Individuenbereichs die Eigenschaft A besitzen, für n gegen unendlich.
(b) *Statistische Version:* $p(\forall y R(x,y)) = \lim_{n \to \infty} p(R(x,a_1) \wedge ... \wedge R(x,a_n))$. (Analog für $\exists$)

4 Rechtfertigung von Schlussarten innerhalb der Wahrscheinlichkeitstheorie

4.1 Schlussarten

Im Rahmen der epistemischen Wahrscheinlichkeitstheorie können unterschiedliche Schlussarten rekonstruiert und teilweise auch gerechtfertigt werden. Grundsätzlich unterscheidet man zwischen *deduktiven* (oder logischen) und *nicht-deduktiven* Schlüssen. Deduktive Schlüsse sind *sicher*: Sie übertragen die Wahrheit ihrer Prämissen mit Sicherheit bzw. in allen möglichen Welten auf die Konklusion. Induktive bzw. nicht-deduktive Schlüsse sind dagegen *unsicher*: Sie übertragen die Wahrheit ihrer Prämissen nur in hinreichend gleichförmigen bzw. uniformen Welten auf die Konklusion; das sind Welten, in denen die Zukunft der Vergangenheit bzw. das Unbeobachtete dem bereits Beobachtetem hinreichend ähnlich ist. Hier zwei Beispiele:

(4-1)

Deduktiver Schluss
Alle Fische sind Kiemenatmer.
Dieses Tier ist ein Fisch.

Also ist dieses Tier ein Kiemenatmer.

Sicher: Wahrheitsübertragung in allen möglichen Welten

Induktiver Schluss
Alle bisher beobachteten Fische (Nr. 1, 2,...,n) waren Kiemenatmer.

Also sind (wahrscheinlich) alle Fische Kiemenatmer.

Unsicher: Wahrheitsübertragung nur in genügend ‚uniformen' möglichen Welten.

Der einfache Schlussstrich indiziert Sicherheit, der Doppelstrich Unsicherheit. Induktive Schlüsse übertragen beobachtete Zusammenhänge auf neue nicht beobachtete Fälle, man sagt auch, induktive Schlüsse sind gehaltserweiternd.

Nicht alle nicht-deduktiven Schlüsse sind induktiver Natur in obigem Sinne. Eine weitere nicht-deduktive Schlussart ist die *Abduktion* bzw. der *Schluss auf die beste Erklärung*. Grob gesprochen schließt man hier von einer beobachteten Wirkung auf eine vermutete Ursache, z. B. von einer sich dahinschlängelnden Spur im Sand auf eine Sandviper, die hier vorbei kroch. Die Schlussart der Abduktion geht auf C.S. Peirce zurück. Für den späteren Peirce war es wesentlich, dass durch abduktives Schließen in den Wissenschaften neue theoretische Begriffe und Modelle eingeführt werden können (Peirce 1903, § 170). Z. B. schloss Newton aus der Bewegung der Planeten um die Sonne abduktiv auf die Existenz einer Gravitationskraft. Wie Peirce betont hat, ist der Geltungsstatus einer abduktiv erschlossenen Hypothese sehr unsicher und vorläufig: die abduzierte Hypothese muss durch Deduktion und Induktion empirisch getestet werden, um den Charakter einer wahrscheinlichen Hypothese anzunehmen (1903, § 171). Zudem gibt es immer *mehrere* mögliche Erklärungshypothesen des erklärungsbedürftigen Faktums, und die abduktive Schlussprozedur wählt die beste davon aus. In diesem Sinne hat Harman (1965) das Peircesche Abduktionskonzept als den Schluss auf die beste Erklärung rekonstruiert. Wie in Schurz (2008a) gezeigt wird, umfasst die so verstandene Abduktion eine ganze *Familie* von Schlussarten, die folgendes Schema gemeinsam haben.

(4-2) *Schlussschema der Abduktion* (vgl. Niiniluoto 1999):
Prämisse 1: Ein erklärungsbedürftiges (singuläres oder generelles) Faktum E.
‚Prämisse' 2: Ein Hintergrundwissen W, das für eine gewisse Hypothese H impliziert: H ist eine plausible und unter den gegenwärtig bekannten Erklärungskandidaten die beste Erklärung für E.

Abduktive Vermutung: H ist wahr.

Wenn man Schlussarten – ob deduktiv, induktiv oder abduktiv – probabilistisch rekonstruiert, fragt man primär nicht nach der (vollständigen oder teilweisen) *Erhaltung der Wahrheit*, sondern nach der Höhe der bedingten epistemischen Wahrscheinlichkeit der Konklusion, gegeben die Prämissen, sowie nach der (davon abhängenden) vollständigen oder teilweisen *Übertragung einer hohen Wahrscheinlichkeit* von den Prämissen auf die Konklusion. Diese Betrachtung soll nun für die unterschiedlichen Schlussarten durchgeführt werden.

4.2 Deduktives Schließen

Wie im Anhangskapitel 10.1 erklärt, setzen wir „$\|{-}$" für die Relation der logischen Folge, d. h. $A_1, A_2 \| {-}\ B$ steht für „B folgt logisch aus A_1, A_2". Aufgrund der Vollständigkeitsbeweise für die Aussagen- und Prädikatenlogik 1. Stufe kann man den semantischen Folgerungsbegriff gleichwertig durch den syntaktischen Herleitungsbegriff „$|{-}$" ersetzen. Die grundlegenden Zusammenhänge zwischen deduktiver Logik und Wahrscheinlichkeitstheorie werden in folgendem Satz wiedergegeben:

(Satz 4-1) *Wahrscheinlichkeitstheorie und logische Folgerung:*
Sei $\mathscr{P}$ die Menge aller möglichen epistemischen Wahrscheinlichkeitsfunktionen über der Algebra $AL(\mathscr{L})$ der Propositionen einer Sprache $\mathscr{L}$. Es stehe $U(A) =_{def}$ $1-P(A)$ für die sogenannte P-*Unsicherheit* von Satz A. Dann gilt für alle Sätze A, $A_1,...,A_n$, B:
(4-1.1) (i) $A_1,...,A_n \parallel\!\!- B$ g. d. w.
(ii) $\forall P \in \mathscr{P}$: $P(B|A_1 \wedge ... \wedge A_n) = 1$ g. d. w.
(iii) $\forall P \in \mathscr{P}$: $P(B) \geq P(A_1 \wedge ... \wedge A_n)$ g. d. w.
(iv) $\forall P \in \mathscr{P}$: wenn $P(A_1 \wedge ... \wedge A_n) = 1$, dann $P(B) = 1$.
In Worten: (i) Eine Konklusion folgt aus einer Menge von Prämissen, g. d. w. (ii) die bedingte Konklusionswahrscheinlichkeit gegeben die Prämissenkonjunktion in allen Wahrscheinlichkeitsmodellen 1 ist, g. d. w. (iii) die Konklusionswahrscheinlichkeit in allen Wahrscheinlichkeitsmodellen größer oder gleich der Wahrscheinlichkeit der Prämissenkonjunktion ist, g. d. w. (iv) die Konklusionswahrscheinlichkeit in allen Wahrscheinlichkeitsmodellen 1 beträgt, in denen die Wahrscheinlichkeit der Prämissenkonjunktion 1 beträgt.
(4-1.2) $\forall P \in \mathscr{P}$: $U(A_1 \wedge ... \wedge A_n) \leq U(A_1) + ... + U(A_n)$.
In Worten: Die Unsicherheit einer Satzkonjunktion ist in allen Wahrscheinlichkeitsmodellen kleiner oder gleich der Summe der Unsicherheiten der Einzelsätze.
(4-1.3) (folgt aus 4.1+2) $A_1,...,A_n \parallel\!\!- B$ g. d. w. $\forall P \in \mathscr{P}$: $U(B) \leq U(A_1) + ... + U(A_n)$.
In Worten: Eine Konklusion folgt aus einer Menge von Prämissen, g. d. w. die Summe der Prämissenunsicherheiten in allen Wahrscheinlichkeitsmodellen kleiner oder gleich der Konklusionsunsicherheit ist.

Die Zusammenhänge zwischen logischer Folgerung und Wahrscheinlichkeit beziehen sich immer auf das, was in *allen* Wahrscheinlichkeitsmodellen gilt. Satz 4-1.1 zeigt, dass man zur Erfassung des Zusammenhangs zwischen logischem Folgern und Wahrscheinlichkeit in erster Linie nicht nur die Prämissenwahrscheinlichkeiten, sondern die Wahrscheinlichkeit ihrer Konjunktion kennen muss. Dann ist alles einfach, denn die bedingte Wahrscheinlichkeit der Konklusion, gegeben die Konjunktion aller Prämissen, ist notwendigerweise 1, und somit ist die Konklusionswahrscheinlichkeit immer größer-gleich der Wahrscheinlichkeit der Prämissenkonjunktion; hohe Wahrscheinlichkeiten übertragen sich also zur Gänze von der Prämissenkonjunktion auf die Konklusion. Die Bedeutung von (iv) liegt darin, dass (iv) nicht nur hinreichend, sondern auch notwendig für (i) ist: eine 1-Wahrscheinlichkeit überträgt sich *nur* dann in *allen* möglichen Wahrscheinlichkeitsmodellen von der Prämissenkonjunktion auf die Konklusion, wenn der Schluss auch logisch gültig ist. Ein Beweis von Satz (4-1.1) findet sich im mathematischen Anhang 10.3.4.

Satz (4-1.2) wird auch die *Unsicherheitssummenregel* (uncertainty sum rule) genannt und liefert uns eine bedeutsame obere Schranke für die Unsicherheit der Konjunktion aller Prämissen, die in allen Wahrscheinlichkeitsmodellen gilt, nämlich die Summe der Prämissenunsicherheiten. Der Beweis von Satz (4-1.2) geht auf Suppes (1966, 54) zurück. Satz (4-1.3) ist eine unmittelbare Konsequenz aus (4-1.1) und (4-1.2).

In dem in Kap. 3.3 erläuterten sprachsyntaktischen Aufbau geht in die Begriffe der Disjunktivität und Exhaustivität immer noch der Begriff der logischen Folgerung ein. Popper (1935/76, Anhänge II*, IV*) hat gezeigt, dass sich eine syntaktische Axiomatisierung der Wahrscheinlichkeit auch ohne Voraussetzung eines Folgerungsbegriffs über den Sätzen der Objektsprache durchführen lässt, indem Wahrscheinlichkeitsaxiome für objektsprachliche Sätze so eingeführt werden, dass sie die aussagenlogischen Gesetze in impliziter Form enthalten. Man nennt die so axiomatisierten Wahrscheinlichkeiten auch *Popper-Funktionen*.[13]

(Def. 4-1) *Axiomatisierung von Popper-Funktionen* P:Sent($\mathscr{L}$)×Sent($\mathscr{L}$) → $\mathbb{R}$ für eine aussagenlogische Sprache $\mathscr{L}$: Für alle A, B, C ∈ Sent($\mathscr{L}$):
(PA1) $\exists$X,Y ∈ Sent($\mathscr{L}$): P(X|Y) ≠ 1.
(PA2) P(A|A) = 1.
(PA3) P(A|B∧C) = P(A|C∧B).
(PA4) P(A∧B|C) = P(B∧A|C).
(PA5) P(A|B) + P(¬A|B) = 1 *oder* P(C|B) = 1 (für beliebige C).
(PA6) P(A∧B|C) = P(A|B∧C) · P(B|C).
Definition: P(A) =$_{def}$ P(A|B∨¬B)

(Satz 4-2) *Popper-Funktionen:*
(4-2.1) Die Klasse der bedingten Popper-Funktionen (Def. 4-1) stimmt mit der Klasse der bedingten Wahrscheinlichkeitsfunktionen von Def. 3-3 überein, sofern „□B" durch „P(C|¬B) = 1 für beliebige C" definiert wird.
(4-2.2) Die Klasse der unbedingten Popper-Funktionen stimmt mit der Klasse der Kolmogorovschen Wahrscheinlichkeitsfunktionen überein.
(4-2.3) A ||− B g. d. w. für alle Popper-Funktionen P gilt: P(B|A) = 1 g. d. w. für alle Popper-Funktionen gilt: P(B) ≥ P(A).

Satz 4-2.2 ist eine Konsequenz von Satz 4-2.1 und Def. 3-3 zu Carnaps direkter Axiomatisierung. Satz 4-2.3 ergibt sich aus Satz 4-2.1 und Satz 4-1.1. Satz 4-2.3 ermöglicht es, den Begriff der logischen Folgerung durch rein wahrscheinlichkeitstheoretische Bedingungen zu *definieren*. Man kann argumentieren, dass sich auf diese Weise die Logik auf die Wahrscheinlichkeitstheorie zurückführen lässt. Dies stimmt allerdings nur für die Objektsprache, denn sämtliche metasprachlichen Beweise über Popper-Funktionen (z. B. der Beweis von Satz 4-2) setzen ihrerseits wiederum die Geltung der logischen Folgerungsgesetze in der Metasprache voraus.

4.3 Unsichere Konditionale

Eine interessante Erweiterung der probabilistischen Rechtfertigung deduktiven Schließens geht auf Adams (1975) zurück: Er zeigte, wie man mit *unsicheren* Konditionalen – hier ausgedrückt durch den Doppelpfeil A⇒B – deduktiv schließen kann. Während eine hohe Wahrscheinlichkeit eines gewöhnlichen ‚materialen' Konditionals A→B (logisch äquivalent mit ¬A∨B) bedeutet, dass P(A→B) = P(¬A∨B) hoch ist, bedeutet eine hohe Wahrscheinlichkeit eines unsicheren Konditionals *per definitionem*, dass die bedingte Wahrscheinlichkeit p(B|A) hoch ist. Beides ist nicht dasselbe. Zwar gilt notwendigerweise

(4-3) P(A→B) ≥ P(B|A),[14]

aber umgekehrt kann trotz hohem P(A→B) die bedingte Wahrscheinlichkeit P(B|A) sehr klein sein. Z. B. ist P(Bundeskanzler→Zirkusclown) sehr hoch, weil die meisten Personen keine Bundeskanzler sind, aber P(Zirkusclown|Bundeskanzler) ist sehr gering.

Für hohe bedingte Wahrscheinlichkeiten gelten schwächere logische Gesetze als für strikte Konditionale. Beispielsweise gilt für strikte Konditionale das Transitivitätsgesetz: „Alle Fs sind Gs" und „Alle Gs sind Hs" impliziert „Alle Fs sind Hs". Und wenn beide Prämissen hochwahrscheinlich sind, ist auch die Konklusion hochwahrscheinlich, denn p(Fx→Gx) ≥ 1–ϵ_1 und p(Gx→Hx) ≥ 1–ϵ_2 impliziert aufgrund Satz 4-1.3 p(Fx→Hx) ≥ 1–ϵ_1–ϵ_2. Im Gegensatz dazu folgt aus „Die meisten Fs sind Gs" und „Die meisten Gs sind Hs" nicht generell „Die meisten Fs sind Hs". Ein Gegenbeispiel: Die meisten Deutschen leben nicht in München, und die meisten nicht in München lebenden Menschen sind keine Deutschen, per Transitivität würde man daraus erhalten „Die meisten Deutschen sind Nichtdeutsche", was offenbar falsch ist.

Im System *P* der auf Adams (1975) zurückgehenden *konditionalen Wahrscheinlichkeitslogik* schließt man von einer Menge unsicherer Konditionale auf ein daraus folgendes unsicheres Konditional. Die Herleitungsregeln sind folgende, mit „|—$_P$" für „ist herleitbar im Kalkül P":

> (Satz 4-3) *Regeln der konditionalen Wahrscheinlichkeitslogik (System P):*
> Vorsichtige Transitivität VT: $\quad$ A ⇒ B, A∧B ⇒ C $|-_p$ A ⇒ C
> Vorsichtige Monotonie VM: $\quad$ A ⇒ B, A ⇒ C $|-_p$ A∧B ⇒ C
> Vorsichtige Disjunktion VD: $\quad$ A ⇒ C, B ⇒ C $|-_p$ A∨B ⇒ C
> Supraklassikalität SK: $\quad$ Wenn A $||-$ B, dann $|-_p$ A ⇒ B.
> *Einige abgeleitete Regeln:*
> Konjunktion K: $\quad$ A ⇒ B, A ⇒ C $|-_p$ A ⇒ B∧C
> Linke Logische Äquivalenz LLÄ: $\quad$ Wenn $|-$ A ↔ B, dann A ⇒ C $|-_p$ B ⇒ C
> Rechte Abschwächung RA: $\quad$ Wenn $|-$ B → C, dann A ⇒ B $|-_p$ A ⇒ C
> Vorsichtiger Konditionalbeweis VKP: $\quad$ A∧C ⇒ B $|-_p$ A ⇒ (B→ C)

Adams (1975) (ein Schüler von Suppes) bewies ein ähnliches Unsicherheitssummentheorem für Schließen im System P, wie es Suppes (1966) für gewöhnliches logisches Schließen bewies: die Unsicherheit der Konklusion kann nicht größer sein als die Summe der Prämissenunsicherheiten. Dabei ist die Unsicherheit eines unsicheren Konditionals definiert als $U(A⇒B) =_{def} U(B|A) =_{def} 1-P(B|A)$:

> (Satz 4-4) $A_1 ⇒ K_1, ..., A_n ⇒ K_n |-_p A ⇒ K$ g. d. w. für alle Wahrscheinlichkeitsfunktionen P über den Propositionen der zugrundeliegenden Sprache $\mathscr{L}$ ohne Konditionaloperator ⇒ gilt: $U(K|A) ≤ U(K_1|A_1) + ... + U(K_n|A_n)$.

Den Beweis von Satz 4-4 findet man verstreut in Adams (1975) und den Beweis einer Verallgemeinerung von Satz 4-4 in Schurz (1998).

4.4 Induktives Schließen

Induktive Schlüsse können vielfältige Formen annehmen. Wir geben hier eine Übersicht über die wichtigsten *probabilistischen* Formen induktiver Schlüsse:

(4-4) *Induktiver Generalisierungsschluss:*
(a) *Statistisch:* r% aller bisher beobachteten Fs waren Gs, also sind wahrscheinlich zirka r% aller Fs Gs.
Halbformale Version (mit „[r.n]" als ganzzahlige Rundung von r · n, und „[r±ε]" als symmetrisches 2ε-Intervall um den Wert r, für eine beliebig kleine Zahl ε): Der Wert von $P(p(Fx) ∈ [r±ε] | h_n(F) = [r · n]/n)$ ist so-und-so hoch (abhängig von ε und n), und strebt für n→∞ gegen 1.
(b) *Strikt:* (Spezialfall von (a)): Alle bisher beobachteten Fs waren Gs, also sind wahrscheinlich alle Fs Gs.

Halbformale Version: Der Wert von $P(\forall xFx|\ Fa_1\wedge...\wedge Fa_n)$ ist so-und-so hoch (abhängig von n), und strebt für n→∞ gegen 1.

Formale Versionen dieser Schlüsse werden wir in Kap. 7.7, 9.3 und 9.5 kennenlernen. Damit induktive Schlüsse probabilistisch gelten, muss die zugrundeliegende Wahrscheinlichkeitsfunktion gewisse zusätzliche induktive Bedingungen erfüllen (z. B. Vertauschbarkeit oder Indifferenz), die wir in Kap. 7.6 und Kap. 9.3 näher erklären. Eine nicht-zirkuläre Rechtfertigung induktiver Schlüsse, ohne gewisse induktive Prinzipien in die Wahrscheinlichkeitsfunktion hineinzustecken, ist nicht möglich (s. Kap. 9.7).

(4-5) *Induktiver Voraussageschluss*:
(a) *Statistisch*: r% aller beobachteten Fs waren Gs, also ist mit einer r% nahekommenden Wahrscheinlichkeit auch das nächste F ein G.
Halbformale Version: Der Wert von $P(Fa_{n+1}\ |\ h_n(F) = [r\cdot n]/n)$ liegt ε-nahe bei r (ε abhängig von n) und strebt für n→∞ gegen r.
(b) *Strikt* (Spezialfall von (a)): Alle bisher beobachteten Fs waren Gs, also ist mit hoher Wahrscheinlichkeit auch das nächste F ein G.
Halbformale Version: $P(Fa_{n+1}\ |\ Fa_1\wedge...\wedge Fa_n)$ = so-und-so hoch (abhängig von n), und strebt für n→∞ gegen 1.

(4-6) *Induktiver Spezialisierungsschluss* (s. auch (2-1)):
(a) *Statistisch:* r % aller Fs sind Gs, dies ist ein F, also wird dies mit r% Wahrscheinlichkeit ein G sein.
Formal: $P(Ga|\ p(Gx|Fx) = r \wedge Fa) = r$.
(b) *Strikt* – dieser Schluss ist deduktiv gültig: $\forall x(Fx\rightarrow Gx)$, Fa/Ga.

Auch der induktiv-statistische Spezialisierungsschluss beruht auf einer induktiven Uniformitätsannahme. In diesem Schluss wird die Häufigkeitstendenz der Grundgesamtheit auf ein einzelnes Individuum oder eine Stichprobe übertragen. Dies funktioniert nur, wenn das Individuum keine Ausnahme von der allgemeinen Tendenz darstellt, bzw. wenn die Stichprobe repräsentativ ist. Die *strikte* Version des Spezialisierungsschlusses ist dagegen nicht induktiver, sondern deduktiver Natur.

Die oben angeführten induktiven Schlussarten sind – obwohl unsicher – dennoch *formale* Schlussarten. Sie gelten inhaltsungebunden und ihre Korrektheit ist daher unter Ersetzung ihrer nichtlogischen Symbole durch syntaktisch formgleiche Symbole abgeschlossen.[15] Dasselbe gilt für die ihnen zugrunde liegenden zusätzlichen probabilistisch-induktiven Prinzipien wie Vertauschbarkeit oder Indifferenz.

4.5 Abduktives Schließen

Auch die probabilistische Rechtfertigung abduktiven Schließens bedarf zusätzlicher probabilistischer Annahmen. Sofern diese Schlüsse über induktive Generalisierungsschlüsse hinausgehen, lassen sie sich jedoch nicht mehr durch zusätzliche *formale* Prinzipien begründen, sondern benötigen *inhaltsspezifische* (also auf bestimmte Hypothesen bezogene) Annahmen für die Wahrscheinlichkeitsfunktion P.

Im einfachsten Fall haben abduktive Schlüsse die probabilistische Form $P(H_1|E) > P(H_2|E)$, mit H_1 und H_2 als rivalisierenden Hypothesen, welche beide die Erfahrungsdaten E entweder logisch implizieren oder wahrscheinlich machen. Ist H_1 jene Hypothese unter einer Menge von konkurrierenden Erklärungshypothesen, die durch E am wahrscheinlichsten gemacht wird, so wird gemäß dem abduktiven Schluss H_1 vorläufig akzeptiert. Gemäß dem Bayes-Theorem (TB5 von Satz 3-3) gilt $P(H_1|E) = P(E|H_1) \cdot P(H_1)/P(E)$ und somit:

(4-7) *Bayes-Theorem und abduktives Schließen:*
$P(H_1|E) > P(H_2|E)$ g. d. w. $P(E|H_1) \cdot P(H_1) > P(E|H_2) \cdot P(H_2)$.
In Worten: Eine Evidenz macht eine Hypothese wahrscheinlicher als eine zweite, genau dann wenn das Produkt aus Likelihood und Ausgangswahrscheinlichkeit der ersten Hypothese größer ist als das der zweiten.

Welche Hypothese H_i von der Evidenz E am wahrscheinlichsten gemacht wird, hängt gemäß (4-7) von zwei Faktoren ab:
(1) vom sogenannten *Likelihood* von H_i, $P(E|H_i)$, das die inverse Wahrscheinlichkeit von E gegeben H_i und damit die *Stärke* der explanatorischen Beziehung zwischen der erklärenden Hypothese H_i und der Evidenz E misst, sowie
(2) von der *Ausgangswahrscheinlichkeit* $P(H_i)$ der erklärenden Prämisse.

Im Bayesianischen Rahmen ist jene Hypothese H_i einer gegebenen Partition $\{H_1,...,H_n\}$ vorzuziehen, deren Endwahrscheinlichkeit maximal ist, wobei diese Endwahrscheinlichkeit von den beiden Faktoren (1) und (2) abhängt. Beide Faktoren hängen von der inhaltlichen Natur von E und H_i und vom Hintergrundwissen ab. Eine probabilistische Rechtfertigung des abduktiven Schließens als *formale* Schlussart ist auf diese Weise nicht möglich. Auf verschiedene Methoden, Likelihoods und Ausgangswahrscheinlichkeiten der subjektiven Beliebigkeit partiell zu entziehen, gehen wir im Verlaufe der Kapitel 7 und 9 näher ein.

Faktor (1) misst die Stärke der Erklärungsbeziehung, erfasst allerdings keinerlei Gütekriterien, welche Erklärungen von potentiellen Prognosen unterscheiden, wie z. B. die Frage der kausalen Beziehung zwischen Explanans und

Explanandum. Lipton (1991, 59) nannte den um letzteren Aspekt angereicherten Güteaspekt das „Loveliness" einer Erklärung, während Lipton unter der „Likeliness" einer Erklärung die Wahrscheinlichkeit der erklärenden Prämissen gegeben E versteht, also $P(H_i|E)$ in (4-7).

5 Probleme des objektiv-statistischen Wahrscheinlichkeitsbegriffs

Die philosophischen Fragen zu Wahrscheinlichkeitsbegriffen kann man in Definitionsfragen und Rechtfertigungsfragen unterteilen:

Definitionsfragen: Was ist Wahrscheinlichkeit? Wie lässt sie sich explizieren?
Rechtfertigungsfragen: Wie lassen sich die Wahrscheinlichkeitsaxiome rechtfertigen? Warum ist der so explizierte Wahrscheinlichkeitsbegriff wissenschaftlich relevant?

Dementsprechend gliedern sich auch die Probleme von Wahrscheinlichkeitsbegriffen (sofern vorhanden) in Definitions- und Rechtfertigungsprobleme. Die Probleme des statistischen Wahrscheinlichkeitsbegriffs sind vor alledem *Definitionsprobleme*, während seine Rechtfertigungsprobleme einfacher zu lösen sind. Beim subjektiven Wahrscheinlichkeitsbegriff verhält sich die Sache genau umgekehrt, wie wir in Kap. 6 sehen werden. Wir beginnen mit den Rechtfertigungsfragen des statistischen Wahrscheinlichkeitsbegriffs.

5.1 Rechtfertigungsprobleme

Die Rechtfertigung der Grundaxiome (A1-3) ist für den statistischen Wahrscheinlichkeitsbegriff unproblematisch: Sie *folgt* aus der Definition statistischer Wahrscheinlichkeit als Häufigkeit oder Häufigkeitsgrenzwert (vgl. Gillies 2000, 109). Für Häufigkeiten ist dies offensichtlich. Für Häufigkeitsgrenzwerte sind nur Axiome A1 und A2 offensichtlich, wogegen die Rechtfertigung des Additivitätsaxioms A3 nicht mehr ganz einfach ist und sich so ergibt: Es gilt $\lim_{n\to\infty} h_n(Fx \vee Gx)$ = $\lim_{n\to\infty}(h_n(Fx) + h_n(Gx))$, wegen der Additivität der endlichen Häufigkeiten h_n in den ersten n Folgegliedern (h_n). Wir *setzen voraus*, dass die Ereignistypen Fx und Gx ebenfalls einen Häufigkeitsgrenzwert besitzen. Daraus folgt, dass $\lim_{n\to\infty}(h_n(Fx) + h_n(Gx)) = \lim_{n\to\infty}(h_n(Fx)) + \lim_{n\to\infty}(h_n(Gx))$ gelten muss, aufgrund folgender Überlegung: Angenommen $\lim_{n\to\infty}(h_n(Fx)) = r_1$ und $\lim_{n\to\infty}(h_n(Gx)) = r_2$. Dann gibt es gemäß Def. 2-2 für alle (noch so kleine) $\epsilon>0$ ein n_1, sodass für alle $m \geq n_1$ $|h_n(Fx)-r_1| < \epsilon$ gilt, und ein n_2, sodass für alle $m \geq n_2$ $|h_n(Gx)-r_2| < \epsilon$ gilt. Wir setzen n $=_{def}$ max(n_1, n_2), und ϵ' $=_{def}$ $2 \cdot \epsilon$. Damit gibt es für alle $\epsilon'>0$ ein n, sodass für alle $m \geq n$ $|h_m(Fx) + h_m(Gx) - (r_1+r_2)| < \epsilon'$ gilt, was gemäß Def. 2-2 bedeutet, dass $\lim_{n\to\infty}(h_n(Fx)+h_n(Gx)) = r_1+r_2$ gilt.

Damit ist das Rechtfertigungsproblem für die Basisaxiome bereits gelöst. Es verbleibt die Frage, inwiefern wir annehmen können, dass alle Elemente der Algebra komplexer Begriffe (Formeln) tatsächlich einen Häufigkeitsgrenzwert besitzen. Dass Ergebnissequenzen ohne Häufigkeitsgrenzwert möglich sind, deren Häufigkeiten ewig zwischen zwei Werten a<b oszillieren, sieht man, indem man diese für den Fall eines Münzwurfexperimentes (mit „1" für Kopf und „0" für Zahl") konstruiert: Die Sequenz bestehe zunächst aus einer 1 (somit $h_1(1) = 1$), dann aus Nullen bis zur ersten Position x_1, an der $h_{x_1}(1)$ kleiner-gleich a wird, dann aus Einsen bis zur ersten Position x_2 nach x_1, an der $h_{x_2}(1)$ wieder größer-gleich b wird, usw. Ist z. B. a = 1/3 und b = 2/3, so sieht diese Sequenz so aus:

(5-1) *Null-Eins-Folge ohne Häufigkeitsgrenzwert* („n:1" steht für eine Teilfolge von Einsen n mal 1 hintereinander, und analog für „n:0"):
Folge: 2^0:1, 2^1:0, 2^2:1, 2^3:0, 2^4:1,   ... $2^{2 \cdot n}$:1 $2^{2 \cdot n + 1}$:0   ...
Häufigkeiten: 1   1/3   5/7   1/3   21/31   ...   ≥ 2/3   = 1/3   ...

Mit etwas mathematischem Aufwand erkennt man, dass nach jedem Block von $2^{2 \cdot n}$ Einsen (Position geradzahlig, also $2^{2 \cdot n}$) die Häufigkeit von Einsen $(1+2 \cdot X)/(1+3 \cdot X)$ beträgt und somit 2/3 übersteigt. Dabei ist X die Summe aller 2^i für ungeradzahlige $i \leq 2 \cdot n$. Nach jedem Block von Nullen geht die Häufigkeit von Einsen dann auf genau 1/3 zurück.[16]

Ereignisfolgen, deren Häufigkeiten keinen Grenzwert besitzen, haben sehr spezielle Eigenschaften: ihre Häufigkeiten oszillieren auf Ewigkeit zwischen zwei Werten – ihrem „Limes superior" und „Limes inferior"[17] – mit Oszillationsperioden, deren Mindestlänge mit der Periodenanzahl exponentiell anwächst (Beweis s. Anhang 3.10.5). Man wird sich fragen, ob man artifizielle Folgen dieser Art überhaupt ernst nehmen soll: Immerhin besagt das starke Gesetz der großen Zahlen (Satz 3-4), dass die Häufigkeiten mit Wahrscheinlichkeit 1 gegen die dem Zufallsexperiment zugrundeliegende Wahrscheinlichkeit konvergieren und somit einen Grenzwert besitzen. Zufallssequenzen ohne Häufigkeitsgrenzwert sind damit *nullwahrscheinlich*. Das heißt aber nicht, dass sie unmöglich sind, und dieses Faktum wird für das Definitionsproblem im nächsten Unterkapitel eine erhebliche Rolle spielen. Hier geht es uns jedoch nur um die Frage der algebraischen Abgeschlossenheit. Bekanntlich sind Ereignisse mit Häufigkeitsgrenzwerten nicht immer unter den algebraischen Operationen der Vereinigung (Disjunktion) und Durchschnittsbildung (Konjunktion) abgeschlossen (vgl. Fine 1973, 67). Schurz/Leitgeb (2008, § 3, example 3) geben folgendes Beispiel:

(5-2) *Nichtabgeschlossenheit von Ereignissen mit Häufigkeitsgrenzwert unter algebraischen Operationen:* Gegeben Zufallsziehungen aus der unendlichen Urne natürlicher Zahlen ℕ, und zwei Ereignistypen X, Y, deren Extensionen die folgenden Zahlen enthalten. Dabei steht „n:+ −" für „die Extension von X bzw. Y enthält (von der Position an gezählt, an der man gerade steht) die erste gezogene Zahl, die zweite nicht, die dritte schon, die vierte nicht, usw. bis zur n.ten Ziehung". Analog für „n:− +".

X: ∞:+ −   also: 1 0   1 0 1 0   1 0 1 0 1 0 1 0   1 0 …
Y: 2:− +, 4:+ −, 8:− +, 16:+ −, … also: 0 1   1 0 1 0   0 1 0 1 0 1 0 1   1 0 …

Wie Schurz/Leitgeb (ibid.) zeigen, konvergieren im Beispiel (5-2) die Häufigkeiten von X und Y gegen 1/2, doch die Häufigkeiten von X∪Y und X∩Y oszillieren ewig zwischen 2/3 und 5/6, respektive zwischen 1/6 und 1/3. Van Fraassen (1980, 184f) und Howson/Urbach (1996, 326f) sehen darin einen schwerwiegenden Einwand gegen den frequentistischen Wahrscheinlichkeitsbegriff. Schurz/Leitgeb (ibid.) halten dagegen, dass sich das Problem einfach lösen lässt.

Erstens sind Ereignistypen, deren beobachtete Häufigkeiten trotz zunehmender Stichprobengröße nicht konvergieren, wie erwähnt sehr unwahrscheinlich. Zweitens, selbst wenn solche Ereignistypen existieren, sind dadurch nicht die Basisaxiome verletzt; lediglich bildet dann die Menge aller Ereignisse, denen sinnvoll statistische Wahrscheinlichkeiten zugeschrieben werden können, keine Algebra mehr. Schurz/Leitgeb (2008, §3, theorem 1) zeigen, dass diese Menge ein sogenanntes *prä-dynkinsches System* bildet: sie ist immer abgeschlossen unter Komplementbildung und disjunkter endlicher Vereinigung. Man kann im Fall grenzwertloser Elemente die Wahrscheinlichkeitsfunktion p statt über einer Algebra über einem prä-dynkinschen System konstruieren. Es gibt aber auch zwei Wege, wie man aus einem prä-dynkinschen System D eine Algebra gewinnen kann: (1.) Entweder man wählt die größte Algebra $A^−(D) \subset D$, die in D enthalten ist (in diesem Fall wirft man im Beispiel (5-2) X und Y aus der Algebra hinaus). Oder (2.) man bildet den algebraischen Abschluss $A^+(D)$ von D, also die kleinste Algebra $A^+(D) \supset D$, die D enthält, und ordnet den grenzwertlosen Ereignissen von $A^+(D)$ ‚kontrafaktische' Häufigkeitsgrenzwerte zu, die irgendwo zwischen ihrem Limes inferior und Limes superior liegen (was widerspruchsfrei möglich ist; vgl. Schurz/Leitgeb 2008, §3, theorem 2).

Zum Rechtfertigungsproblem gehört auch die Frage, inwieweit der Wahrscheinlichkeitsbegriff wissenschaftlich und praktisch bedeutsam ist. Für den objektiv-statistischen Begriff ist dies offensichtlich, denn gemäß der bekannten Formel der *Entscheidungstheorie* (z. B. Raiffa 1973) hängt der *Erwartungswert* des Nutzens einer Handlungsweise von den Wahrscheinlichkeiten der möglichen Umstände ab, die für ihre Auswirkungen relevant sind. Bezeichnen $h_1,…,h_n$ die möglichen Handlungsweisen, $u_1,…,u_m$ die möglichen Umstände, und ist $N(h_i, u_j)$

der Nutzen der Handlungsweise h_i in Umständen u_j,[18] dann ist der Erwartungsnutzen der möglichen Handlungsweisen wie folgt gegeben:

(5-3) *Entscheidungstheoretische Grundbegriffe:*
Mögliche Handlungsweisen: $h_1,...,h_n$ Mögliche Umstände: $u_1,...,u_m$
Erwartungsnutzen der Handlung h_i: $EN(h_i) = \sum_{1 \leq i \leq m} N(h_i, u_j) \cdot p(u_j)$
In Worten: Der EN einer Handlung ist die Summe ihrer Nutzwerte in allen möglichen Umständen, jeweils multipliziert mit dem Wahrscheinlichkeitswert des Umstandes.

Sind die Wahrscheinlichkeiten statistischer Natur, so koinzidiert der Erwartungswert mit dem objektiven Durchschnittsnutzen der Handlungsweise auf lange Sicht. Um diesen Durchschnittsnutzen zu maximieren, also aus der Menge der möglichen Handlungsweisen jene mit dem höchsten Durchschnittsnutzen auszuwählen, ist es nötig, dass die statistischen Wahrscheinlichkeiten zumindest näherungsweise bekannt sind – und darin liegt ihre Relevanz. Ein *Beispiel:* Angenommen ich stehe vor der Entscheidung, ein Auto zu kaufen oder nicht. Alles in allem betrage für Stadtfahrten der Nutzwert des Autos nur die Hälfte von dem öffentlicher Verkehrsmittel (hohe Kosten, keine Zeitersparnis), während für Landfahrten der erstere den letzteren um 50 % übersteigt. Wenn wir den Nutzen öffentlicher Verkehrsmittel in beiden Fällen willkürlich auf 2 festsetzen, so sehen Nutzenmatrix und Erwartungswerte so aus:

(5-4)	Mit dem Auto	Mit öffentlichen Verkehrsmitteln
Nutzen Stadtfahrten (Häufigkeit p)	1	2
Nutzen Landfahrten (Häufigkeit 1–p)	3	2
$EN(Auto) = 1 \cdot p + 3 \cdot (1-p) = 3 - 2 \cdot p$		$EN(Öffentlich) = p \cdot 2 + (1-p) \cdot 2 = 2$

Wenn ich p mit 1/3 schätze und mir daher ein Auto zulege, jedoch die wahre Häufigkeit von Stadtfahrten bei 2/3 liegt, habe ich eine falsche Entscheidung getroffen, da in diesem Fall EN(Auto) = 5/3 beträgt und damit unter dem (p-unabhängigen) Wert von EN(Öffentlich) = 2 liegt.

Sind die Handlungsweisen *epistemischer* Natur, also z. B. mögliche Voraussagen, so gilt dasselbe. In diesem Fall hängt die Voraussage mit den größten Wahrheitschancen auf lange Sicht von den statistischen Wahrscheinlichkeiten der vorauszusagenden Ereignismöglichkeiten ab. Angenommen wir sollen voraussagen, welches von k möglichen Resultaten $e_1,...,e_k$ eines Zufallsexperimentes eintritt, und die möglichen Voraussageregeln, für die wir uns entscheiden sollen, haben alle die Form „Sage e_1 mit Häufigkeit h_1 voraus, e_2 mit Häufigkeit h_2, ... (usw.)", für variierende Voraussagehäufigkeiten $h_1,...,h_k$. Dann führt (unter Voraussetzung der physikalischen Unabhängigkeit des Zufallsexperimentes von den Voraussagen) jene Voraussageregel zum maximalen Wahrheitserfolg auf lange Sicht, welche immer (also mit Häufigkeit 1) dasjenige Resultat voraussagt, das maximale Wahrscheinlichkeit besitzt.[19] Man nennt diese Voraussageregel auch die *Maximumregel* (vgl. Reichenbach 1938, 310f; Greeno 1970). Um die Maximumregel aber anwenden zu können, müssen uns die statistischen Wahrscheinlichkeiten der Ereignisse oder zumindest deren Größenverhältnisse bekannt sein. Wenn ich Ereignis e_1 für wahrscheinlicher halte als e_2, aber der Häufigkeitsgrenzwert von e_1 kleiner ist als der von e_2, wird mich die Maximumregel zu einem suboptimalen Voraussageerfolg führen.

Zusammengefasst sind zutreffende Schätzungen statistischer Wahrscheinlichkeiten der Kern aller erfolgreichen Voraussage- und Handlungsmethoden. Man kann zusätzlich zeigen, dass wir unseren Voraussage- und Handlungserfolg optimieren, wenn wir unsere statistischen Wahrscheinlichkeiten im Sinne des Reichenbachschen Prinzips (Def. 2-3) auf die engste Referenzklasse hin konditionalisieren (s. Kap. 7.8).

5.2 Definitionsprobleme

Die Hauptschwierigkeit des statistischen Wahrscheinlichkeitsbegriffs liegt darin, eine adäquate *Definition* von statistischer Wahrscheinlichkeit zu finden. Zunächst einmal ist der Begriff des Häufigkeitsgrenzwertes eine *theoretische Idealisierung*, denn realiter kann kein Zufallsexperiment unendlich oft wiederholt werden, jedenfalls nicht in unserer Welt – jeder Würfel nutzt sich mit der Zeit ab. Wenn wir von Häufigkeitsgrenzwerten sprechen, machen wir also eine kontrafaktische Aussage folgender Form:

(5-5) p(Fx) = r bedeutet: *wenn* man das zugrundeliegende Zufallsexperiment (mit möglichem Ergebnis F) unendlich oft wiederholen *würde*, würden die Häufigkeiten von F gegen den Grenzwert r konvergieren.

(5-5) ist eine *gesetzesartige* Aussage über die Disposition des zugrundeliegenden Zufallsexperimentes bzw. des durch dieses beschriebenen physikalischen Prozesses. Kontrafaktische Aussagen dieser Art lassen sich durch die Beobachtungen endlicher Häufigkeiten niemals verifizieren oder falsifizieren, sondern bestenfalls induktiv bestätigen, worauf wir alsbald zu sprechen kommen. Dies ist prima facie jedoch noch kein schwerwiegendes Problem, da gemäß weitverbreiteten wissenschaftstheoretischen Vorstellungen auch strikte Gesetzesaussagen wie z. B. „Zucker ist wasserlöslich" semantisch durch kontrafaktische Konditionale erklärt werden, in diesem Beispiel durch das Konditional „Wann immer man den Zucker ins Wasser geben *würde*, würde er sich darin auflösen" (vgl. Schurz 2006, Kap. 3.10.1). Diese Konditionalaussage bleibt auch dann wahr, wenn man den Zucker faktisch niemals ins Wasser gegeben hat, und sie lässt sich in diesem Fall ebenfalls nicht verifizieren oder falsifizieren, sondern nur induktiv aus dem bisherigen Beobachtungen mit Zucker erschließen.

Wesentlich schwieriger ist ein *zweites* Problem, das kein Gegenstück im strikten Fall besitzt: dass nämlich durch wiederholte Durchführungen eines Zufallsexperimentes potentiell unendlich *viele* potentiell unendlich anwachsende Ergebnisfolgen $(e_1, e_2, ...) \in \Omega^\infty$ produziert werden können. Es gibt viele augenscheinlich symmetrische Würfel, mit denen verschiedene Personen würfeln können. Da gibt es einmal die Gesamtfolge aller Würfe aller Personen, dann produziert jede Person ihre eigene Folge, jeder Würfel hat seine eigene Folge, man kann aber auch alle Würfelwürfe in Januarmonaten betrachten, usw. Warum sollten alle diese (idealisierten) Folgen *denselben* Häufigkeitsgrenzwert p(Fx) besitzen, und warum sollten sie alle *überhaupt* einen Häufigkeitsgrenzwert besitzen? Das Problem liegt darin, dass Häufigkeitsgrenzwerte abhängig sind von der Anordnung der Ereignisse in einer gegebenen Ereignisfolge. Lässt man beliebige *Permutationen* (Umordnungen) oder *Stellenauswahlen* einer gegebenen Ereignisfolge zu, so kann sich der Häufigkeitsgrenzwert drastisch ändern. Sei z. B. (1,0,0,1,1,0,1,0,...) eine Zufallsfolge mit p({1}) = 1/2, dann können wir die Folge so umordnen, dass wir die ersten sagen wir fünf Einsen nehmen, dann die erste Null, dann die nächsten fünf Einsen, dann die nächste Null, usw. ad infinitum. Die Ursprungsfolge wird dadurch lediglich permutiert, und dennoch beträgt der Häufigkeitsgrenzwert von Einsen in der permutierten Folge nun 5/6. Da es unendlich viele Einsen in der Ursprungsfolge gibt, können die für diesen Zweck benötigten Einsen nie ausgehen.[20] Ebenso können wir durch Permutation daraus eine Folge bilden, die *keinen* Häufigkeitsgrenzwert besitzt, weil die Häufigkeit von Eins ewig zwischen 1/3 und 2/3 oszilliert: hierfür nehme man wie im Beispiel (5-1) oben zunächst hinreichend viele Einsen der Folge, um die erreichte Häufigkeit $h_n(1)$ auf mindestens 2/3 hochzutreiben, dann hinreichend viele Nullen der Folge, um die Häufigkeit $h_n(1)$ wieder auf 1/3 zu senken usw. ad infinitum. Noch einfacher lassen sich solche ‚seltsamen' Folgen statt durch Permutationen durch Stellenauswahlen erzeugen: z. B. wähle man aus einer gegebenen Zufallsfolge einfach nur jene Stellen mit dem Ergebnis „1" aus, und man erhält eine strikte Einsen-Folge.[21]

Natürlich würde man Folgen, die durch solche *ergebnisabhängigen* Transformationen (Permutationen oder Stellenauswahlen) einer Zufallsfolge erzeugt wurden, nicht mehr als *Zufallsfolgen* bezeichnen, denn die Anwendung der

Transformation setzt ja voraus, dass man schon weiß, welches Ergebnis an welcher Stelle produziert wurde. Aber wäre es nicht möglich, dass solche seltsamen Ergebnisfolgen als quasi astronomisch unwahrscheinlicher Zufall auch mit einer regulären Münze erzielt werden könnten? Dies ist eine kontroverse Frage. Die (von mir sogenannte) *naive* statistische Theorie reagiert auf diese Frage mit dem (starken) Gesetz der großen Zahlen und argumentiert wie folgt: die Behauptung „p(Fx) = r" besagt gemäß diesem Gesetz nicht, dass in *allen* Zufallsfolgen der Häufigkeitsgrenzwert von Fx r beträgt, sondern lediglich, dass er mit *Wahrscheinlichkeit 1* r beträgt. Gegen diesen Definitionsversuch haben Kritiker jedoch zu Recht eingewandt, dass er *zirkulär* ist: im Definiens des Ausdrucks „die Wahrscheinlichkeit von Fx ist r" kommt erneut die Phrase „mit Wahrscheinlichkeit 1" vor. Wahrscheinlichkeiten werden diesem Vorschlag zufolge also nicht auf Häufigkeitsgrenzwerte, sondern letztlich wieder auf Wahrscheinlichkeiten zurückgeführt.[22]

Da man gelegentlich die Meinung hört, zirkuläre Definitionen seien nicht so „wertlos", wie traditionell behauptet wird, sei hier verdeutlicht, *warum* die zirkuläre Definition wertlos ist: weil sie den Wahrscheinlichkeitsbegriff nicht bestimmt, ja nicht einmal inhaltlich eingrenzt, und daher auch nicht mit Häufigkeiten verbindet. „Wahrscheinlichkeit" könnte der zirkulären Definition zufolge ebenso gut auch „den Grad, in dem ein gegebenes rationales Subjekt etwas wünscht" bedeuten, wobei die rationale Wünschbarkeit den Komolgorov-Axiomen gehorcht. Dann besagt das starke Gesetz der großen Zahlen, dass dieses Subjekt in maximalem Grad *wünscht*, dass die Häufigkeiten eines Ereignisses gegen den Grad seiner Erwünschtheit konvergieren – eine Aussage, die den Realzusammenhang zwischen Wahrscheinlichkeiten und Häufigkeitsgrenzwerten nicht einmal berührt.

Versucht man andererseits, die Bedingung „p = 1" erneut mithilfe des Gesetzes der großen Zahlen umzuformen, dann erhält man für die Aussage „p(Fx) = r" das Definiens „mit Wahrscheinlichkeit 1 ist in einer Zufallsfolge von Zufallsfolgen der Häufigkeitsgrenzwert jener Folgen mit Häufigkeitsgrenzwert p(Fx) = r gleich 1". Die zirkuläre Bedingung „mit Wahrscheinlichkeit 1" wird jedenfalls durch diesen Vorschlag nicht eliminiert, sondern nur um eine Iterationsstufe nach hinten geschoben. Ich nenne dies das *Iterationsproblem* und fasse es als Unterfall des *Zirkularitätsproblems* auf. Erinnern wir uns schließlich auch daran, dass das Gesetz der großen Zahlen eine rein mathematische Wahrheit ausdrückt. Es kann daher keine spezifische Eigenschaft statistischer Wahrscheinlichkeiten ausdrücken, sondern gilt (wie in Kap. 3.2 erläutert) auch in der subjektiven Wahrscheinlichkeitstheorie, als Aussage über ‚rationale' Glaubensgrade hinsichtlich der Häufigkeitsgrenzwerte von Zufallsfolgen.

Ein Ausweg aus dem Zirkularitätsproblem wurde von von Mises (1964) entwickelt. Von Mises beschränkt sich auf die Annahme einer einzigen *Grundfolge* von Experimentrealisierungen – man kann sich darunter z. B. die Folge *aller* Würfe mit Würfeln desselben physikalischen Typs vorstellen, die jemals gemacht wurden, angeordnet in der Zeit, und *hypothetisch verlängert* in die unbegrenzte Zukunft. Die Stellenglieder $i \in \mathbb{N}$ entsprechen somit konkreten Würfelwurfereignissen, angeordnet in der Zeit. Von Mises nennt diese Grundfolge ein *statistisches Kollektiv*. Reale Einzelfolgen werden von von Mises durch den Begriff der *ergebnisunabhängigen* Stellenauswahl charakterisiert. Dabei wird die Ergebnisunabhängigkeit einer Stellenauswahlfunktion gemäß der Weiterführung der von Mises'schen Theorie durch Wald und Church mithilfe des Begriffs der (algorithmisch) *berechenbaren* Funktion erklärt.[23] Eine ergebnisunabhängige berechenbare Stellenauswahl heißt *zulässige* Stellenauswahl. Im Folgenden bezeichne $(g: \mathbb{N} \to \Omega) = (e_1, e_2, ...)$ die angenommene Grundfolge, $g \uparrow n =_{def} (e_1, ..., e_n)$ bezeichne die n-gliedrige Anfangssequenz der Grundfolge, und s_i (für $i \in \mathbb{N}$) variiere über Stellenauswahlen von g. Dann definiert man:

(Def. 5-1) Eine *zulässige Stellenauswahl* s von g ist eine *berechenbare* Funktion, die angewandt auf eine beliebige Stelle $n \in \mathbb{N}$ von g besagt, ob diese Stelle ausgewählt werden soll (+) oder nicht (–). Als zusätzlicher Input für s, also als Argumentstelle von s, fungieren die vorausliegenden Ergebnisse der Folge, $g \uparrow (n-1)$, *nicht* aber das Ergebnis e_n.[24] Mit s(g) sei die Folge bezeichnet, die durch Stellenauswahl s aus g entsteht.

Beispiel: Sei s_1 die Stellenauswahl, die jede ungerade Stelle auswählt, und s_2 die Stellenauswahl, die jede Stelle hinter einer „1" auswählt. Dann ist:
$s_1((0,1,1,0,1,0,0,1,1,0...)) = (0,1,1,0,1,0,...)$,
$s_2((0,1,1,0,1,0,0,1,1,0...)) = (1,0,0,1,1,0,...)$.

Die Einschränkung auf berechenbare Funktionen in (Def. 5-1) ist wesentlich, denn natürlich gibt es Funktionen – im mengentheoretisch-abstrakten Sinn von unendlichen Folgen von Argument-Wert-Paaren – die genau jene Stellen aus der Grundfolge auswählen, die Einsen sind oder die irgendeine andere Eigenschaft besitzen; jedoch kann man im Fall einer genuinen Zufallsfolge diese Stellen nicht berechnen, ohne ihr Ergebnis zu kennen.

Aufbauend auf (Def. 5-1) definiert von Mises (1964, Kap. 1) nun seinen zentralen Begriff des statistischen Kollektivs wie folgt:

> (Def. 5-2) (5-2.1) Eine Grundfolge g:ℕ→Ω ist eine *statistische* Grundfolge (ein „statistisches Kollektiv") g. d. w. sie folgende zwei Bedingungen erfüllt:
> (a) (*Konvergenzbedingung*). Jedes mögliche (disjunktive) Ergebnis E in der Algebra AL über Ω (ausgedrückt durch eine offene Formel) besitzt in g einen Häufigkeitsgrenzwert, mit dem die Wahrscheinlichkeit p(E) identifiziert wird, und
> (b) (*Zufälligkeitsbedingung*): dieser Häufigkeitsgrenzwert ist *insensitiv* gegenüber zulässigen Stellenauswahlen, d. h. in allen durch zulässige Stellenauswahlen s erzeugten Teilfolgen s(g) besitzt E denselben Häufigkeitsgrenzwert.
> (5-2.2) *Zufallsfolgen* heißen alle durch zulässige Stellenauswahlen gewonnenen Teilfolgen von g.

Im Falle endlicher Möglichkeitsräume genügt es zu fordern, dass alle vollständigen Ergebnisse (e ∈ Ω) Häufigkeitsgrenzwerte besitzen; daraus folgt (wie in Kap. 5.1 gezeigt) die Existenz von Häufigkeitsgrenzwerten für alle endlichen Disjunktionen vollständiger Ergebnisse und somit für alle Elemente der Potenzalgebra über Ω.

Die beiden Bedingungen (a) und (b) von Def. 5-2.1 gelten nicht apriori, sondern sollen als *Dispositionsaussagen* über die reale Natur des zugrundeliegenden Zufallsexperimentes verstanden werden. Mit Definition (5-2) schlägt von Mises zwei ‚Fliegen auf einen Schlag'. *Erstens* wird damit der Begriff einer Zufallsfolge auf natürliche Weise definiert: *Zufallsfolgen* sind alle aus g durch zulässige Stellenauswahlen ausgewählten Folgen. *Zweitens* wird damit die Bedingung der (statistischen) *Unabhängigkeit* von Wiederholungen des Zufallsexperimentes garantiert (von Mises 1964, 27). Der Beweis dieser Tatsache sei kurz skizziert: Seien Fx, Gx ∈ AL zwei (sprachlich dargestelle) Ereignisse in AL, dann ist $p(Fx_1 \wedge Gx_2)$ per definitionem der Häufigkeitsgrenzwert von $Fx_1 \wedge Gx_2$ in einer Grundfolge $g^2:ℕ→Ω^2$ von zweifachen Ausführungen, z. B. Hintereinanderausführungen des Zufallsexperimentes. Die einfache Grundfolge g *enthält* jedoch bereits eine Grundfolge vom Typ g^2 – nämlich die Folge aller Paare $((e_k, e_{k+1}): k \in ℕ)$ von aufeinanderfolgenden Gliedern – also die Folge $((e_1,e_2), (e_2,e_3), …)$. Der Häufigkeitsgrenzwert des Ereignispaares (Fx_1, Gx_2) in dieser unendlichen Folge von Paaren bestimmt sich wie folgt: Man wählt in der Grundfolge g alle Stellen aus, deren Vorgängerstelle Ergebnis Fx realisiert hat, und betrachtet in der so erhaltenen stellen-ausgewählten Teilfolge s(g) die Häufigkeit von Gx. Stehe „h_n(Fx in f)" für die Häufigkeit von Fx in den ersten n Gliedern der Folge f, dann gilt:

(5-6) *Von Mises' Unabhängigkeitsbeweis:*
Es gilt $h_n((Fx_1, Gx_2)$ in g$) = h_n$(Fx in g) $\cdot h_{s(n)}$(Gx in s(g)), mit s(n) $=_{def} h_n$(Fx)$\cdot$n.[25]
Daraus folgt: $\lim_{n\to\infty} h_n((Fx_1,Gx_2)$ in g$) = \lim_{n\to\infty} h_n$(Fx in g) $\cdot \lim_{n\to\infty} h_{s(n)}$(Gx in s(g)).

Weil die Stellenauswahl s zulässig ist, gilt: $\lim_{n\to\infty} h_{s(n)}(Gx \text{ in } s(g)) = \lim_{n\to\infty} h_n(Gx \text{ in } g)$. Daraus folgt die Unabhängigkeit: $p(Fx_1 \wedge Gx_2) = p(Fx) \cdot p(Gx)$. □

Analoge Betrachtungen gelten für n-fach kombinierte Zufallsexperimente: Für jedes n enthält die Grundfolge g die unendliche Folge aller n-gliedrigen Folgen $((e_k,...,e_{k+n-1}): k \in \mathbb{N})$.[26] Dies ermöglicht die Herleitung der Binomialformel innerhalb des von Mises'schen Rahmens. Darüber hinaus enthält die Grundfolge sogar die unendliche Verschiebungsfolge aller unendlichen Folgen respektive „Rechtsabschnitte" von g, die jeweils mit den Gliedern 1, 2, 3... etc. beginnnen, also $((e_{k+i}: i \in \mathbb{N}): k \in \mathbb{N})$ (mit $(e_{k+i}: i \in \mathbb{N}) =_{def} (e_k, e_{k+1}, e_{k+2},...)$). Somit ist auch der Häufigkeitsgrenzwert von Ereignissen in Ω^∞, also der Häufigkeitsgrenzwert von unendlichen Teilfolgen der Grundfolge mit bestimmten Eigenschaften festgelegt, wodurch sich auch die Gesetze der großen Zahlen im von Mises'schen Rahmen interpretieren lassen.

Es wurde gegen von Mises eingewandt, seine Zufälligkeitsbedingung (Def. 5-2(b)) sei unnötig stark: es genüge doch zu fordern, dass nur fast alle durch zulässige Stellenauswahl entstandenen Teilfolgen gegen den Grenzwert der Grundfolge konvergieren, wobei „fast alle" als „mit Wahrscheinlichkeit 1" zu verstehen ist (Kutschera 1972, 101). Da diese ‚Verbesserung' geradewegs in das erläuterte Zirkularitätsproblem zurückführen würde, nehmen wir davon Abstand. Auf die alternative Möglichkeit, das „fast alle" als epistemische Wahrscheinlichkeit zu deuten, kommen wir noch zu sprechen.

Zwei Eigenheiten der von Mises'schen Theorie übernehmen wir nicht. Erstens verlangt von Mises in seinem späteren (nicht in seinem früheren) Werk, dass die Häufigkeitsgrenzwerte der Elemente von Ω σ-additiv sind (1964, 12). Aus den in Kap. 3.4 erläuterten Gründen sehen wir darin nur eine mögliche Annahme, aber keine notwendige Bedingung. Zweitens beschränkt von Mises aufgrund „verifikationistischer Skrupel" die Algebra $AL(\Omega^\infty)$ auf sogenannte Jordan-Mengen (1964, 59-92) und weist deshalb das starke Gesetz der großen Zahlen zurück (1964, 240, Fn. 7). Diese Einschränkung übernehmen wir nicht, sondern wählen als Algebra über Ω^∞ die übliche Borelsche Algebra (Kap. 8.6), wobei wir Ω^∞ durch ein Intervall reeller Zahlen kodieren (was für endliche Ω immer möglich ist).[27] Dadurch kann im von Mises'schen Rahmen auch dem starken Gesetz der großen Zahlen Sinn verliehen werden. Wenn man dieses Gesetz auf eine unendliche Folge von unendlichen Folgen $(f_1, f_2,...)$ beschränkt, die allesamt durch zulässige Stellenauswahlen erzeugt wurden, so hat dieses Gesetz freilich nur *trivialen* Gehalt, denn für *jede* solche Folge f_i gilt im von Mises'schen Ansatz per definitionem, dass ihre Häufigkeitsgrenzwerte für die Elemente der Algebra mit den Häufigkeitsgrenzwerten in der Grundfolge g übereinstimmen. Somit ist der Häufigkeitsgrenzwert der mit g statistisch übereinstimmenden Folgen trivialerweise 1. Doch das starke Gesetz der großen Zahlen lässt sich auch für Verschiebungsfolgen von nicht-berechenbaren Folgen beweisen, sofern deren Anfangsglieder eine zulässige Stellenauswahl bilden:

> (Satz 5-1) *Gesetze der großen Zahlen im von Mises'schen Rahmen* (Beweis Anhang 10.3.6):
> Sei $\kappa =_{def} (k_i: i \in \mathbb{N})$ eine nicht berechenbare Stellenauswahl aus der Grundfolge g (geordnet nach Größe: $k_i \leq k_j$ g. d. w. $i \leq j$), und sei $(f_n: n \in \mathbb{N})$ eine Folge von Folgen, deren Anfangsglieder $f_n(1) =_{def} a_n$ durch eine zulässige Stellenauswahl $\alpha =_{def} (a_n: n \in \mathbb{N})$ definiert sind, und deren weitere Glieder durch Addition von κ zu a_n entstehen: $f_n = (a_n + k_i: i \in \mathbb{N})$. Dann gilt für jedes Ereignis $\in$ AL mit $p(Ex) =_{def} p$:
> (5-1.1) *Schwaches Gesetz:* Für jedes noch so kleine ϵ strebt der Häufigkeitsgrenzwert jener m-gliedrigen Folgen in $((a_n+k_i: i \leq m): n \in \mathbb{N})$, deren E-Häufigkeit um weniger als ϵ von p abweicht, für $m \to \infty$ gegen 1.
> (5-1.2) *Starkes Gesetz:* Ist p über AL σ-additiv, dann beträgt der Häufigkeitsgrenzwert jener Folgen in $(f_n: n \in \mathbb{N})$ deren E-Häufigkeitsgrenzwert mit p übereinstimmt, 1.

Die Folge κ in Satz 5-1 kann so gewählt sein, dass ihre Addition z. B. zum ersten Anfangsglied a_1 einen von p abweichenden Häufigkeitsgrenzwert (z. B. nur Einsen) besitzt; doch der Häufigkeitsgrenzwert solcher Folgen (unter den verschobenen Folgen $a_n + \kappa$) ist gemäß Satz 5-1.2 null. Auf diese Weise erfahren die Gesetze der großen Zahlen auch im von Mises'schen Ansatz nichttrivialen Gehalt.

Die von Mises'sche Charakterisierung der Zufälligkeit (bzw. Regellosigkeit) einer Folge nennen wir *interne* Zufälligkeit, weil die Stellenauswahlen, denen gegenüber Häufigkeitsgrenzwerte insensitiv sind, nur von vorausliegenden Ereignissen *innerhalb* der Folge bzw. ihres Ergebnisraumes Ω abhängen. Reichenbach (1935, 148ff; 1949, Kap. 32) und Salmon (1984, 61f) erweiterten diese Charakterisierung auf Stellenauswahlen, die auch von vorausliegenden *externen* Ereignissen abhängen können. Man kann dies formalisieren, indem man einen verfeinerten Möglichkeitsraum Ω* zugrunde legt, dessen Elemente aus Kombinationen von Ω-Ergebnissen mit (epistemisch zugänglichen) externen Ereignissen zum selben Zeitpunkt bestehen. Die entsprechende Grundfolge von Ω*-Ereignissen sei mit g* bezeichnet. Wenn Ω* alle externen Ereignistypen enthält, die für Ω-Ergebnisse prognostisch relevant sind, und wenn die Häufigkeitsgrenzwerte in g auch insensitiv sind gegenüber Stellenauswahlen, die von vorausliegenden Ω*-Ereignissen in g* abhängen, dann ist g nicht nur intern, sondern *objektiv* zufällig, denn dann kann der Ausgang des Ω-Zufallsexperimentes durch keine (epistemisch zugängliche) Information vorausgesagt werden. Beispielsweise ist der Prozess des *Werfens* eines Würfels (mit hinreichend langer Wurfweite) ein solcher objektiver Zufallsprozess. Der Prozess des willentlichen *Legens* eines Würfels dagegen kann zwar ebenfalls eine intern zufällige Ergebnisfolge generieren, die jedoch nicht objektiv zufällig ist, da sich hier das Resultat durch den Willensentschluss der Person voraussagen lässt. Sind die Ergebnisse eines Zufallsexperimentes Z objektiv zufällig, dann fungiert das Prädikat „x ist ein Ergebnis von Z" für jedes individuelle Ergebnis als objektiv engste statistisch und kausal relevante Referenzklasse. In Kap. 5.4 werden wir ausführen, dass der Begriff der objektiven Zufälligkeit nicht zwingend die Annahme eines metaphysischen Indeterminismus voraussetzt, sondern auch durch das erklärbar ist, was in der Physik „deterministische Instabilität" genannt wird.

Wie in (5-5) ausgeführt ist der so erklärte statistische Wahrscheinlichkeitsbegriff ein *Dispositionsbegriff*. Mit Popper (1959) können wir die statistische Wahrscheinlichkeit p(Fx) auch als die *generische Propensität* des zugrundeliegenden Zufallsexperimentes bezeichnen, das Ergebnis Fx zu produzieren. Wir stimmen mit Howson und Urbach (1996, 338) überein, dass diese dispositionelle Sichtweise schon in von Mises' Theorie angelegt war. Zufallsexperimente sind wiederholbare Prozess*typen*, und Poppers generische Propensitäten von (1959) bezeichnen Dispositionen solcher Prozesstypen, Zufallsfolgen mit bestimmten Häufigkeitsgrenzwerten hervorzubringen (vgl. Gilles 2000, 114-8). Ganz anders als generische Propensitäten verhalten sich sogenannte *singuläre* Propensitäten, die von Popper (1990) eingeführt wurden und in Abschn. 5.5 besprochen werden. Einen Vorteil besitzt jedoch die explizite Dispositionsauffassung gegenüber von Mises' Ansatz: generische Propensitäten *manifestieren* sich nur in Häufigkeitsgrenzwerten unendlicher Folgen; sie sind jedoch keine Eigenschaften dieser Folgen, sondern Eigenschaften des zugrundeliegenden Zufallsexperimentes. Handelt es sich um eine objektive Zufallsfolge, dann macht es Sinn, die generische Propensität des Experimenttyps als Propensitäts*tropus* auch jeder einzelnen Durchführung e_i des Experimentes (zu Beginn der Durchführung, bevor das Ergebnis feststeht) zuzuschreiben, denn die Zugehörigkeit zum gegebenen Zufallsexperiment fungiert hier als objektiv engste statistisch und kausal relevante Referenzklasse. Unter einem Tropus versteht man dabei die individuelle Realisierung einer wiederholbaren Eigenschaft[28] – in diesem Fall der Eigenschaft, mit einer bestimmten Propensität ein Ergebnis eines Zufallsexperimentes zu liefern. Dies löst den folgenden Einwand von Popper (1959) gegenüber von Mises: Wenn der k.te Wurf einer unendlichen Münzwurfserie abweichend vom Rest mit einer irregulären Münze mit Bias von 2/3 für Zahl geworfen wurde, ändert dies nichts am Häufigkeitsgrenzwert 1/2 von Zahl in der Folge, doch die korrekte Propensität des k.ten Münzwurfes für Zahl beträgt nicht 1/2, sondern 2/3. In unserer Terminologie handelt es sich bei einer solchen „gemischten" Folge um keine objektive, sondern um eine interne Zufallsfolge.

Die bisher vorgetragene Rekonstruktion des von Mises'schen Ansatzes löst *fast* alle aus der Literatur bekannten Einwände gegen frequentistische Wahrscheinlichkeiten. Um dies zu verdeutlichen, erläutere ich hier die prominente Liste der fünfzehn Einwände von Hájek (1999) gegen den statistischen Wahrscheinlichkeitsbegriff. Hájeks Einwände 13-15 betreffen die in Kap. 3.4 besprochene Tatsache, dass Häufigkeitsgrenzwerte gelegentlich die Bedingung der σ-Additivität verletzen können; aus den dort erläuterten Gründen stellt diese Tatsache keinen wirklichen Einwand gegen die statistische Wahrscheinlichkeitstheorie dar, sondern vielmehr eine positive Einsicht dieser Theorie. Hájeks Einwände 10-12 betreffen für unseren Zusammenhang unwesentliche Randprobleme. Seine Einwände 4-9 haben wiederum alle mit der in diesem Abschnitt besprochenen Tatsache zu tun, dass aus gegebenen Folgen durch Umordnungen und Stellenauswahlen Folgen mit abweichenden oder gar fehlenden Häufigkeitsgrenzwerten konstruiert werden können; all diesen Einwänden wird durch die von Mises'sche Theorie der Zufallsfolgen zufriedenstellend Rechnung getragen. Für detaillierte Zitate aus Hájek (1999) fehlt hier leider der Raum; der Leser ist herzlich eingeladen, meine Behauptungen durch Lektüre von Hájek zu überprüfen.

Ich wende mich nun Hájeks Einwände 1-3 zu, die über die bisherigen Ausführungen hinausgehend vertiefte Betrachtung erfordern. Hájeks Einwand Nr. 1 besagt, dass die Auffassung von statistischer Wahrscheinlichkeit als *kontrafaktische* Disposition (denn unendliche Zufallsfolgen sind unrealisierbar) einer Preisgabe des traditionellen Empirismus gleichkommt. Wir sehen dies statt als Einwand als zutreffende Einsicht an, denn die Erkenntnistheorie des traditionellen Empirismus musste in der Wissenschaftstheorie aus vielen Gründen aufgegeben bzw. zu einem „minimalen Empirismus" hin abgeschwächt werden (s. Schurz 2006, Kap. 2). Wie zu Beginn von Kap. 5.2 erläutert, werden auch strikte Gesetze als kontrafaktische Dispositionen expliziert: ein Stück Zucker ist auch dann wasserlöslich, wenn es Zeit seiner Existenz nie ins Wasser gegeben wurde. Analog konvergieren die Ergebnisse von Münzwürfexperimenten auch dann gegen den Häufigkeitsgrenzwert von 1/2, wenn keine Münze unendlich oft geworfen wird.

Wesentlich für die *physikalische* Natur von Dispositionen wie Wasserlöslichkeit oder statistische Tendenz ist allerdings, dass sich die Explikation der zugrundeliegenden kontrafaktischen Konditionale auf *alle* physikalisch möglichen Welten bezieht, in denen gewisse kontrafaktische (aber physikalisch gesetzeskonforme) Bedingungen realisiert sind. Diese Konditionale hängen somit *nicht* von fragwürdigen „Ähnlichkeitsordnungen" zwischen physikalisch möglichen Welten ab, so wie dies Lewissche Konditionale im Allgemeinen tun (Lewis 1973). Ebenso wie in allen physikalisch möglichen Welten bei Normaltemperatur und Normaldruck ein in Wasser gegebenes Stück Zucker sich auflöst, konvergiert die Häufigkeit von Kopf im Münzwurfexperiment in allen physikalisch möglichen

Welten – oder zumindest in „fast allen" (siehe unten) – gegen 1/2. Im Gegensatz dazu hängt die Akzeptanz von kontrafaktischen Konditionalen wie „hättest du mich nicht geheiratet, wäre das-und-das geschehen" von Ähnlichkeitsordnungen zwischen physikalisch möglichen Bedingungen ab, für die keine hinreichenden objektiven Kriterien existieren, weshalb die Akzeptierbarkeit solcher Konditionale eine subjektiv-konventionelle Komponente besitzt (zur Kritik s. Schurz 2013b, Kap. 6.6.3).

In diesem Zusammenhang wird Hájeks Einwand Nr. 2 relevant. Er besagt, dass unendliche Zufallsfolgen nicht nur faktisch nicht existieren, sondern auch physikalisch unmöglich sind, da alle physikalisch möglichen Welten endlich sind. Ich weiß nicht, ob Hájek hier richtig liegt, da endlos expandierende und kontrahierende Universen nach bisherigem Kenntnisstand nicht physikalisch ausgeschlossen sind. Aber selbst wenn alle physikalisch möglichen Welten endlich wären, stellt dieser Einwand kein wirkliches Problem dar: Schließlich gibt es unendlich viele physikalisch mögliche Welten, und man kann unendliche Zufallsfolgen durch zufällige Kombinationen von endlichen Zufallsfolgen aus unendlich vielen physikalisch möglichen Welten konstruieren.

Der einzige wirklich problematische Einwand ist meiner Ansicht nach Hájeks Einwand Nr. 3, der von vielen Wahrscheinlichkeitstheoretikern gegen die Explikation von Wahrscheinlichkeit als Häufigkeitsgrenzwert vorgebracht wurde und folgendes besagt: Im Gegensatz zu von Mises' Annahme gibt es nicht nur *eine* physikalisch mögliche unendliche Grundfolge von Experimentrealisierungen; es gibt vielmehr *unendlich* viele solche Grundfolgen qua physikalisch möglicher *Verlängerungen* einer endlichen Anfangsgrundfolge in die indefinite Zukunft.[29] Es scheint willkürlich zu sein, so wie von Mises eine dieser Folgen herauszupicken und zu *der* Grundfolge zu erklären. Von Mises' Annahme der Existenz von nur einer idealen unendlichen Grundfolge, aus der alle anderen durch zulässige Stellenauswahlen gewonnen werden, scheint insofern eine kaum haltbare Annahme zu sein.

Es gibt meiner Ansicht nach nur zwei gangbare Methoden, auf diesen einzigen grundlegenden Einwand gegen von Mises' Theorie zu reagieren:

Methode 1: Man nimmt an, dass in strikt *allen* physikalisch möglichen Fortsetzungen realer Zufallsfolgen die Häufigkeiten gegen denselben Grenzwert konvergieren. Wahrscheinlichkeitstheoretisch gesehen existieren jedoch Zufallsfolgen mit abweichendem oder nichtexistentem Häufigkeitsgrenzwert; sie besitzen lediglich Wahrscheinlichkeit null. Diese Annahme würde also implizieren, dass der hier zugrunde gelegte Begriff des physikalisch Möglichen die Existenz von Welten bzw. Zufallsfolgen mit Wahrscheinlichkeit null ausschließt. Dies kommt einer schwachen induktiven Annahme gleich: nullwahrscheinliche Welten werden als physikalisch unmöglich erachtet.

Methode 2: Oder man erachtet nullwahrscheinliche Welten bzw. Zufallsfolgen als physikalisch möglich und expliziert statistische Wahrscheinlichkeiten als Häufigkeitsgrenzwerte, die Zufallsfolgen „mit Wahrscheinlichkeit 1" besitzen. Wenn man diese Wahrscheinlichkeit wieder statistisch auffasst, würde dies wie erläutert die Explikation des Wahrscheinlichkeitsbegriffs *zirkulär* machen. Es ist bei diesem Vorgehen daher nötig, den Wahrscheinlichkeitsbegriff in der Phrase „mit Wahrscheinlichkeit 1" in einer unabhängigen, nicht statistischen, sondern epistemischen Weise zu bestimmen. Dieser Vorschlag wurde schon von Kolmogorov (1933) eingebracht und von Cramér (1946) in Form seines Begriffs der „praktischen Sicherheit" weiterentwickelt (vgl. Gillies 2000, 161). Diesem Vorschlag zufolge besagt die Phrase „mit Wahrscheinlichkeit 1", dass wir als rationale Subjekte *sicher* sind (also mit subjektiver Wahrscheinlichkeit 1 glauben), dass die Häufigkeiten in beliebigen Zufallsfolgen gegen den in der Disposition des Zufallsexperimentes verankerten Häufigkeitsgrenzwert konvergieren. Auch dies kommt einer induktiven Annahme gleich, die diesmal aber nicht im physikalischen Möglichkeitsbegriff versteckt, sondern epistemisch explizit gemacht wird.

Methode 1 ist (nicht mehr im Wortlaut, aber immer noch) im Geiste von von Mises und scheint den Vorzug zu besitzen, dass sie zu einem *rein* statistischen Wahrscheinlichkeitsansatz führt. Die Phrase „mit Wahrscheinlichkeit 1" im starken Gesetz der großen Zahlen wird in Methode 1 statistisch interpretiert; allerdings bleibt die Aussage des Gesetzes trivial, da nullwahrscheinliche Zufallsfolgen aus der Klasse physikalischer Möglichkeiten ausgeschlossen wurden. Im Gegensatz dazu führt Methode 2 in letzter Konsequenz zu einem *dualistischen* Wahrscheinlichkeitsbegriff, denn die Definition statistischer Wahrscheinlichkeiten nimmt im Definiens auf den Begriff der epistemischen Sicherheit (als Spezialfall epistemischer Wahrscheinlichkeit) Bezug.

Der Vorteil der statistischen *Reinheit* von Methode 1 ist jedoch nur oberflächlicher Natur. Sobald man sich nämlich der Frage des *empirischen Gehaltes* statistischer Wahrscheinlichkeitsaussagen zuwendet, ist man ohnedies gezwungen, induktive Annahmen in der Form epistemischer Wahrscheinlichkeitsannahmen zu machen. Wir ziehen daher Methode 2 als die ehrlichere Methode vor und vertreten einen *dualistischen* statistischen Wahrscheinlichkeitsbegriff: also einen statistischen Wahrscheinlichkeitsbegriff, der in seinem Kern ein Stück weit epistemische Wahrscheinlichkeitsannahmen integriert, ohne damit allerdings das gesamte Rahmenwerk des Bayesianismus (Kap. 9) zu übernehmen.

Wenden wir uns nun dem Thema des empirischen Gehalts zu.

5.3 Empirischer Gehalt

Eine statistische Wahrscheinlichkeitsaussage ist eine *Realhypothese*. Aber worin liegt ihr genauer empirische Gehalt, und wie wird sie empirisch überprüft? Das *Problem des empirischen Gehalts* besteht darin, dass es keine Beobachtungsaussage gibt, die aus einer Aussage über den Häufigkeitsgrenzwert *logisch* folgt: Dass ein Ereignistyp E in einer Zufallsfolge einen bestimmten Häufigkeitsgrenzwert r besitzt, ist für jedes noch so späte Folgenglied (bzw. jeden noch so späten Zeitpunkt) n mit jedem *beliebigen* bis dahin erreichten Häufigkeitswert $h_n(E) \neq r$ logisch verträglich, da die n Anfangsglieder gegenüber den unendlich vielen Folgeglieder nach Position n nicht ins Gewicht fallen. Mathematisch ausgedrückt: mit „$a_n(E)$" als die Anzahl von E-Ergebnissen nach n Folgegliedern folgt aus $\lim_{n\to\infty} a_n(E)/n = r$ auch $\lim_{n\to\infty} (a_n(E)+k)/n = r$ für jede Konstante $k\in\mathbb{R}$.[30] Dieser Sachverhalt wird von Bayesianern gerne als Einwand gegen die statistische Wahrscheinlichkeitstheorie formuliert (vgl. Howson und Urbach 1996, 331). Doch er drückt nur die bekannte Tatsache aus, dass aus statistischen Hypothesen über unendliche Individuenbereiche *logisch* keine Beobachtungssätze folgen.

Das Problem des empirischen Gehalts wird weder von von Mises noch von Reichenbach befriedigend gelöst. Beide Autoren begnügen sich mit dem analytisch gültigen Konvergenzkriterium, demzufolge es für jedes noch so kleine ε *irgendeinen* Zeitpunkt bzw. irgendein Folgenglied n geben wird, ab dem die Häufigkeit von ihrem Grenzwert weniger als ε abweichen wird (von Mises 1964, 59, 91; Reichenbach 1949, Kap. 11). Doch dieses Konvergenzkriterium lässt uns für jedes Folgenglied n im Unklaren darüber, wie nahe wir *jetzt* dem Grenzwert schon sind (s. Lenz 1974, 99ff). Es bleibt dabei: Statistische Hypothesen haben keine beobachtbaren logischen Konsequenzen, an denen sie überprüfbar wären. Anknüpfend an Popper (1935, Kap. 35) und Hempel (1965, 211) wird der empirische Gehalt einer Hypothese herkömmlich als die Menge der von ihr *logisch* implizierten Beobachtungssätze definiert. Gemäß dieser Definition hätten statistische Hypothesen gar keinen empirischen Gehalt und wären nicht überprüfbar. Um statistischen Hypothesen empirischen Gehalt zuzuschreiben, muss der empirische Gehalt auf epistemisch *wahrscheinliche* empirische Konsequenzen erweitert werden. Dies geschieht mithilfe des in Kap. 4.4 erläuterten *induktiven Spezialisierungsschlusses*, in dem der Häufigkeitsgrenzwert von Stichprobenhäufigkeiten als rationale Glaubenswahrscheinlichkeit auf einzelne, aktuale oder mögliche Stichproben übertragen wird. In diesem Sinn beträgt die Glaubenswahrscheinlichkeit, in einem Münzwurfexperiment mit einer regulären Münze in 10.000 Würfen zwischen 4900 und 5100 mal Kopf zu erzielen, 95% (s. (8-4)). Diese Behauptung gehört zum induktiv-empirischen Gehalt der statistischen Hypothese p(Kopf) = 1/2 (näheres in Kap. 7.2).

Der empirische Gehalt von statistischen Hypothesen ist somit nicht deduktiver, sondern induktiver Natur und bedarf zu seiner Ausbuchstabierung gewisse Annahmen der epistemischen Wahrscheinlichkeitstheorie. Dieser induktiv-empirische Gehalt ist die Grundlage der gesamten in Kap. 8 besprochenen *statistischen Testtheorie*, die auf der Grundidee beruht, dass eine statistische Hypothese H nur solange akzeptiert werden kann, solange die beobachteten Häufigkeiten unter Annahme von H's Wahrheit nicht *zu unwahrscheinlich* sind.

Wichtig für das Problem dieses Kapitels (die Definition statistischer Wahrscheinlichkeiten) ist die folgende Konsequenz: Auch wenn man „statistisch rein" bleibt und Methode 1 anwendet, muss spätestens bei der Ausbuchstabierung des empirischen Gehalts auf epistemische Wahrscheinlichkeiten zurückgegriffen werden. Und *ganz gleich* ob Methode 1 oder Methode 2 zur Definition statistischer Wahrscheinlichkeiten verwendet wird, bleibt der empirisch-induktive Gehalt einer statistischen Hypothese genau derselbe, denn Möglichkeiten mit epistemischer Wahrscheinlichkeit null spielen keine Rolle und können epistemisch vernachlässig werden. Die Glaubenswahrscheinlichkeit dafür, in 10.000 Würfen mit einer regulären Münze zwischen 4900 und 5100 mal Kopf zu erzielen, beträgt 95 %, ganz gleich, ob nullwahrscheinliche Münzwurfserien als möglich oder unmöglich erachtet werden. Dies ist ein weiterer Grund für die Überlegenheit des dualistischen Wahrscheinlichkeitskonzeptes.

5.4 Objektive Zufälligkeit, Determinismus und Indeterminismus

Wir haben in Kap. 5.2 eine objektive Zufallsfolge als eine Folge von Ergebnissen eines wiederholt durchgeführten Zufallsexperimentes definiert, deren Häufigkeitsgrenzwert durch keine berechenbare Stellenauswahl verändert werden kann, die nur auf zeitlich vorausliegende (folgeninterne oder -externe) Ereignisse Bezug nimmt. Aufgrund der in Kap. 5.1 erläuterten Optimalität der Maximumregel der Voraussage können dann die vollständigen Ergebnisse in Ω mit keiner höheren langfristigen Erfolgsrate vorausgesagt werden als dem Maximum ihrer Häufigkeitsgrenzwerte. Liegt beispielsweise eine objektive binäre Zufallsfolge mit Häufigkeitsgrenzwerten $p(Fx) = 0,8$ und $p(\neg Fx) = 0,2$ vor, so kann der Prozentsatz wahrer Prognosen bestenfalls 80 % betragen und wird erreicht, wenn gemäß der Maximumregel immer das Ereignis Fx prognostiziert wird.

Der herkömmlichen philosophischen Ansicht zufolge sind objektive Zufallsfolgen überhaupt nur dann möglich, wenn die der *klassischen* Physik inhärente Annahme des *Determinismus* falsch ist, d.h. wenn die fundamentalen Naturgesetze selbst nur Wahrscheinlichkeitsaussagen machen, so wie in der *Quanten-*

physik. Wir werden in diesem Abschnitt argumentieren, dass die herkömmliche Ansicht unrichtig ist: auch in der klassischen Physik gibt es objektive Zufälligkeit. Zunächst zu den grundlegenden Begriffen.

Der Determinismus wird gemeinhin mit Laplace (1814) verbunden, doch er war in der gesamten vorklassischen und klassischen Physik das vorherrschende Weltbild, bis zum Aufkommen der Quantenphysik. Dem deterministischen Weltbild zufolge gibt es keinen objektiven Zufall: der gesamte Weltverlauf ist durch seine Anfangsbedingungen und die Naturgesetze vollständig determiniert und voraussagbar. Betrachtet man einen Zufallsprozess, wie etwa das Resultat eines Münzwurfes oder den Zerfall eines radioaktiven Atoms, so ist diesem Weltbild zufolge die statistische Natur dieser Ereignisse lediglich eine Folge unserer Unwissenheit und nicht der objektiven Unbestimmtheit des zukünftigen Ereignisverlaufs. Der Indeterminismus ist in dieser Sicht lediglich *epistemischer*, nicht ontologischer Natur.

Die moderne Quantenphysik lehrt jedoch einen *objektiven Indeterminismus* – ihr zufolge gibt es objektive Zufallsprozesse, deren Ergebnis auch bei *vollständiger* Kenntnis der Anfangsbedingungen objektiv unbestimmt und nur in Form statistischer Wahrscheinlichkeiten festgelegt ist. Beispielsweise ist der radioaktive Zerfall ein objektiver Zufallsprozess: Ob und wann ein radioaktives Cäsium-137 Atom zerfallen wird, kann durch kein noch so vollständiges physikalisches Wissen vorausgesagt werden; aber die Wahrscheinlichkeit, dass ein Cäsium-137 Atom in 30 Jahren zerfällt, beträgt genau 1/2; und daher werden nach 30 Jahren mit praktischer Sicherheit 50 % einer Cäsium-137 Probe zerfallen sein. Objektive Indeterminiertheit liegt in allen *mikrophysikalischen* Prozessen vor, für Partikeln in Größenordnungen von Nanometern, während physikalische *Makroprozesse* näherungsweise korrekt durch die klassische und bei hohen Geschwindigkeiten durch die relativistische Physik beschrieben werden, die beide von *deterministischen* Naturgesetzen ausgehen.

Wäre diese Sichtweise richtig, so müsste man den radioaktiven Zerfall als objektiven Zufallsprozess ansehen, das (klassische) Münzwurfexperiment dagegen nur als epistemischen Zufallsprozess. So sahen dies auch Coffa (1974) und Salmon (1989, 75f). Warum spielen aber dann scheinbar objektive Zufallsprozesse in unserer Alltagswelt, also Bereichen der klassischen Physik, eine so große Rolle? Warum ist es noch niemandem gelungen, die Resultate eines regulären Würfelwurfes oder Roulettespiels mit signifikant überzufälligem Erfolg vorauszusagen? Anders ausgedrückt: wie erklären sich makrophysikalische Zufallsprozesse?

Den ersten Teil der Erklärung liefert die Tatsache, dass auch die klassische Physik indeterminierte Systemzustände zulässt: physikalische geschlossene Systeme, deren zukünftige Entwicklung durch ihren vollständigen Anfangszustand nicht festgelegt ist. Eindrucksvoll belegt wird dies z. B. in Earman (1986, Kap. III); wir präsentieren hier nur die grundlegenden Fakten. Tatsächlich sind nur die fundamentalen Naturgesetze der klassischen Physik deterministisch, aber nicht immer deren Lösungen, also die daraus (streng oder approximativ) folgenden Gesetze, die die möglichen zeitlichen Entwicklungsverläufe bzw. ‚Trajektorien' eines Systems beschreiben. Eine Differentialgleichung drückt eine funktionale Abhängigkeit zwischen dem Zustand s(x) eines Systems x und dessen Veränderungen in der Zeit aus, abhängig von Parametern α_i, also s = f(ds/dt, α_i).[31] Diese bzw. überhaupt *jede* Funktionsgleichung Y = f(X) ist ‚deterministisch' in dem Sinn, dass durch den Wert der unabhängigen Variable X jener der abhängigen Variable Y *eindeutig* festgelegt ist. Statistische (bzw. stochastische) Gleichungen haben als abhängige Variable stattdessen eine Wahrscheinlichkeitsverteilung: p(Y) = f(X). In *diesem* Sinn sind *alle* Grundgesetze der klassischen Physik deterministisch, während die Grundgesetze der Quantenmechanik *auch* statistische Gesetze umfassen, z. B. jene, die den Amplitudenquadraten Aufenthaltswahrscheinlichkeiten zuordnen. Es ist jedoch möglich, dass die Lösungen von gewöhnlichen deterministischen Differentialgleichungen *Singularitäten* oder *instabile Punkte* (Bifurkationen) besitzen, an denen der zukünftige Entwicklungsverlauf durch die vollständige Gegenwart nicht bestimmt ist. Stellt man beispielsweise eine perfekte elastische Kugel genau auf die Spitze einer ebenso perfekten Halbkugel, so ist es unbestimmt, in welche Richtung sie sich bewegen wird, nicht nur praktisch, sondern auch theoretisch, denn die Lösungsfunktionen besitzen dort einen instabilen Punkt.

Zwischen Singularitäten und instabilen Punkten besteht ein mathematisch wesentlicher Unterschied. Bei einer echten Singularität ist selbst dann, wenn man den durch reelle Zahlen beschriebenen Anfangszustand als exakt und somit unendlich genau bestimmt annimmt, die zukünftige Entwicklung unbestimmt, denn aus demselben singulären Punkt gehen verschiedene Trajektorien hervor. Eine Singularität ist also auch unter der Annahme einer unendlich genauen Systembeschreibung (reelle Zahlen haben unendlich viele Kommastellen) ein indeterministischer Systemzustand. Bei einem instabilem Punkt liegt dagegen unter der Annahme einer unendlich genauen Systembeschreibung kein echter Indeterminismus vor, denn durch den völlig exakt beschriebenen Anfangszustand ist in diesem Fall auch jeder zukünftige Zustand naturgesetzlich vollständig bestimmt; der Laplacesche Determinismus gilt also für unendlich genaue Zustandsbeschreibungen. Man spricht hier auch vom „deterministischen Chaos", wobei sich chaotische Systemzustände durch eine hochgradige Anhäufung von instabilen Punkten auszeichnen (Schuster 1994). Nicht aber gilt die Poppersche approximative Variante des Laplaceschen Determinismus, der zufolge eine annähernd genaue Kenntnis des Anfangszustandes auch eine annähernd genaue Vorhersage zukünftiger Zustände ermöglicht (Popper 1982, 34; vgl. Earman 1986, 8f). Stattdessen sind Systeme in instabilen Zuständen hochgradig sensitiv gegenüber minimalen Variationen der Anfangsbedingungen: für jede noch so kleine Variation derselben weichen die daraus hervorgehenden Trajektorien nach hinreichend langer Zeit maximal stark voneinander ab. Das anschauliche Beispiel ist die oben erwähnte ideale Kugel platziert auf der Spitze einer idealen Halbkugel: auf welcher Seite die Kugel herunterrollen wird, wird von unmessbar kleinen Fluktuationen bestimmt und ist daher unmöglich voraussagbar.[32]

Determinismusfreundliche Philosophen wenden hier gerne ein, dass es sich dabei nur um eine praktische und keine prinzipielle Unmöglichkeit handle. Doch dies ist insofern ein Irrtum, also die maßgeblichen Fluktuationen der Anfangszustände so gering sind, dass sie in den Dimensionen der Mikrophysik zu liegen kommen, in denen quantenmechanische Unschärferelationen relevant werden, die der beliebig genauen Messbarkeit prinzipielle Grenzen setzen. Mit anderen Worten implizieren instabile Punkte, dass der prinzipielle mikrophysikalische Indeterminismus auf die Ebene der Makrophysik durchschlägt. Daher liegen zwischen Singularitäten und bloßen Instabilitäten nur mathematisch, aber nicht physikalisch wesentliche Unterschiede vor. Beide Situationen implizieren die Existenz von objektiv indeterminierten Prozessen auch im Größenbereich der Makrophysik. Instabile Zustände treten häufig in komplexen Systemen auf und stehen hier im Zusammenhang mit der spontanen, d. h. indeterminierten Entstehung von makrophysikalischen Ordnungszuständen (vgl. Haken 1983) – was übrigens auch eine Erklärung des Phänomens der geistigen Freiheit in komplexen Gehirnprozessen ermöglicht.

Über die besprochenen Singularitäten und Instabilitäten hinaus gibt es weitere Differenzierungen von Instabilitäten und Indeterminismen in der klassischen Physik (für Details s. Earman 1986, Kap. III; Weingartner/Schurz 1996). Die für unser Anliegen relevante Konsequenz liegt unabhängig von diesen Differenzierungen darin, dass auch die klassische Physik indeterminierte Systemzustände zulässt, deren Weiterentwicklung objektiv unbestimmt ist.

Dies bildet aber nur die eine Hälfte der gesuchten Erklärung makrophysikalischer Zufälligkeit. Wir haben bislang nur erklärt, warum der makrophysikalische Würfelwurf ein echter unvoraussagbarer Zufallsprozess ist: weil – sofern regulär geworfen und nicht „gelegt" wurde – minimale Schwankungen in den präzisen Anfangsbedingungen des Wurfes (in den Luftbewegungen etc.) darüber entscheiden, welche Würfelseite oben liegen wird. Es liegt also genau die erläuterte sensitive Abhängigkeit von Anfangsbedingungen vor, die auch für „deterministisches Chaos" verantwortlich ist. Wir können jedoch noch nicht erklären, warum bei makroskopisch symmetrisch gebauten Würfeln diese bemerkenswerte stabile *Gleichverteilung* der Wahrscheinlichkeiten resultiert, gegen die die Häufigkeiten im Grenzverhalten tendieren. Auch wenn die Wurfresultate objektiv unbestimmt sind – warum ist es nicht so, dass unterschiedliche Personen einen unterschiedlichen „Wurfbias" haben und damit unterschiedliche Wahrscheinlichkeiten würfeln; immerhin werfen sie ja unterschiedlich, die einen heftiger, die anderen sanfter, usw. Warum trotz dieser Unterschiede all die verschiedenen Personen und Wurftechniken dennoch dieselben Häufigkeitsgrenzwerte produzieren, bedarf eines weiteren Erklärungsschrittes, und zwar des folgenden: Man kann zeigen, dass – zwar nicht alle, aber *fast alle* (99,99...% aller) – Häufigkeitsverteilungen über den makrophysikalischen Anfangsbedingungen des Würfelwurfes zu einer Gleichverteilung der Ergebnishäufigkeiten des Würfelwurfes führen. Ein in diese Richtung gehender Erklärungsansatz wurde von Strevens vorgelegt (2008, 370ff); im Folgenden präsentiere ich eine Weiterentwicklung seines Ansatzes.

Wir betrachten die Abhängigkeit der Würfelwurfresultate von den makrophysikalischen Anfangsbedingungen, die wir vereinfacht in einer Variable X zusammenfassen. Beim Würfelwurf umfasst diese Variable mehrere Dimensionen (Translations- und Rotationsgeschwindigkeit, Luftbewegungen etc.). Ein einfacheres Beispiel ist das *Roulette*, wo die Variable X nur die Anfangsgeschwindigkeit des Rouletterades umfasst. Die abhängige Variable Y ist diskret und umfasst beim Würfelwurf die Werte 1,...,6; beim Rouletterad die Werte 0,...,36. Die entscheidende Beobachtung ist, was Strevens die „Mikroperiodizität" dieser Abhängigkeit nennt: minimale Änderungen der X-Variable bewirken Maximalveränderungen und damit einen Periodenzyklus der Y-Variable. Der Funktionsgraph von Y in Abhängigkeit von X ist daher extrem steil, fast senkrecht. Dies ist in Abb. 5-1(a) dargestellt. Eine statistische Verteilung der makrophysikalischen X-Variable, welche zu einer Ungleichverteilung der Ergebnisse führt, also gewisse Y-Werte präferiert, müsste noch steiler sein; sie müsste etwa die in Abb. 5-1(b) eingezeichnete Form haben, also in Strevens' Worten ebenfalls „mikroperiodisch" sein. Makrophysikalische Verteilungen sind jedoch, wie Strevens ohne weitere Begründung annimmt, nie mikroperiodisch (ibid, 372). Aber warum eigentlich? Ich schlage folgende Antwort vor: *Fast alle* makrophysikalischen Wahrscheinlichkeitsverteilungen sind kontinuierlich und variieren in makrophysikalischen Größendimensionen. Sie haben daher viel *flachere* Steigungen als die mikrophysikalische Abhängigkeit in Abb. 5-1(a). Daher beobachten wir nur Häufigkeiten von X, die über den mikrophysikalisch kleinen X-Intervallen, welche eine Y-Periode ausmachen, gleichverteilt sind, und somit zu einer Gleichverteilung der Y-Werte führen (siehe Abb. 5-1c und 5-1d).

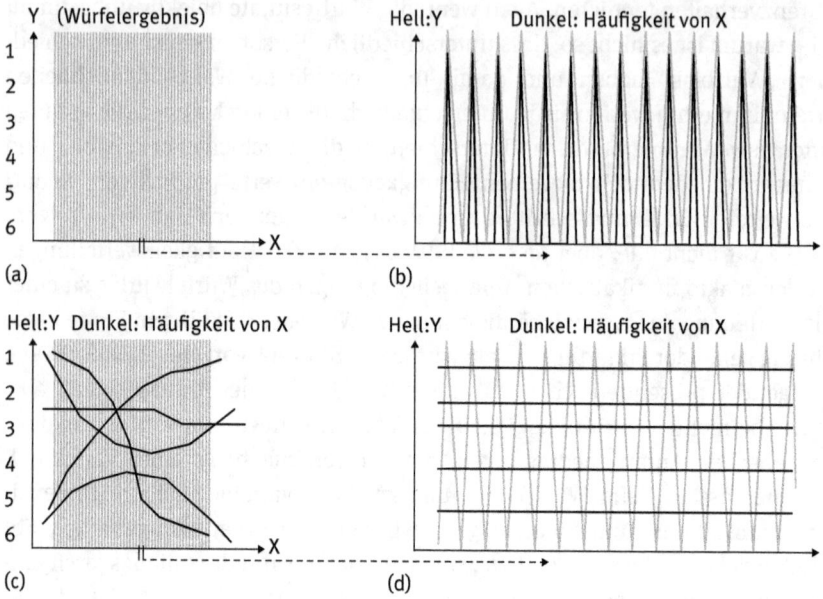

Abb. 5-1: *Erklärung der Gleichverteilung von Würfelwurfergebnissen trotz beliebiger makrophysikalischer Anfangsverteilungen.*
(a) Y hängt mikroperiodisch von X ab; Verteilung extrem steil.
(b) X in extrem gedehnter Darstellung. Dunkel: eine Anfangsverteilung, die ein bestimmtes Y-Ergebnis präferieren würde – sie muss noch steiler sein.
(c) Wie (a). Dunkel: Makrophysikalische Verteilungen über X. Sie führen alle zu Gleichverteilungen über Y: siehe (d).
(d) X in extrem gedehnter Darstellung. Dunkel: Häufigkeit der X-Werte ist über extrem kleine X-Intervalle gleichverteilt. Dies führt zu Gleichverteilung über Häufigkeit von Y-Werten.

5.5 Singuläre Propensitäten

In Kap. 5.2 argumentierten wir, dass statistische Wahrscheinlichkeiten am besten als generische Propensitäten aufgefasst werden, deren numerische Ausprägung durch Häufigkeitsgrenzwerte definiert ist, die induktive Konsequenzen für beobachtbare endliche Häufigkeiten besitzen (vgl. auch Rosenthal 2004).

Alternativ dazu schlugen einige Autoren vor, objektive Wahrscheinlichkeiten als Einzelfallpropensitäten zu verstehen, ohne intrinsischen Bezug auf generische Propensitäten und zugrundeliegende Zufallsexperimente. Einen solchen Vorschlag machte Popper (1990) in seinen späteren Jahren: dort verstand er singuläre Propensitäten als die graduellen kausalen Tendenzen von individuellen Ereignissen, gewisse Wirkungen hervorzubringen, ohne intrinsischen Bezug zu Häufigkeiten in Zufallsfolgen (vgl. die Rekonstruktion in Miller 1994, 182-6). Ein Beispiel ist die objektive Tendenz *dieses* Flugzeugs, bei *diesem* Flug abzustürzen. In analoger Weise wurden objektive Einzelfallpropensitäten von Lewis (1980) charakterisiert. Für Lewis ist die Einzelfallpropensität eines Ereignisses konditional relativiert auf den Gesamtzustand des Universums zum fraglichen Zeitpunkt. Dies ist so zu erklären: In der Beschreibung eines generischen Zufallsexperimentes werden die zulässigen physikalischen Randbedingungen hinreichend genau spezifiziert. Bei einen regulären Würfelwurf ist es z. B. ausgeschlossen, dass im Moment meines Wurfes ein herabfallender Dachziegel meine werfende Hand unter sich begräbt.[33] Die singuläre Propensität *dieses* Würfelwurfes hängt dagegen sehr wohl davon ab, ob zum fraglichen Zeitpunkt gerade ein solcher Dachziegel herabfällt, ebenso wie die singuläre Propensität des Absturzes dieses Flugzeuges davon abhängt, ob in das fragliche Raumzeitgebiet gerade ein Meteor hineinsaust. Lewis' Einzelfallpropensitäten sind darüberhinaus doppelt zeitrelativ: die objektive Chance zur Zeit t*, dass das Ereignis e_i zur Zeit t eintritt, ist abhängig vom Zeitpunkt t*, zu dem diese Chance bestimmt wird, und der als „Gegenwart" fungiert. Während die Chance von zukünftigen Ereignissen (t*<t) mit der kausalen Tendenz der Welt zum Zeitpunkt t* identifiziert wird, dieses Ereignis zum späteren Zeitpunkt t hervorzubringen, ist Lewis zufolge die Chance von vergangenen Ereignissen (t*≥t) entweder 1 oder 0, je nachdem ob das Ereignis tatsächlich eintrat oder nicht.

Es gibt eine Vielzahl von Einwänden gegen singuläre Propensitäten; eine Übersicht geben Eagle (2004) und Gillies (2000, 126-136). Ein Argument von Humphreys (1985) besagt beispielsweise, dass man singuläre Propensitäten nicht mit kausalen Tendenzen identifizieren darf, weil Propensitätsbeziehungen zwischen Ereignissen ungerichtet sind, Kausalbeziehungen dagegen immer von der Ursache zur Wirkung gerichtet. Z. B. habe ich heute eine Propensität, gestern noch am Leben gewesen zu sein, die nicht kausal interpretierbar ist.

Ein von Eagle (ibid.) breit diskutierter Einwand ist das *Referenzklassenproblem*. Diesem Einwand zufolge kann die Propensität eines Einzelereignisses nur dann Häufigkeitsgrenzwerten zugeordnet werden, wenn man das Einzelereignis einer objektiven *Zufallsfolge* zuordnet, die durch ein (wiederholbares) Zufallsexperiment produziert wurde, das als generische Referenzklasse fungiert. Es gibt jedoch immer *mehrere* solcher Referenzklassen. Z. B. kann man die jährliche Sterbewahrscheinlichkeit von Peter bestimmen, indem man sie bestimmt als die Sterbewahrscheinlichkeit von Menschen über 50, von männlichen Nichtrauchern über 50, von männlichen Nichtrauchern über 50, die ihr Leben lang im Bergbau arbeiteten, usw. Die Wahl einer geeigneten Referenzklasse ist ein wichtiges Problem für alle Anwendungen der statistischen Wahrscheinlichkeitstheorie. Als Einwand gegen singuläre Propensitäten ist dieser Einwand jedoch aus zwei Gründen fehl am Platz. Erstens haben wir in Kap. 5.2 ausgeführt, dass man generische Propensitäten *nur* dann den einzelnen individuellen Experimentrealisierungen als „objektive Propensitätstropen" zuordnen kann, wenn es sich um eine objektive Zufallsfolge handelt, wenn also die Zugehörigkeit zum gegebenen Zufallsexperiment eine *objektiv engste* Referenzklasse bildet. In diesem Fall tritt aber das Problem multipler Referenzklassen nicht mehr auf, denn es gibt nur eine objektiv engste Referenzklasse.

Zweitens trifft der Einwand nicht wirklich *singuläre* Propensitäten, so wie wir sie hier verstehen. Denn sobald man die Propensität eines singulären Ereignisses Fa („dies ist ein F") durch ein Zufallsexperiment Z definiert, p(Fa) also mit p(Fx|Zx) identifiziert, hat man bereits einen *generischen* Propensitätsbegriff vorliegen. Und zwar auch dann, wenn man die generische Propensität des Zufallsexperimentes den Einzelereignissen als Propensitätstropen zuordnet. Denn Propensitätstropen sind immer noch die individuellen Exemplifikationen von *generischen* Propensitäten. Nur deshalb haben sie einen Bezug zu Zufallsfolgen und deren Häufigkeitstendenzen. Anders gesprochen, Propensitätstropen sind nicht intrinsische Eigenschaften der individuellen Folgenglieder, sondern Dispositionen des Zufallsexperimentes, die sich in den Eigenschaften der individuellen Folgenglieder manifestieren.

Dies ist ganz anders bei genuinen singulären Propensitäten, die ontologisch als intrinsische Eigenschaften der Einzelereignisse bzw. individuellen Folgenglieder verstanden werden. Erst hier tritt der m. E. entscheidende Einwand gegen singuläre Propensitäten zutage: sie haben keinen Bezug zu Häufigkeiten oder Häufigkeitsgrenzwerten. Dies zeigt folgendes Argument: Wenn singuläre Propensitäten auf den Einzelereignissen bzw. individuellen Folgengliedern supervenieren würden, und das Experiment objektiv zufällig ist, müsste die singuläre Propensität eines möglichen Ereignisses E in AL für alle Durchführungen a_i des Zufallsexperimentes dieselbe sein. Im Münzwurfexperiment müsste z. B. für alle a_i ($i \in \mathbb{N}$) die Propensität von Kopf(a_i) 0,5 betragen. Dann ist es aber unmöglich, dass singuläre Propensitäten mit dem Häufigkeitsgrenzwert p(Ex) = 0,5 der Zufallsfolge ($a_i : i \in \mathbb{N}$) systematisch zusammenhängen. Denn wir können durch eine unzulässige Stellenauswahl die Folge so umordnen, dass ein beliebig von 0,5 abweichender Häufigkeitsgrenzwert resultiert. Doch die singulären Propensitäten – also die intrinsischen Eigenschaften der a_i – sind dabei genau *dieselben* geblieben. Dies zeigt, dass zwischen singulären Propensitäten und Häufigkeitsgrenzwerten kein Zusammenhang bestehen kann, nicht einmal ein induktiver Zusammenhang. Daher scheint es im singulären Propensitätsansatz nichts zu geben, was gänzlich irrationale singuläre Propensitätsbehauptungen verhindern könnte, wie z. B. die Behauptung:

(5-7) In *diesem* Münzwurf gelang es dem Mentalisten Uri Geller mithilfe seiner Geisteskraft, die Münze (mit einer Propensität von 1) auf Kopf landen zu lassen; allerdings gelingt ihm dies nur in 50 % aller Fälle.

Singuläre Propensitätsaussagen dieser Art sind reine Spekulationen, empirisch unüberprüfbar und daher ohne kognitiven Wert (vgl. Gillies 2000, 127).

6 Probleme des subjektiv-epistemischen Wahrscheinlichkeitsbegriffs

6.1 Definitionsprobleme

Im Fall des subjektiven Wahrscheinlichkeitsbegriffs ist es nicht das Definitionsproblem, das große Schwierigkeiten macht: Subjektive Wahrscheinlichkeiten sind einfach *definiert* als die epistemischen Glaubensgrade von Personen bzw. Subjekten, die die Kolmogorovschen Basisaxiome der Wahrscheinlichkeit gemäß Satz 1 (bzw. die damit äquivalente Kohärenzbedingung für faire Wettquotienten, s. Kap. 6.2) erfüllen. Es ist allerdings ein hartnäckiger Befund der Kognitionspsychologie (s. Kahneman et al. 1982), dass die realen Glaubensgrade von Versuchspersonen die Axiome der Wahrscheinlichkeit im Regelfall *nicht* erfüllen. Vertreter des Baysianismus interpretieren die Basisaxiome der Wahrscheinlichkeit üblicherweise als *Rationalitätsbedingungen*. Es ist jedoch kontrovers, ob diese Rationalitätsbedingungen für *reale* Personen mit ihren kognitiven Komplexitätsbeschränkungen tatsächlich adäquat sind, d. h. ob sie gemäß dem „Sollen-Können" Prinzip zumindest näherungsweise erfüllbar sind oder stattdessen nur auf *ideale* abstrakte Subjekte zutreffen.

Wenn letzteres der Fall wäre, würde dies die praktische und wissenschaftliche Relevanz der subjektiven Wahrscheinlichkeitstheorie stark in Frage stellen. Für die subjektive Wahrscheinlichkeitstheorie stellt sich daher ein *Rechtfertigungsproblem*: Aus welchen Gründen *sollten* rationale Glaubensgrade die Grundaxiome A1-3 erfüllen, und *worin* sollte die Bedeutung solcher Glaubensgrade in Bezug auf das praktische und wissenschaftliche Erkenntnisziel der Findung gehaltvoller Realwahrheiten liegen? Diesem Rechtfertigungsproblem wenden wir uns nun zu.

6.2 Rechtfertigungsprobleme: Kohärente faire Wettquotienten

Die bekannteste subjektive Rechtfertigung der Wahrscheinlichkeitsaxiome A1-3 ist die auf Frank Ramsey und Bruno de Finetti zurückgehende Methode, subjektive Glaubensgrade über das Wettverhalten von rationalen Personen als *faire Wettquotienten* zu explizieren. Im Folgenden sei diese Methode kurz skizziert.[34] Eine Wette W auf eine Proposition A (einer gegebenen Algebra oder Sprache) wird abstrakt definiert als ein Tripel W = (A, g, v). Dabei ist g der monetäre Gewinnbetrag, den die Wettperson gewinnt und der Wettgegner verliert, wenn sich A als wahr herausstellt, und v ist der Verlustbetrag, den die Wettperson verliert und der

Wettgegner gewinnt, wenn sich A als falsch herausstellt. Sowohl g wie v werden als positive reelle Zahlen dargestellt. Man nennt e $=_{def}$ g+v auch den *Wetteinsatz* (stake) und q $=_{def}$ v/(g+v) auch den *Wettquotient* (betting quotient) der Wette (A, g, v). Gewinn und Verlust sind darstellbar als g = (1−q) · e, v = q · e, und die Wette als (A, (1−q) · e, q · e). Für jede Wette W = (A, g, v) ist W^c = (¬A, v, g) die zugehörige *Gegenwette*; der Wettgegner der Wette W wettet auf die Gegenwette W^c (bzw. ist die Wettperson von W^c).

Wann ist es für die Wettperson rational, eine Wette W = (A, g, v) anzunehmen? Gemäß dem Bayesianischen Prinzip hängt dies vom subjektiven Erwartungswert E(W) des Wettgewinns ab, der durch die Formel

(6-1) E((A,g,v)) = g · P(A) − v · P(¬A)

bestimmt ist. Nimmt man statt dem subjektiven Glaubensgrad „P" die statistische Wahrscheinlichkeit „p", dann drückt E(W) den objektiven Durchschnittsgewinn von Wetten des Typs W auf lange Sicht aus. Man beachte, dass wir in die Formulierung von (6-1) noch nicht das Wahrscheinlichkeitsgesetz P(¬A) = 1−P(A) hineingesteckt haben.

Die Wette W heißt aus der Sicht der Wettperson *vorteilhaft* (favourable), wenn E(W) > 0 gilt, *nachteilig*, wenn E(W) < 0 und *fair*, wenn E(W) = 0 gilt. ‚Fairness' meint hier, dass Wettperson und Wettgegner die gleichen Gewinnchancen besitzen, denn offenbar gilt E(W) = −E(W^c).[35] Wette und Gegenwette haben also gleiche Gewinnchancen, wenn die Erwartungswerte beider Wetten Null betragen. Für faire Wetten ergibt sich nun aber, dass der subjektive Glaubensgrad unter der Annahme P(¬A) = 1−P(A) mit dem oben definierten Wettquotienten q = v/g+v übereinstimmt, denn

(6-2) E(W) = E((A,(1−q) · e, q · e)) = P(A) · (1−q) · e − (1−P(A)) · q · e = 0 g. d. w. P(A) · (1−q) = (1−P(A)) · q g. d. w. P(A) − q · P(A) = q − q · P(A) g. d. w. P(A) = q.

Daraus resultiert der Gedanke, man könne die subjektiven Glaubensgrade einer Person mit ihren fairen Wettquotienten identifizieren und dadurch empirisch operationalisieren. Doch was garantiert, dass die fairen Wettquotienten einer Person die Axiome der Wahrscheinlichkeitstheorie erfüllen? Diese Frage stellt sich auch für das in die Rechnung von (6-2) hineingesteckte Wahrscheinlichkeitsgesetz P(¬A) = 1−P(A). Die Normierung von Wahrscheinlichkeiten auf Werte zwischen 0 und 1, und damit Axiom (A1) von Def. 3-1, ist bereits durch die Definition von Wettquotienten gewährleistet. Doch was garantiert Axiome 2 und 3? In der Tat müssen die fairen Wettquotienten von Personen nicht diesen Axiomen genügen. Doch wie Ramsey und de Finetti unabhängig voneinander zeigen konnten, erweist sich die Erfüllung dieser Axiome als äquivalent mit einer grundlegenden Bedingung für *rationales* Wettverhalten – der Bedingung der *Kohärenz*. Unter einem Wettsystem WS verstehen wir im Folgenden eine endliche Menge von Wetten WS = $\{W_i =_{def} (A_i, g_i, v_i): 1 \leq i \leq n, n \in \mathbb{N}\}$, mit den A_i als Propositionen bzw. Sätzen einer gegebenen Algebra AL bzw. Sprache $\mathscr{L}$. Für jeden möglichen Weltzustand w ist der *Gesamtgewinn* (bzw. -verlust) des Wettsystems WS definiert als: g(WS,w) = $\sum_{1 \leq i \leq n}$ g(W_i,w), wobei g(W_i,w) = g_i, wenn A_i in w wahr ist, und andernfalls g_i(W_i,w) = $-v_i$. Sei q_X:AL→[0,1] die mit fairen Wettquotienten identifizierte Glaubensfunktion einer Person X, die den Propositionen P einer Algebra AL jene Wettquotienten q_X(P) zwischen 0 und 1 zuordnet, bei denen P gleichermaßen bereit wäre, die Wette und die Gegenwette auf P anzunehmen. Damit definiert man Kohärenz wie folgt:

(Def. 6-1) *Kohärenz:* Die durch faire Wettquotienten explizierte Glaubensfunktion q_X:AL→[0,1] einer Wettperson X heißt *kohärent* g. d. w. es kein *endliches* und aus (bzgl. q_X) *fairen Einzelwetten* bestehendes Wettsystem WS = $\{W_i: 1 \leq i \leq n\}$ gibt, das in jedem möglichen Weltzustand w für X zu einem Gesamtverlust g(WS,w) < 0 führt.

Eine Wettperson mit inkohärenter Glaubensfunktion würde ein faires Wettsystem annehmen, bei der sie *mit Sicherheit* verliert – ein solches Wettsystem, mit dem man diese Person ‚übers Ohr hauen' könnte, heißt auch *Dutch book*. Beispielsweise würden Sie ein Dutch Book akzeptieren, wenn Sie folgende zwei Wetten mit mir annehmen würden: Sie wetten mit Wettquotient 1/2 darauf, dass es morgen regnet, und zugleich mit Wettquotient 3/4 darauf, dass es morgen nicht regnet. Mit e als Wetteinsatz ist Ihr Gesamtertrag dann $0{,}5 \cdot e - 0{,}75 \cdot e = -0{,}25 \cdot e$ wenn es morgen regnet und $-0{,}5 \cdot e + 0{,}25 \cdot e = -0{,}25 \cdot e$, wenn es nicht regnet; sie verlieren also in jedem Fall ein Viertel des Wetteinsatzes.

Ramsey (1926) und de Finetti (1937) bewiesen nun folgendes Theorem:

(Satz 6-1) *Kohärenz:* Eine durch faire Wettquotienten explizierte subjektive Glaubensfunktion q:AL→$\mathbb{R}$ erfüllt genau dann die drei Wahrscheinlichkeitsaxiome (A1)-(A3) (s. Def. 3-1), wenn sie kohärent ist.

Die Wahrscheinlichkeitsdefinition des subjektiven Ansatzes lautet damit wie folgt: *Subjektive Wahrscheinlichkeiten sind die fairen Wettquotienten kohärenter Wettpersonen*. Ein Beweis von Satz 6-1 findet sich in Anhang 10.3.7 (vgl. auch die Literatur in Fn. 34). Carnap (1971) beweist Satz 6-1 für unabhängig axiomatisierte bedingte Wahrscheinlichkeiten. Für die Rechtfertigung der σ-Additivität durch

Kohärenz benötigt man ein fiktives *unendliches* Wettsystem (s. Earman 1992, 40; Howson/Urbach 1996, 81-84). Eine andere Erweiterung von Satz 6-1 ist folgende:

> (Def. 6-2) (a) Eine Glaubensfunktion q: AL→[0,1] heißt *strikt kohärent* g. d. w. es kein aus fairen Einzelwetten bestehendes Wettsystem gibt, dass in keiner möglichen Welt einen Gewinn und in mindestens einer möglichen Welt einen Verlust liefert.
> (b) Eine Wahrscheinlichkeitsfunktion P:AL→[0,1] heißt *regulär* g. d. w. AL eine Algebra über einem *abzählbaren* Möglichkeitsraum ist und q allen möglichen Propositionen (nichtleeren Elementen von AL) einen Glaubensgrad größer 0 zuordnet.

> Satz 6-2: Eine durch faire Wettquotienten explizierte Glaubensfunktion ist strikt kohärent g. d. w. sie Axiome (A1-3) erfüllt und regulär ist.

Zum Beweis von Satz 6-2 s. Anhang 10.3.8. Für kontinuierliche Möglichkeitsräume mit überabzählbar vielen Elementen gibt es notwendigerweise immer (überabzählbar viele) Elemente mit Wahrscheinlichkeit null, denn sonst würde die Wahrscheinlichkeit von Ω den Wert Eins unendlichfach übersteigen (s. Kap. 7.5, 9.3); daher muss der Begriff der Regularität auf abzählbare Möglichkeitsräume eingeschränkt werden.

Die Rechtfertigung der subjektiven Wahrscheinlichkeitstheorie über faire Wettquotienten ist mannigfacher Kritik ausgesetzt (s. Earman 1992, Kap. 2.4; Howson 1995, Kap. 5; Gillies 2000, Kap. 4). Wir präsentieren zunächst drei Einwände, auf die es passable Antworten gibt, auch wenn diese von starken Idealisierungen Gebrauch machen, um dann zu drei grundlegenden Einwänden zu kommen.

(1.) Der Erwartungswert einer fairen Wette ist null. Weshalb sollten dann rationale Nutzenmaximierer eine faire Wette überhaupt annehmen? Der Punkt trifft zu, konstituiert jedoch keinen Einwand. Sicher nehmen rationale Personen nur Wetten an, deren Erwartungswert positiv ist, deren Wettquotient mithin geringer ist als der Glaubensgrad. Die fairen Wettquotienten einer Personen werden stattdessen durch Befragung zu einer *hypothetischen* Situation ermittelt, in der die Wettperson gezwungen ist, eine Wette oder deren Gegenwette zu akzeptieren. Man fragt, welche von beiden Wetten bevorzugt werden würde, wobei man den Wettquotient systematisch erhöht, bis die Präferenz der Person von der Wette in die Gegenwette umschlägt. Jener Wettquotient, bei dem die Person zwischen Wette und Gegenwette gerade „unentschieden" ist, stellt ihren rationalen Glaubensgrad dar.

(2.) Der Nutzen einer Wette für die Wettperson hängt typischerweise nicht *linear* vom Wettgewinn ab, sondern steigt für höhere Gewinne (in Geldeinheiten) schwächer als linear. Umgekehrt steigt die Schädlichkeit hoher Wettverluste aufgrund der Endlichkeit der Ressourcen der Wettperson stärker als linear. Es gibt unterschiedliche Methoden, dieser Nichtlinearität Rechnung zu tragen, die weitere Idealisierungen nötig machen. So wird vorgeschlagen, die hypothetischen Wettsituationen, zu denen man die Person befragt, mit Wetteinsätzen durchzuführen, die verglichen zum Vermögen der Person so gering sind, dass annähernde Linearität angenommen werden kann (vgl. Gillies 2000, 56f). Es fragt sich allerdings, ob die bei sehr geringen Wetteinsätzen von Personen geäußerten Präferenzen subjektiv reliabel sind.

(3.) Echte Wetten kann man nur auf empirisch verifizierbare Propositionen abschließen. Daher kann man gerade auf jene Propositionen, die für Anwendungen des Bayesianismus am bedeutsamsten sind – nämlich unverifizierbare wissenschaftliche Hypothesen – keine echten Wetten abschließen. Auch hier müssen Idealisierungen zu Hilfe genommen werden, etwa mithilfe von Fragen folgender Form: Wie viele Euro würden Sie darauf wetten, dass die Relativitätstheorie wahr ist, wenn es angenommen einen perfekten Experten gäbe, der Ihnen und dem Wettgegner nach Abschluss der Wette eine mit Sicherheit wahre Auskunft über diese Frage gibt? Offensichtlich sind dies bereits ziemlich seltsame Idealisierungen, die reale Personen schnell überfordern oder in Inkohärenzen führen können.

Wir kommen nun zu den schwierigeren Einwänden. Der erste davon wurde bereits in Kap. 6.1 angedeutet.

(4.) Es fragt sich, ob vernünftige Personen überhaupt *quantitative* Glaubensgrade über alle und jede Propositionen besitzen, und ob es rational ist, solche Glaubensgrade zu besitzen. Ich kenne keine Person, die numerische Glaubensgrade zu Fragen besitzt wie z. B. ob die Einsteinsche Relativitätstheorie wahr ist, ob es einen Urknall oder mehrere gegeben hat, oder ob es Gott gibt. Die meisten Personen würden hier statt mit quantitativen Graden eher mit *qualitativen* Urteilen aufwarten, wie „ich halte dies für hinreichend erwiesen", „ich halte dies für eher wahrscheinlich als sein Gegenteil", oder „das ist für mich zu unwahrscheinlich, um die Möglichkeit praktisch in Betracht zu ziehen". Die Glaubensgrade bzw. Wettquotienten von Personen scheinen nur dann einigermaßen *stabil* zu sein, wenn sie sich auf *Erfahrungen von Häufigkeiten* gründen. Andernfalls ist zu vermuten, dass die von Personen bekundeten hypothetischen Wettquotienten vergleichsweise *willkürlich* geäußert werden und in wiederholten Testsituationen auch bei *ein- und derselben* Person relativ stark fluktuieren. Es wäre eine wichtige Aufgabe, diese Frage in *psychologischen Experimenten* zu untersuchen.

(5.) Letzterer Einwand bringt mich direkt zum ersten *Haupteinwand* gegen die subjektive auf fairen Wettquotienten basierende Wahrscheinlichkeitstheorie: Kohärente faire Wettquotienten sind noch lange nicht rational im Sinne von objektiv *wahrheitsorientiert*. Die reale Erfolgshäufigkeit wird durch die faire Wett-Rechtfertigung *gar nicht berührt*. Man rekapituliere, dass die Definition eines fairen Wettquotienten lediglich auf die subjektiven Wettpräferenzen von Personen Bezug nimmt und von objektiven Wahrheitshäufigkeiten unabhängig ist. Nehmen wir beispielsweise einen Subjektivisten an, der begeistert 1:1 darauf wettet, dass er mit einem regulären Würfel eine Sechs würfelt, und dessen Wettquotient fair ist. Er *wäre* also auch bereit, die Gegenwette 1:1 darauf anzunehmen, dass er keine Sechs würfelt, denn seine subjektive Wahrscheinlichkeit dafür, dass *er* eine Sechs würfelt, beträgt 1/2. Unser Subjektivist bleibt selbst noch dann kohärent, wenn er sein ganzes Vermögen verloren hat, und er wird keinen Fehler in seinem Wettverhalten erblicken können. Er wird sich natürlich darüber *wundern*, dass ihm die nach seiner Ansicht nach ebenso fairen Gegenwetten *nie abgenommen* wurden. Aber er kann sich nicht erklären, warum gerade *er* sein ganzes Vermögen verlor, während andere abgesahnt haben, *solange* er nicht die objektiven Häufigkeitschancen des Ereignistyps, auf den er gewettet hat, in Betracht zieht. Dies zeigt, dass die Axiome A1-3 bestenfalls eine *Minimalbedingung* für rationale Glaubensgrade liefern, die viel zu schwach ist, um aus objektiver Sicht *irrationales* Wettverhalten auszuschließen. Mit Howson (2000, 133) kann man die Bedingung der Kohärenz für Glaubensgrade mit dem logischen Nichtwiderspruchsprinzip für Aussagen vergleichen: Ebenso wenig wie die Einhaltung des letzteren schon die Rationalität von Aussagen garantiert, gewährleistet die Kohärenz die Rationalität von Glaubensgraden.

(6.) Wie der vorige Einwand hervorhob, können die subjektiven Glaubensgrade unterschiedlicher Personen, auch wenn sie allesamt intrasubjektiv kohärent sind, beliebig voneinander abweichen. In diesem Zusammenhang ergibt sich ein zweiter Haupteinwand, der von Ryder (1981) ausformuliert wurde. Sobald nämlich mehrere Personen zur selben Proposition unterschiedliche Glaubensgrade besitzen, kann ein Dutch book gegen die Gruppe von Personen konstruiert werden. Es gibt dann ein System von fairen Wetten, die für alle möglichen Weltzustände zu einem Gesamtverlust für die Gruppe und zu einem Gesamtgewinn der gegen die Gruppe wettenden Person führt. Wenn beispielsweise Person X mit einem fairen Wettquotient von 1/2 darauf wettet, dass es morgen regnet, und Person Y mit einem fairen Wettquotient von 3/4 dagegen wettet, und ich beide Wetten als Wettgegner annehme, dann gewinne ich in jeder möglichen Welt ein Viertel des Wetteinsatzes e, denn:

(i) wenn es morgen regnet, erhalte ich von X die Hälfte von e und muss Y ein Viertel von e auszahlen, und

(ii) wenn es morgen nicht regnet, erhalte ich von Y drei Viertel von e und muss X die Hälfte von e auszahlen.

Somit verlieren X und Y zusammen auf jeden Fall ein Viertel von e, obwohl beide Wettquotienten kohärent sind. Wie Ryder (1981) argumentiert, kann eine Regel des Wettverhaltens, die wenn von mehreren Personen befolgt zu einem notwendigen Verlust dieser Personen führen kann, kaum als „rational" bezeichnet werden. Gillies (2000, 170ff) schließt aus dem Problem des kollektiven Dutch Books, dass auf Kooperation ausgerichtete Personen ein Interesse daran haben sollten, eine Übereinstimmung ihrer Glaubensgrade herzustellen. Doch es fragt sich natürlich, *wie* eine solche intersubjektive Übereinstimmung in *nicht-willkürlicher* Weise hergestellt werden kann. Denn selbst wenn eine artifizielle Übereinstimmung der Glaubensgrade durch einen Diktator erreicht wird, so ist damit nicht das Hauptproblem (Problem (5.)) gelöst: Die intersubjektiv übereinstimmenden Glaubensgrade wären dann zwar nicht mehr für ein kollektives Dutch Book anfällig, stünden aber immer noch in keinem irgendwie gearteten Zusammenhang zu objektiven Häufigkeiten, sodass sich dann das gesamte Kollektiv trotz kollektiver Kohärenz in eine Serie kollektiver Fehlprognosen und Kollektivirrtümer verrennen würde, weil die intersubjektiven Glaubensgrade nicht mit den objektiven Häufigkeiten abgestimmt bzw. „kalibriert" sind.

Die größte Schwäche des subjektiven Kohärenzansatzes besteht also darin, dass er keinen intrinsischen Bezug zu statistischen Wahrscheinlichkeiten besitzt. Sobald man sich um einen solchen Bezug bemüht, ergibt sich ein m. E. überlegener Weg, die Grundaxiome (A1-3) der subjektiven Wahrscheinlichkeitstheorie zu rechtfertigen: durch die Festlegung, dass rationale subjektive Glaubensgrade *intendieren*, die objektiven statistischen Wahrscheinlichkeiten widerzuspiegeln. Dies können sie nur, wenn sie die Grundaxiome (A1-3) erfüllen. Ich nenne dies die *häufigkeitsintendierte* Rechtfertigung der Grundaxiome für subjektive Wahrscheinlichkeiten (ähnlich argumentierten auch Carnap 1950, 167ff, oder Earman 1992, 46). Subjektive Glaubensgrade können allerdings nur dann mit objektiven Häufigkeiten übereinstimmen, wenn funktionsfähige *Brückenbeziehungen* zwischen subjektiven und statistischen Wahrscheinlichkeiten hergestellt werden. Eine solche Beziehung haben wir bereits in Kap. 2 kennengelernt: das Prinzip der engsten Referenzklasse (Def. 2-3). Das nächste Kapitel präsentiert eine eingehende Untersuchung von Beziehungen zwischen objektiven und epistemischen Wahrscheinlichkeiten.

7 Beziehungen zwischen objektiven und epistemischen Wahrscheinlichkeiten: ein dualistischer Ansatz

7.1 Das Koordinationsprinzip („principal principle")

Einige Vertreter des subjektiven Wahrscheinlichkeitsansatzes haben sich um Verbindungen zwischen subjektiven und objektiven Wahrscheinlichkeiten bemüht. Diese Verbindungen werden üblicherweise in Form von *zusätzlichen* Prinzipien oder ‚Axiomen' expliziert, die über die Basisaxiome (A1-3) hinausgehen und subjektive Wahrscheinlichkeitsansätze sukzessive in ‚intersubjektive', ‚objektive' oder ‚logische' Ansätze transformieren. Das elementarste Prinzip dieser Art ist das sogenannte Koordinationsprinzip oder „principal principle", demzufolge die subjektiven Wahrscheinlichkeiten, wenn die objektiven Wahrscheinlichkeiten bekannt sind, mit diesen übereinstimmen sollen. Dieses Prinzip existiert in zwei Versionen, die sehr unterschiedlicher Natur sind.[36]

Das *singuläre Koordinationsprinzip* geht auf Lewis (1980) zurück und verbindet subjektive Wahrscheinlichkeiten mit Einzelfallpropensitäten. Wie in Kap. 5.5 ausgeführt nennt Lewis singuläre Propensitäten *Chancen*. Es bezeichne „$ch_t(Fa_i)$" die singuläre Propensität zur Zeit t, dass sich das mögliche Ereignis Fa_i zu einem (anderen) Zeitpunkt t_i ereignet; dabei sei „a_i" eine Sequenz von Individuenkonstanten, die die Zeitkonstante t_i enthält. Gilt $t_i > t$, dann handelt es sich um die Chance eines zukünftigen Ereignisses, und im Falle $t \geq t_i$ um die Chance eines bereits vergangenen oder gegenwärtigen Ereignisses, die gemäß Lewis 1 beträgt, wenn das Ereignis eingetreten ist, und 0, wenn nicht. Sei $E_{<t}$ eine sogenannte *zulässige Proposition*: das ist eine Proposition, die nur über Ereignisse *vor* t spricht, dann besagt Lewis' „principal principle" folgendes (s. Lewis 1980, 87ff; Earman 1992, 52f):

(Def. 7-1) *Singuläres Koordinationsprinzip* (bzw. „principal principle"):
(a) $P(Fa_i | ch_t(Fx)=r \land E_{<t}) = r$.
In Worten: Der rationale Glaubensgrad, dass ein bestimmtes Ereignis zur Zeit t_i eintritt, gegeben die objektive Chance dieses Ereignisses zur Zeit t und beliebige Propositionen über Ereignisse vor t, ist identisch mit dem Wert dieser objektiven Chance.
(b) *Verstärkung:* Statt „$ch_t(Fx)=r$" kann man eine beliebige Hypothese über objektive Chancen von Ereignissen zur Zeit t setzen, die „$ch_t(Fx)=r$" wahrscheinlichkeitstheoretisch impliziert (vgl. Lewis 1980, 97).

Es ist zulässig, den mittels Def. 7-1 gewonnenen Glaubensgrad auf Evidenzen *vor* der Chancen-Auswertungszeit t hin zu konditionalisieren, *nicht* aber auf Evidenzen über Ereignisse nach t, denn daraus könnten inkohärente Wahrscheinlichkeitsbewertungen resultieren. Für t' > t ist beispielsweise die Behauptung $P(Ft' | ch_t(Ft')=0{,}5 \wedge Ft') = 0{,}5$ inkohärent, denn gemäß den Komolgorov-Axiomen muss diese Wahrscheinlichkeit 1 betragen.

Wie in Kap. 5.5 erläutert sind singuläre Propensitäten allerdings empirisch gehaltleer, weshalb wir diesen Begriff nicht weiter verfolgen. Grundlegend für alle empirischen Anwendungen epistemischer Wahrscheinlichkeiten ist dagegen das *statistische Koordinationsprinzip* (oder „statistical principal principle"), abgekürzt *StK*, das einen analogen Zusammenhang zwischen subjektiven und statistischen Wahrscheinlichkeiten etabliert. Es geht (indirekt) auf de Finetti zurück und wird von dualistischen Bayesianern vertreten, die statistische Wahrscheinlichkeiten anerkennen, z. B. von Kutschera (1972, 82), Howson/Urbach (1996, 345), Strevens (2004) oder Williamson (2010, 40; 2013, 299). Def. 7-2 fasst das StK in seinen drei verschiedenen Formen für einstellige Prädikate zusammen. Dabei stehen Fx (bzw. Fa_i) für eine möglicherweise komplexe Formel in genau einer Individuenvariable x (bzw. Individuenkonstante a_i). „Fa_i" kann dabei auch die Form „$Ff(a_i)$" besitzen, wobei $f(a_i)$ ein von a_i verschiedenes Individuum (z. B. eines zu einem anderen Zeitpunkt) bezeichnet. In Def. 7-2(c) steht $h(F|\{a_1,...,a_n\})$ für die Häufigkeit von Fx in einer *bestimmten* n-elementigen Stichprobe bestehend aus den Individuen $a_1,...,a_n$. Jede Individuenkonstante a_i referiert dabei auf das Ergebnis der i.ten zufälligen Ziehung eines Individuums aus D (mit Zurücklegung) in einer bestimmten Stichprobenentnahme.[37]

(Def. 7-2) *Statistisches Koordinationsprinzip* („principal principle") (StK):
(a) Sei H eine statistische Hypothese, die p(Gx)=r wahrscheinlichkeitstheoretisch impliziert. Dann gilt: $P(Ga_i | H \wedge E(b_1,...,b_n)) = r$, sofern die Zulässigkeitsbedingung „$a_i \neq b_j$ für alle $j \in \{1,...,n\}$" erfüllt ist.
Spezialfall: $P(Ga_i | p(Gx)=r \wedge E(b_1,...,b_n)) = r$.
In Worten: Der rationale Glaubensgrad dafür, dass ein bestimmtes Individuum a_i die Eigenschaft G besitzt, unter der *Annahme*, dass die statistische Wahrscheinlichkeit von Gs im gegebenen Individuenbereich den Wert r besitzt (wobei im Antecedens sonst nichts über a_i, sondern höchstens über von a_i verschiedene Individuen b_j oder über weitere statistische Fakten angenommen wird), ist identisch mit dem Wert r.
(b) Sei H eine statistische Hypothese, die p(Gx|Fx)=r wahrscheinlichkeitstheoretisch impliziert. Dann gilt: $P(Ga_i | H \wedge Fa_i \wedge E(b_1,...,b_n)) = r$, wobei die Zulässigkeitsbedingung wie in (a) erfüllt ist.
Spezialfall: $P(Ga_i | p(Gx|Fx)=r \wedge Fa_i \wedge E(b_1,...,b_n)) = r$.

In Worten: Der rationale Glaubensgrad dafür, dass ein bestimmtes Individuum a_i die Eigenschaft G besitzt, unter der *Annahme*, dass die statistische Wahrscheinlichkeit von Gs in der Klasse der Fs den Wert r besitzt und a_i die Eigenschaft F besitzt (wobei ... Klammerbemerkung wie in (a)) ist identisch mit dem Wert r.

(c) *StK für Zufallsstichproben:*
$P(h(Gx|\{a_1,...,a_n\}) = k/n \mid p(Gx|Fx)=r \wedge Fa_1 \wedge ... \wedge Fa_n) = \binom{n}{k} \cdot r^k \cdot (1-r)^{n-k}$.

In Worten: Die rationale Glaubensgrad dafür, dass die Häufigkeit von Gs in dieser Zufallsstichprobe von n Fs k/n beträgt, unter der Annahme einer statistischen G-Wahrscheinlichkeit gegeben F vom Wert r, stimmt mit der durch die Binomialformel berechneten Häufigkeit von k r-wahrscheinlichen Ergebnissen in n Wiederholungen eines binären Zufallsexperimentes überein.

Das (StK) von Def. 7-2 ist eine bedeutende Grundlage der Bayesianischen Statistik. Subjektive Wahrscheinlichkeitstheoretiker werden „Bayesianer" genannt, weil sie das bayessche Theorem (TB5, Satz 3-3) benutzen, um die subjektive Wahrscheinlichkeit P(H|E) einer Hypothese H zu berechnen, gegeben eine Evidenz oder ein Stichprobenresultat E. Dabei benutzen sie die inverse Wahrscheinlichkeit P(E|H) der Evidenz E gegeben H, die auch *Likelihood* genannt wird. Für Bayesianer ist es essentiell, dass die subjektiven Hypothesenwahrscheinlichkeiten mit zunehmender Evidenz gegen intersubjektive (oder objektive) Wahrscheinlichkeiten konvergieren (s. Kap. 9.5). Dies ist nur möglich, wenn die epistemischen Likelihoods P(E|H) mit den korrespondierenden statistischen Likelihoods $p_H(E(x))$ gemäß dem StK identifiziert werden – ein Sachverhalt, der u. a. von Hawthorne (2005, 286) und Strevens (2004) herausgearbeitet wurde und auch von personalistischen Bayesianern akzeptiert wird (vgl. Edwards et al. 1963). Im Def. 7-2(a) ist H beispielsweise die Hypothese „p(Fx)=r", E die Evidenz „Fa", $p_H(Ex)$ der Wert r, und P(E|H) die Wahrscheinlichkeit P(Fa|p(Fx)=r), die mit r identifiziert wird. In 7-2(c) ist E die Stichprobenevidenz $h(Fx|\{a_1,...,a_n\}) = k/n$.

Das StK für bedingte Wahrscheinlichkeiten 7-2(b) *folgt wahrscheinlichkeitstheoretisch* aus dem StK für unbedingte Wahrscheinlichkeiten (7-2)(a), wie in Fn. 38 angeführt.[38] Die mögliche Verstärkung der statistischen Hypothese in (a) und (b) wird unter anderem zur Herleitung des StK für unabhängige Kombinationen von Zufallsexperimenten benötigt. Beispielsweise gilt P(Fa∧Gb | p(Fx)=r ∧ p(Gx)=q ∧ Ec) = (rein wahrscheinlichkeitstheoretisch) P(Fa | p(Fx)=r ∧ p(Gx)=q ∧ Ec) · P(Ga | p(Fx)=r ∧ p(Gx)=q ∧ Fb∧Ec) = (gemäß 7-2) r · q = p(Fx∧Gy), wobei in „P(Ga | p(Fx)=r ∧ p(Gx)=q ∧ Fb∧Ec)" nun „Fb∧Ec" als zulässige Evidenz fungiert. In analoger Weise gewinnt man aus Def. 7-2(a+b) das StK für alle aus einstelligen Prädikaten gebildeten Formeln in mehreren Individuenkonstanten, und insbesondere das StK für Zufallsstichproben in (c).[39]

Anders als beim singulären Koordinationsprinzip muss die statistische Wahrscheinlichkeit p eines Ereignistyps Gx, wenn sie als Glaubensgrad P auf einen Einzelfall Ga_i übertragen wird, explizit auf eine bestimmte, möglicherweise leere, Referenzklasse Fx bezogen werden, dessen Instanziierung Fa_i eine *hypothetische* Evidenz über a_i ausdrückt, auf die P konditionalisiert wird. (Beim singulären Koordinationsprinzip ist „ch_t" dagegen implizit auf den gesamten Weltzustand vor t konditionalisiert.) Eine Konditionalisierung auf zusätzliche (hypothetische) Evidenzen $E(b_1,...,b_n)$ ist nur erlaubt, wenn diese Evidenzen nichts über jede Individuen a_i besagen, auf die das Koordinationsprinzip angewandt wird; es muss also $b_j \neq a_i$ (für $1 \leq j \leq n$) gelten. Wir nennen die zusätzlichen Evidenzen $E(b_1,...,b_n)$ auch *zulässige* Evidenzen. Ohne diese Einschränkung – die der Einschränkung auf „zulässige Propositionen" in Def. 7-1 entspricht – könnte das StK zu Inkohärenzen führen: Lautet unsere Hypothese beispielsweise H = (p(Fx|Gx) = 0.5) $\wedge$ (p(Fx|Qx) = 0.8), dann würden wir mithilfe des unzulässig angewandten StKs zugleich $P(Fa_i|Ga_i \wedge Qa_i \wedge H) = 0{,}5$ und $P(Fa_i|Ga_i \wedge Qa_i \wedge H) = 0{,}8$ erhalten, also einen Widerspruch. Gemäß dem (StK) sind hingehen nur $P(Fa_i|Qa_i \wedge H) = 0{,}8$ und $P(Fa_i|Ga_i \wedge H) = 0{,}5$ korrekt, d. h. Ga_i ist in (i) und Qa_i in (ii) unzulässig.

Def. 7-2 erklärt das StK nur für einstellige Begriffe: „Fx" und „Gx" sind offene Formeln mit nur einer Variablen x. Wir erläutern nun die Verallgemeinerung des StK auf mehrstellige relationale Begriffe (bzw. Formeln): hier stehen „x" und die zugeordneten „a_i" für Sequenzen von Individuenvariablen $x_1,...,x_r$ resp. Individuenkonstanten $a_{i_1},...,a_{i_r}$. In diesem Fall ist eine geringfügige Modifikation von Def. 7-2 nötig, denn es ist möglich, dass die statistische Wahrscheinlichkeit von Gx_1 durch Konditionalisierung auf Relationen von x_1 zu Individuen $x_2 \neq x_1$ beeinflusst wird. Z. B. kann $p(Gx_1|Rx_1x_2) \neq p(Gx_1)$ gelten: Ein Beispiel ist die Häufigkeit von schwarzhaarigen Männern (Gx) unter den Vätern aller Vater-Sohn-Paare (Rxy); dies wird klar, wenn man sich die Definition $p(Gx|Rxy) = p(Gx \wedge Rxy)/p(Rxy)$ vor Augen hält. Insbesondere kann $p(Gx|Rxy) \neq p(Gx|\exists y Rxy)$ gelten,[40] d. h. der statistische Einfluß von Rxy auf Gx ist durch kein einstelliges Prädikat ersetzbar.

(7-1) *Verallgemeinerung des StK auf Relationen:* Die Formeln in Def. 7-2 sind so zu interpretieren:
- die offene Formel Gx $=_{def}$ $G(x_1,...,x_r)$ enthält genau die Individuenvariablen $x_1,...,x_r$;
- die offene Formel Fx $=_{def}$ $F(x_1,...,x_r,z_1,...,z_m)$ darf zusätzliche Individuenvariablen z_k ($1 \leq k \leq m$) enthalten;[41]
- für die Individuenvariablen x_i ($1 \leq i \leq r$) werden injektiv bestimmte Individuenkonstanten $a_{i_1},...,a_{i_r}$ und für die Individuenvariablen z_k ($1 \leq k \leq m$) Individuenkonstanten $c_{i_1},...,c_{i_m}$ gesetzt; und

- die zulässige Evidenz $E(b_1,...,b_n)$ darf nur Individuenkonstanten enthalten, die sowohl von den a_{i_k} ($1\le k\le r$) wie von den c_{i_h} ($1\le h\le m$) verschieden sind.

Abschließend zeigen wir, dass genau dann, wenn die Zulässigkeitsbedingung für die Evidenz $E(b_1,...,b_n)$ erfüllt ist, zwei wichtige Eigenschaften des StK bewiesen werden können: seine Konsistenz und seine statistische Reliabilität (*Beweis* s. Anhang 10.3.9):

> (Satz 7-1): *Kohärenz und Reliabilität des StK:* Sei $\mathscr{L}$ eine Sprache der Prädikatenlogik 1. Stufe (wenn nötig durch infinite aussagenlogische Operatoren erweitert), AL_{Fo} und AL_{Sent} die Algebra der Formeln respektive Sätze von $\mathscr{L}$, und $p:AL_{Fo}\to[0,1]$ eine statistische Wahrscheinlichkeitsfunktion, die das Unabhängigkeitsgesetz ((3-3) bzw. Satz 10-1(a)) erfüllt. Dann gilt:
> (a) Das StK ist kohärent (wahrscheinlichkeitstheoretisch konsistent), d. h. *es gibt eine subjektive Wahrscheinlichkeitsfunktion* $P:AL_{Sent}\to[0,1]$, die das (StK) (Def. 7-2) erfüllt.
> (b) Das StK ist *reliabel* in folgendem Sinn: Ist $P(A|B\wedge H\wedge E) = r$ eine Instanz des StK (7-2(b)), dann folgt aus H eine statistische Hypothese der Form $p(A^*|B^*\wedge E^*) = r$, wobei A^*, B^* und E^* aus A, B respektive E durch bijektive Ersetzung aller Individuenkonstanten durch Individuenvariablen hervorgehen.
> (c) Ohne Einschränkung auf *zulässige* Evidenzen sind (a) und (b) verletzt.

7.2 Der induktiv-empirische Gehalt statistischer Hypothesen

Mit dem StK für Zufallsstichproben wird der in Kap. 5.3 angesprochene *induktive* empirische Gehalt statistischer Hypothesen herausarbeitet. Betrachten wir die statistische Hypothese $p(Fx) = r$. Aus ihr folgt das Binomialgesetz $p\left(h_n(Fx)=\frac{k}{n}\right) = \binom{n}{k} \cdot r^k \cdot (1-r)^{n-k}$, das besagt, dass der Häufigkeitsgrenzwert jener Stichproben, deren F-Häufigkeit k/n ist, $\binom{n}{k} \cdot r^k \cdot (1-r)^{n-k}$ beträgt. Daraus folgt logisch keine empirische Aussage über irgendeine besondere n-elementige Stichprobe mit k Fs, sagen wir die Stichprobe $\{a_1,...,a_n\}$, die wir gerade gezogen haben. Wir benötigen nun das StK, um die statistische Wahrscheinlichkeit auf die konkrete Stichprobe $\{a_1,...,a_n\}$ zu übertragen, und gelangen damit genau zum StK für Zufallsstichproben (Def. 7-2(c)), also zur Glaubenswahrscheinlichkeit $P(h(Fx|\{a_1,...,a_n\}) = k/n \mid p(Fx)=r) = \binom{n}{k} \cdot r^k \cdot (1-r)^{n-k}$. Unter dem induktiv-empirischen Gehalt der statistischen Hypothese $p(Fx) = r$ verstehen wir die Menge aller epistemischen Wahrscheinlichkeitssätze dieser Art, die aus der Akzeptanz der Hypothese mit P=1 und dem StK folgen:

> (Def. 7-3) *Induktiv-empirischer Gehalt einer statistischen Hypothese H:* Alle aus der Anwendung des StK auf H resultierenden epistemischen Wahrscheinlichkeitssätze sowie die daraus und der Annahme P(H) = 1 folgenden wahrscheinlichkeitstheoretischen Konsequenzen (s. Def. 3-5).
>
> *Spezialfall für* H = „p(Fx)=r": Alle epistemischen Wahrscheinlichkeitssätze der Form „P(h(Fx|{$a_1,...,a_n$}) = k/n) = $\binom{n}{k} \cdot r^k \cdot (1-r)^{n-k}$" für alle n∈ℕ, 1≤k≤n und Individuenkonstanten $a_1,...,a_n$, sowie ihre wahrscheinlichkeitstheoretischen Konsequenzen.

Auf diesem Gehalt beruhen die Überprüfungsverfahren für statistische Hypothesen, die in Kap. 8 erläutert werden. So lässt sich beispielsweise das Intervall von F-Stichprobenhäufigkeiten berechnen, in dem die 95 % wahrscheinlichsten Stichprobenhäufigkeiten liegen, gegeben die Grundgesamtheitshypothese p(Fx)=r ist wahr. Es lässt sich leicht zeigen, dass dieses Intervall symmetrisch um den Wert r, der F-Häufigkeit in der Grundgesamtheit, liegen muss. Gemäß der Fisherschen Testmethode bezeichnet man dieses Intervall als das (einfache) Akzeptanzintervall und verwirft eine Hypothese (vorläufig), wenn die beobachtete Stichprobenhäufigkeit außerhalb dieses mit 95 % Wahrscheinlichkeit zu erwartenden Akzeptanzintervalls liegt. In Kap. 9.1-2 werden wir diese Methode im Lichte unseres dualistischen Ansatzes diskutieren.

Wir begründen abschließend unseren so definierten Begriff des induktivempirischen Gehalts einer Hypothese:

(1.) Wir bestimmen den Gehalt einer statistischen Hypothese H bewusst *nicht* als Menge von Sätzen, die durch H hinreichend wahrscheinlich gemacht werden, also die Menge aller S mit P(S|H) ≥ 1–ϵ für klein gewähltes ϵ und alle das StK erfüllenden Wahrscheinlichkeitsmodelle. Dies würde, wie wir in Kap. 9.11 sehen werden, zu *Inkonsistenzen* führen (Stichwort: Lotterie-Paradox). Dies ist der Grund, warum wir die Begriffe des wahrscheinlichkeitstheoretischen und des induktiven Gehalts durch Mengen von Wahrscheinlichkeitssätzen ausdrücken.

(2.) Um ihre wahrscheinlichkeitstheoretische Konsequenzen zu bestimmen, müssen wir Sätze „A", die keine epistemischen Wahrscheinlichkeitssätze sind, in ihre Wahrscheinlichkeitsform „P(A)=1" umformen. Ist beispielsweise P(A|B)=r ein probabilistisches Theorem, dann gehört „P(A)=r" zum wahrscheinlichkeitstheoretischen Gehalt von B.

(3.) Für P soll das StK gelten. Denn der Gehalt soll die *induktiv* zu erwartenden beobachtbaren Konsequenzen statistischer Hypothesen erfassen, und im StK steckt das induktive Prinzip des Spezialisierungsschlusses (Kap. 4.4), das die statistischen Tendenzen der Grundgesamtheit auf Einzelfälle oder einzelne Stichproben überträgt (näheres in Kap. 7.5).

7.3 Erfahrungsunabhängige Ausgangswahrscheinlichkeiten

Die wichtigste Einschränkung des statistischen Koordinationsprinzips ist folgende: Das StK kann nur dann *uneingeschränkt* angewandt werden, wenn es sich bei P um eine *erfahrungsunabhängige Ausgangs*wahrscheinlichkeit handelt, die von keiner Beobachtung besonderer Individuen abhängt. Man nennt eine solche Glaubensfunktion auch eine *apriori* Wahrscheinlichkeitsfunktion, wobei mit „apriori" nicht im Kantischen Sinne „notwendig" gemeint ist, sondern nur „erfahrungsunabhängig": „apriori" Wahrscheinlichkeiten hängen von „subjektiven Vorurteilen" ab und sind daher subjektiv variabel. Für *aktuale* oder „personelle" Glaubensgrade, die von besonderen Erfahrungen abhängen, ist das StK nicht generell gültig. Wissen wir beispielsweise durch Beobachtung zum Zeitpunkt t, dass die eben geworfene Münze (a) auf Kopf gelandet ist (Ga), dann gilt für unsere aktuale Glaubensfunktion P_t zum Zeitpunkt t, $P_t(Ga) = 1$, auch wenn wir wissen, dass die statistische Wahrscheinlichkeit von Kopf 1/2 beträgt. Für unsere aktuale Glaubensfunktion P_t folgt dann (auch *ohne* Konditionalisierung auf die unzulässige Evidenz „Ga") $P_t(Ga|p(Gx)=1/2) = 1$, im *Widerspruch* zum StK. Aber auch wenn wir uns unserer Beobachtung von „Ga" nicht 100 % sicher sind, sondern z. B. $P_t(Ga) = 0{,}95$ gilt, entsteht ein *Konflikt*. Denn dann würden wir den Wert von $P_t(Ga|p(Gx)=1/2)$ immer noch bei etwa 0,95 einschätzen, jedenfalls höher als den Wert 0,5, der aus dem StK folgen würde. Gilt überdies $P_t(p(Gx)=1/2) = 1$, dann folgt zwingend $P_t(Ga|p(Gx)=1/2) = P_t(Ga) = 0{,}95$, und es entsteht erneut ein Widerspruch zum StK. Nur wenn wir den Ausgang des Münzwurfes (Ga oder ¬Ga) noch *nicht beobachtet* haben und über ihn abgesehen von seiner statistischen Wahrscheinlichkeit nichts wissen, macht es Sinn, dem Ergebnis Ga den Glaubensgrad 1/2 zuzuschreiben.

Im Folgenden bezeichnen wir, der klaren Unterscheidung halber, aktuale Glaubensfunktionen immer mit „P_t" (der Zeitindex referiert auf den aktualen Erfahrungsstand des Subjekts), und erfahrungsunabhängige Ausgangsfunktionen mit „P". Anwendungen des StK auf „P_t" können nicht nur Widersprüche erzeugen, wenn das Konsequensereignis Ga beobachtet wurde, sondern auch, wenn mehrere mögliche Antecedensereignisse beobachtet wurden. Schurz (2012) gibt folgendes Beispiel: Angenommen, die statistische Hypothese H impliziert $p(KannFliegen(x)| Vogel(x)) = 0{,}95$ and $p(KannFliegen|Lebt\_in\_Antarktis) = 0{,}01$. Daraus folgt gemäß dem StK für ein Individuum „a": (i): $P_t(KannFliegen(a) | H \wedge Vogel(a)) = 0{,}95$ und $P_t(KannFliegen(a) | H \wedge Lebt\_in\_Antarktis(a)) = 0{,}01$. Bin ich mir aufgrund von Beobachtung sicher, dass a ein Vogel ist, der in der Antarktis lebt, dann gilt für meine aktuale Glaubensfunktion (ii): $P_t(Vogel(a)) = P_t(Lebt\_in\_Antarktis(a)) = 1$. Aus (i) und (ii) folgt aber $P_t(KannFliegen(a)|H) = 0{,}095$ und $P_t(KannFliegen(a)|H) = 0{,}01$; ein Widerspruch. Unterhuber und Schurz (2013) zeigen in einem psychologischen Experiment, dass die Mehrzahl der Versuchspersonen in der Kombination von (i) und (ii) keinen Widerspruch erblicken. Sie schließen daraus, dass die meisten Menschen, dem *dualistischen* Ansatz entsprechend, zwischen erfahrungsunabhängigen Ausgangswahrscheinlichkeiten und erfahrungsabhängigen Glaubensgraden unterscheiden.

Allgemein gesprochen steckt hinter den erläuterten Einschränkungen des StK folgender Sachverhalt: Die Festlegung von P durch das StK ist nur dann uneingeschränkt möglich, wenn P nicht schon teilweise anderwärtig festgelegt ist, z. B. durch gemachte Erfahrungen, die mit StK in Konflikt geraten können. In letzterem Fall *überschreiben* diese Erfahrung die Rationalitätsbedingung StK, die nur dann sinnvoll ist, wenn über den Sachverhalt, dessen Glaubensgrad durch das StK bestimmt werden soll, außer seiner Eintrittshäufigkeit keine Erfahrungsdaten vorliegen. Carnap (1971, 21-23) nannte eine apriori Glaubensfunktion auch „credibility function Cred", im Unterschied zur aktualen Glaubensfunktion, die er als „credence function C" bezeichnete. Eine andere Möglichkeit, den apriori Charakter von P auszudrücken, ist die *alles-was-ich-weiß* Interpretation von Pearl (1988, 475): Dieser zufolge bezeichnet P(A|B) meinen hypothetischen (bzw. kontrafaktischen) Glaubensgrad in A, wenn alles was ich wüsste B wäre, und P(A) meinen Glaubensgrad in A, wenn ich nichts wüsste.

Dualistische Bayesianer sind skeptisch gegenüber apriori Wahrscheinlichkeiten, da kein epistemischer Zustand völlig erfahrungsfrei ist. Sie bevorzugen *partiell erfahrungsunabhängige* Ausgangswahrscheinlichkeiten, auf die das StK anzuwenden ist (so z. B. Hawthorne 2005, 305). Dies ist nur unproblematisch unter folgender Bedingung: Das StK darf nur auf solche (Sequenzen von) Individuenkonstanten a_i (bzw. c_j in (7-1)) uneingeschränkt angewandt werden, über die noch *keine* Erfahrung gemacht wurde, die in das Maß P eingeht. Solche Erfahrungen dürfen nur über *andere* Individuen gemachten werden, d. h. es muss sich dabei um *zulässige* Evidenzen „$E(b_1,...,b_n)$" im Sinne von Def. 7-2 und Satz 7-2 handeln.[42]

7.4 Von Ausgangswahrscheinlichkeiten zu aktualen Glaubensgraden: Konditionalisierung auf die Gesamtevidenz

Dass das StK uneingeschränkt nur auf die erfahrungsunabhängige Ausgangswahrscheinlichkeit „P" anwendbar ist, heißt nicht, dass man es nicht auf aktuale Erfahrungssätze als Argumente der aktualen Wahrscheinlichkeitsfunktion $P_t(-)$ zu einem gegebenen Zeitpunkt t anwenden darf – im Gegenteil ist dies der letztliche Zweck rationaler Erwartungsschätzung. Doch bei der Anwendung des StK auf aktuale Erfahrung muss die *Regel der Gesamtevidenz* eingehalten werden: das StK 7-2(b) darf nur dann auf die Erfahrungssätze $G(a_i)$ und $F(a_i)$ angwandt werden, wenn F(a_i) die *gesamte* relevante Evidenz enthält. In obigem Beispiel darf ich das StK weder auf P_t(KannFliegen(a) |H∧Vogel(a)) noch auf P_t(KannFliegen(a)| H∧Lebt_in_Antarktis(a)) anwenden, sondern nur auf P_t(KannFliegen(a) |H∧Vogel(a)∧Lebt_in-Antarktis(a)), sofern „Vogel(a)∧Lebt_in_Antarktis(a)" meine Gesamtevidenz zur fraglichen Zeit t ist. Angenommen H impliziert die statistische Hypothese p(KannFliegen|Vogel ∧ Lebt_in-Antarktis) = 0,05 (denn fast alle Vögel in der Antarktis sind Pinguine). Dann darf ich mit dem StK auf P_t(KannFliegen(a) |H∧Vogel(a)∧Lebt_in_Antarktis(a)) = 0,05 schließen, und von dort und P_t(Vogel(a)∧Lebt_in_Antarktis(a)∧H) = 1 auf P_t(KannFliegen(a)) = 0,05.

Allgemein formuliert wird die Beziehung zwischen Ausgangswahrscheinlichkeiten und aktualen Glaubensgraden durch das folgende Prinzip der Konditionalisierung auf die Gesamtevidenz hergestellt (s. Carnap 1971, 18; Earman 1992, 34; Howson/Urbach 1996, 102f).

(Def. 7-4) *Konditionalisierung auf die Gesamtevidenz:* Sei $P = P_0$ die Ausgangswahrscheinlichkeit (eines gegebenen Subjekts) zu einem Startzeitpunkt t_0, sei P_t die aktuale Wahrscheinlichkeit zur Zeit t, und sei W_{0-t} das *gesamte* singuläre und statistische ‚Wissen', dass diese Person zwischen t_0 und t erworben hat (genauer gesagt ist W_{0-t} die Konjunktion aller bis dahin erworbener sicheren Meinungen: $P_t(W_{0-t}) = 1$). Dann gilt für jede Proposition S: $P_t(S) = P_0(S| W_{0-t})$.

Aufgrund $P_t(W_{0-t}) = 1$ gilt auch $P_t(S|W_{0-t}) = P_0(S| W_{0-t})$, d. h. die durch StK gebildete Ausgangswahrscheinlichkeit $P_0(S| W_{0-t})$ wird auf den aktualen Glaubensgrad übertragen. Die Erzeugung der in Kap. 7.3 besprochenen Widersprüche wird vermieden, weil die Konditionalisierungsregel das Prinzip der *Gesamtevidenz* befolgt: der aktuale Glaubensgrad aller nicht-evidentiellen Propositionen wird auf dieselbe Gesamtevidenz W_{0-t} hin konditionalisiert, $P_t(-) = P_0(-|W_{0-t})$, woraus (gemäß TB1 von Satz 3-3) folgt, dass auch $P_t(-)$ kohärent ist, sofern P_0 kohärent ist.

Zusammen mit dem StK ist Def. 7-4 die präzise Ausbuchstabierung des in Def. 2-3 erläuterten Prinzips der engsten Referenzklasse: Letzteres kann nun aus dem StK und der Konditionalisierungsregel wie folgt hergeleitet werden. Angenommen R(a_i) enthält unsere gesamte Evidenz über die Individuensequenz $a_1,...,a_n$, d. h. alle Erfahrungssätze, die eine der Individuenkonstanten $a_1,...,a_n$ enthalten; E(b_j) sei unser Wissen über andere Individuen, H unser gesamtes statistisches Wissen, welches die statistische Hypothese $p(G(x_i)|E(x_i)) = r$ impliziere. Aufgrund des StK (Def. 7-2) impliziert dies für die Ausgangswahrscheinlichkeit:

(7-2) $P_0(G(a_i) | R(a_i) \wedge E(b_j) \wedge H) = r$.

Gemäß Annahme gilt $W_{0-t} = R(a_i) \wedge E(b_j) \wedge H$, woraus gemäß der Konditionalisierungsregel (Def. 7-4) für die aktuale Glaubensfunktion folgt

(7-3) $P_t(G(a_i)) = r$,

also das Prinzip der engsten Referenzklasse. Die gemäß dem Prinzip der engsten Referenzklasse gebildete Glaubensfunktion ist somit ebenfalls kohärent.[43]

Durch Konditionalisierung auf nur *eine* Referenzklasse vermeidet das Prinzip der engsten Referenzklasse Widersprüche – doch dies ist nicht seine einzige Begründung: eine tiefere Begründung dieses Prinzips nebst nützlichen Regeln für seine Anwendungspraxis geben wir in Kap. 7.8-9.

Die Konditionalisierungsregeln von Def. 7-4 funktioniert auch schrittweise: Sei P_{t-1} die aktuale Glaubenswahrscheinlichkeit zur Zeit t–1 und sei W_t das zur Zeit t neu erworbene Wissen. Dann gilt:

(7-4) Schrittweise Konditionalisierung: $P_t(S) = P_{t-1}(S|W_t)$.

Man nennt die Konditionalisierung in Def. 7-4 und (7-4) auch *strikte* Konditionalisierung, weil für die Evidenz, auf die konditionalisiert wird, Sicherheit ($P(E) = 1$) angenommen wird. Eine Verallgemeinerung der strikten Konditionalisierung ist die *Jeffrey-Konditionalisierung*, bei der man die Glaubensfunktion auf neu erworbene, aber unsichere Evidenzen hin konditionalisiert. Sei $\{E_1,...,E_k\}$ eine Partition möglicher Evidenzen, über die man zur Zeit t die neuen aktualen Glaubensgrade $P_t(E_i)$ erworben hat. Dann gilt für jeden Satz S:

(7-5) *Jeffrey-Konditionalisierung*: $P_t(S) = \sum_{1 \leq i \leq k} P_{t-1}(S|E_i) \cdot P_t(E_i)$.

7.5 Stützungswahrscheinlichkeiten und das Problem der alten Evidenz

An Häufigkeitsschätzungen orientierte rationale Glaubensgrade kommen zustande, indem der Glaubensgrad aller nicht-evidentieller Propositionen durch das StK konditional zur Gesamtevidenz bestimmt wird. Da sämtliche Konsequenzen des StK in der erfahrungsunabhängigen Ausgangswahrscheinlichkeit P enthalten sind, kommt dieser eine fundamentale Rolle für die Ausbildung rationaler Glaubensgrade zu. Im Folgenden besprechen wir einige Charakteristika dieser Ausgangswahrscheinlichkeit.

Zunächst einmal legt das StK nur die Ausgangswahrscheinlichkeit für *singuläre* Sätze fest, deren Individuenkonstanten durch Variablen ersetzt werden können, aber nicht für generelle Hypothesen ohne Individuenkonstanten, wie z. B. „alle Fs sind Gs" oder „90 % aller Fs sind Gs". Die Ausgangswahrscheinlichkeit („prior probability") genereller Hypothesen wird im Rahmen des subjektiven Bayesianismus als „irgendwie gegeben" angenommen, basierend auf subjektiven „Vor"-Urteilen. Die *End*wahrscheinlichkeit („posterior probability") von Hypothesen H, gegeben die empirische Evidenz E, wird daraus mithilfe des Bayes-Theorems (TB5 von Satz 3-3) berechnet, als $P(H|E) = P(E|H) \cdot P(H)/P(E)$, wobei das Likelihood $P(E|H)$ mithilfe des StK für Zufallsstichproben berechnet wird.

Darüber hinaus legt das StK die epistemische Ausgangswahrscheinlichkeit für Singulärsätze nur *konditional* zu statistischen Hypothesen fest, also $P(Ga|Fa \wedge H)$. Die nicht auf statistische Hypothesen konditionalisierte Ausgangswahrscheinlichkeit $P(Ga|Fa)$ eines Singulärsatzes Ga – und durch Anwendung der Konditionalisierungsregel der aktualen Glaubensgrad $P_t(Ga)$ mit Fa als Gesamtevidenz – wird damit nur dann festgelegt, wenn die statistische Wahrscheinlichkeit der zugeordneten Formel (Gx) *bekannt* ist bzw. mit P=1 geglaubt wird. Dieser Einschränkung jedoch kann abgeholfen werden, indem man eine subjektive Ausgangs(wahrscheinlichkeits)verteilung über alle möglichen (unbekannten) statistischen Hypothesen einer gegebenen Partition $\{H_1,...,H_n\}$ annimmt. Damit wird die Ausgangswahrscheinlichkeit jedes singulären Satzes – unkonditional zu statistischen Hypothesen – als der subjektive Erwartungswert statistischer Wahrscheinlichkeiten wie folgt festgelegt:

(Satz 7-2) *Stützungswahrscheinlichkeiten als subjektive Erwartungswerte statistischer Wahrscheinlichkeiten:*
(a) $P(Ga_i \wedge E(b)) = \sum_{1 \leq j \leq n} P(Ga_i|H_j \wedge E(b)) \cdot P(H_j|E(b)) = \sum_{1 \leq j \leq n} r_j \cdot P(H_j|E(b))$ (gemäß dem StK). Dabei ist H_j die Hypothese „$p(Gx) = r_j$", und $\{H_1,...,H_n\}$ die Partition aller möglichen Hypothesen dieser Form, deren Disjunktion den Ausgangsglaubensgrad 1 besitzt. Für kontinuierliche Partitionen ($H_r: r \in [0,1]$) ist die Summe durch ein Integral zu ersetzen: $P(Ga_i) = \int_r r \cdot D(r) \cdot dr$ (mit $D(r)$ als Wahrscheinlichkeitsdichte von H_r, s. Kap. 8.6). E(b) ist eine zulässige Evidenz (mit $b_j \neq a_i$, wie unterhalb von Def. 7-2 erklärt).
(b) Für bedingte Ausgangswahrscheinlichkeiten $P(Ga_i|Fa_i)$ ergibt sich aus (a):
$P(Ga_i|Fa_i \wedge E(b)) = \sum_{1 \leq s \leq m} r_s \cdot P(K_s|Fa_i \wedge E(b))$, dabei ist K_s die statistische Hypothese „$p(Gx|Fx)=r_s$", und $\{K_1,...,K_m\}$ die Partition aller möglichen Hypothesen dieser Form.

Satz 7-2(a) folgt aus dem StK und den Basisaxiomen der Wahrscheinlichkeitstheorie. Satz 7-2(b) folgt aus 7-1(a) durch Anwendung des unkonditionalen StK auf Zähler und Nenner der Definition $p(Ga|Fa \wedge E(b)) = p(Ga \wedge Fa|E(b))/p(Fa|E(b))$; Beweis s. Anhang 10.3.10.[44] Aktuale Glaubensgrade erhält man daraus durch Konditionalisierung auf die Gesamtevidenz bzw. engste Referenzklasse Fa_i, als $P_t(Ga_i)$ = $P(Ga_i|Fa_i)$, wobei letzterer Ausdruck wie in (b) oben bestimmt wird. Hawthorne (2005) nennt die gemäß Satz 7-2(a,b) gebildeten Ausgangswahrscheinlichkeiten „Stützungsfunktionen" („support functions"), und wir nennen sie daran angelehnt „Stützungswahrscheinlichkeiten". Stützungswahrscheinlichkeiten sind ebenfalls erfahrungsunabhängig, weshalb sie mit dem Buchstaben „P" bzw. „P_0" bezeichnet werden, denn sie hängen nur von der Ausgangsverteilung über dem Raum möglicher genereller Hypothesen $\{H_1,...,H_n\}$, jedoch nicht von besonderen Erfahrungen ab. Hawthorne argumentiert, dass für *Bayesianische Bestätigungsmaße* nicht aktuale Glaubensfunktionen, sondern Stützungswahrscheinlichkeiten verwendet werden sollten. Wir schließen uns seiner Ansicht an. Denn alle Bayesianischen Bestätigungsmaße machen die Bestätigung einer Hypothese H durch eine Evidenz E vom Likelihood P(E|H) abhängig (bzw. von einer Relation zwischen P(E|H) und P(E), z. B. der Differenz P(E|H)–P(E)). Ein solches Maß drückt aber nur dann den vollen Einfluss von H auf die Wahrscheinlichkeit von E aus, wenn E's Wahrscheinlichkeit nicht bereits durch aktuelle Erfahrung anderwärtig bestimmt worden ist.

Würde man das Likelihood stattdessen mit der aktualen Glaubenswahrscheinlichkeit identifizieren, so könnten die epistemischen Likelihoods nicht durchgehend mit den statistischen Likelihoods identifiziert werden und würden in der Folge zwischen Subjekten mit unterschiedlichen Erfahrungen variieren. Für Person A, die das Resultat des Münzwurfes nicht beobachtet hatte, gälte dann $P_{A,t}$(Kopf|H) = 0,5, und für Person B, die es beobachtete hatte, würde stattdessen $P_{B,t}$(Kopf|H) = 1 oder z. B. = 0,99 gelten. Würden die Likelihoods subjektiv variieren, so wären nicht nur die Ausgangswahrscheinlichkeiten von Hypothesen subjektiv variabel, sondern es würden deren Endwahrscheinlichkeiten subjektiv variabel *bleiben*, d. h. die für Bayesianer so wichtige *intersubjektive Konvergenz* von Endwahrscheinlichkeiten mit zunehmender gemeinsamer empirischer Evidenz (die in Kap. 9.5 besprochen wird) könnte nicht eintreten. Aus diesem Grund muss auch für Bestätigungsmaße die Ausgangswahrscheinlichkeit P (auf die das StK anwendbar ist) verwendet werden.

Die Konfusion von P mit P_t liegt auch dem Problem der *alten Evidenz* („old evidence") zugrunde, das als grundlegendes Problem des Bayesianismus angesehen wird (Earman 1992, Kap. 5). Angenommen Person A befindet sich zum Zeitpunkt t in einem epistemischen Zustand, in dem es die Evidenz E bereits kennt, d. h. es gilt $P_{A,t}(E) = 1$. Daraus folgt $P_{A,t}(E) = P_{A,t}(E|H) = 1$ und somit (gemäß TB5 von Satz 5-3) $P_{A,t}(H|E) = P_{A,t}(H)$. Würde man Bestätigungsgrade mithilfe von aktualen Glaubensgraden ausdrücken, dann erhielte man also das absurde Resultat, dass eine die Hypothese H favorisierende Evidenz E in dem Moment, wo sie bekannt wurde und mit $P_{A,t} = 1$ geglaubt wird, die Hypothese nicht mehr bestätigen könnte. Auch wenn $P_{A,t}(E)$ kleiner als 1 ist, erhält man immer noch das unvernünftige Resultat, dass der Bestätigungsgrad von H durch E davon abhängen würde, *wie sicher* man sich der Evidenz E ist. Damit die Differenz $P(H|E)-P(H)$ tatsächlich ein Maß der *Wahrscheinlichkeitserhöhung* von H *durch E* ausdrücken kann, darf P nicht schon die Evidenz E implizit als sicher oder hochwahrscheinlich annehmen. Mehr noch: P darf auch nicht *andere* Evidenzen E' als hochwahrscheinlich annehmen, die H's Wahrscheinlichkeit erhöhen. Aus diesem Grund ist auch Howson/Urbachs Vorschlag (1996, 404ff), für „P" die kontrahierte Wahrscheinlichkeitsfunktion $(P_{A,t})^{-E}$ heranzuziehen, nicht ausreichend. $(P_{A,t})^{-E}$ ist die Glaubensfunktion des Subjektes A in einem hypothetischen Vorgängerzustand, in dem E noch nicht bekannt war. Diesem Vorschlag zufolge wäre der Bestätigungsgrad von H durch E immer noch davon abhängig, wie viel *andere* Evidenzen E', die H stützen, bereits implizit geglaubt werden. Wenn z. B. H durch zwei Evidenzen E und E' sowohl unabhängig voneinander wie zusammen von 0,5 auf 0,95 erhöht wird, dann würde H auch bei Benutzung der kontrahierten Funktion $(P_{A,t})^{-E}$ nicht durch E bestätigt werden, denn es gilt $(P_{A,t})^{-E}(E') = 1$ und somit $(P_{A,t})^{-E}(H|E') = (P_{A,t})^{-E}(H) = (P_{A,t})^{-E}(H|E) = 0{,}95$. Dies zeigt erneut, dass P von allen aktualen Erfahrungen, die für Bestätigungsurteile herangezogen werden, unabhängig sein muss.

7.6 Vertauschbarkeit und de Finettis Repräsentationstheorem

Die mithilfe des StK und gemäß (Satz 7-2) gebildeten apriori bzw. Ausgangswahrscheinlichkeiten besitzen eine fundamentale Eigenschaft, die zuerst von de Finetti formuliert wurde: sie erfüllen das Axiom der *Vertauschbarkeit* (exchangeability) bzw. das damit äquivalente Axiom der Symmetrie nach Carnap (1971, 117f).

> (Def. 7-5) Gegeben eine Sprache $\mathscr{L}$ mit einer abzählbaren Menge $\mathscr{K} = \{a_1, a_2, ...\}$ von Individuenkonstanten.
> (a) Eine epistemische Wahrscheinlichkeitsfunktion P heißt *vertauschbar* bzgl. einer Teilmenge K von $\mathscr{K}$ g. d. w. P *invariant* ist bzgl. beliebigen Permutationen von Individuenkonstanten in K – d. h. für alle $n \geq 1$, Sätze $A(a_1...a_n)$ und Permutationsfunktionen (bijektiven Funktionen) $\pi: K \to K$ gilt $P(A(a_1,...,a_n)) = P(A(\pi(a_1),...,\pi(a_n)))$.
> (b) P heißt *unbeschränkt* vertauschbar g. d. w. P vertauschbar ist bzgl. $\mathscr{K}$.

Die Vertauschbarkeit einer Stützungswahrscheinlichkeit P ist eine unmittelbare Konsequenz von Stützungswahrscheinlichkeiten gemäß Satz 7-2, da ja für beliebige Individuenkonstanten a_i gilt: $P(Ga_i) = \sum_j p_H(Gx) \cdot P(H_j)$ für alle a_i in K bzw. $\mathcal{K}$. Ist P für alle Individuenkonstanten in $\mathcal{K}$ vertauschbar, so handelt es sich um eine völlig erfahrungsunabhängige (Carnapsche) Ausgangs- oder apriori-Wahrscheinlichkeit; ist P nur für eine Teilmenge $K \subseteq \mathcal{K}$ vertauschbar, über die keine Erfahrung gemacht wurde, dann ist P eine partiell erfahrungsunabhängige Ausgangswahrscheinlichkeit im erläuterten Sinne.

Hinzuzufügen ist, dass die Vertauschbarkeitsannahme nur widerspruchsfrei gilt, wenn alle definierten Prädikate durch ihre Definitionen mittels Grundprädikaten ersetzt werden. Dieselbe Einschränkung gilt für das StK. Dies ist wichtig, um die in Kap. 9.7 besprochene Goodman-Paradoxie zu vermeiden. Hierbei wird ein Prädikat durch Zuhilfenahme von Individuenkonstanten definiert, z. B. „G*x" (x ist grot) $\leftrightarrow_{def}$ „x ist grün und gehört zur Stichprobe $\{a_1,...,a_{10}\}$, oder x ist rot und gehört nicht dazu". Die Permutation von Individuenkonstanten funktioniert nur, wenn sie auf *alle* Individuenkonstanten der komplexen Formel angewandt wird, also auch auf die in „$\{a_1,...,a_{10}\}$". In der Definition von „grot" werden diese Individuen jedoch im Definiens „versteckt" und dem Bereich der Vertauschung entzogen. Dies führt dazu, dass die gleichzeitige Anwendung des Vertauschbarkeitsprinzips auf grot und grün zu Widersprüchen führen kann. Ebenso funktioniert das StK nur, wenn alle Individuenkonstanten (also auch die in $\{a_1,...,a_{10}\}$) durch Individuenvariablen ersetzt werden.

Vertauschbarkeit von P ist schwächer als probabilistische Unabhängigkeit für P: sie erlaubt *induktive Stützungsbeziehungen* für P von der Form $P(Fa_2|Fa_1) > P(Fa_2) > P(Fa_2|\neg Fa_1)$, solange diese Stützungen *individuenunabhängig* sind, also für alle Individuenpermutation gelten: $P(Fa_i|Fa_j) > p(Fa_i) > p(Fa_i|\neg Fa_j)$ für alle $a_i \neq a_j$ in K bzw. $\mathcal{K}$. Wie in Kap. 3.2 schon erklärt, begründet sich die induktive Natur von P dadurch, dass die wahre statistische Wahrscheinlichkeit p(Fx) als unbekannt angenommen wird: je öfter Fa_j schon eingetreten ist, desto höher ist das erwartete p(Fx) und damit das $P(Fa_i|Fa_j)$. Umgekehrt macht die Vertauschbarkeitsannahme für P nur dann guten Sinn, wenn angenommen wird, dass die zugrundeliegende statistische Wahrscheinlichkeitsfunktion p das Unabhängigkeitsprinzip erfüllt (vgl. Gillies 2000, 69-83). Wenn geglaubt wird, dass statistische Unabhängigkeit verletzt ist, sich also die statistischen Dispositionen von Ereignissen zu einem bestimmten Zeitpunkt ändern, sollten die subjektiven Ausgangswahrscheinlichkeiten von Ereignissen vor und nach diesem Zeitpunkt nicht vertauschbar sein. Spielman (1976) zeigte, dass unter der Annahme der σ-Additivität die Vertauschbarkeit von P impliziert, dass die statistischen Wahrscheinlichkeiten mit subjektiver Wahrscheinlichkeit von 1 unabhängig sind.

De Finetti (1931) bewies ein bedeutendes *Repräsentationstheorem*, demzufolge jede unbeschränkt vertauschbare subjektive Wahrscheinlichkeitsfunktion über einem abzählbar-unendlichen Individuenbereich identisch ist mit einem subjektiven Erwartungswert (also einem gewichteten Mittelwert) von unabhängigen statistischen („Bernoullischen") Wahrscheinlichkeitsfunktionen im Sinne von Satz 7-2. Darüber hinaus ist Vertauschbarkeit nachweislich äquivalent mit dem (StK) zusammen mit der Annahme, dass mit subjektiver Wahrscheinlichkeit 1 jedes Ereignis der zugrundeliegenden Algebra einen Häufigkeitsgrenzwert p(E) besitzt und p die statistische Unabhängigkeit erfüllt (Beweis s. Anhang 10.3.11).

(Satz 7-3) *Vertauschbarkeit von P*: Sei $\mathscr{L}$ eine prädikatenlogische Sprache, und P bzw. p ein Wahrscheinlichkeitsmaß über den Sätzen resp. Formeln, Sent($\mathscr{L}$) resp. Form($\mathscr{L}$), von $\mathscr{L}$. Dann sind die folgenden Aussagen äquivalent – die Äquivalenz von (1) mit (2) gilt nur für eine Sprache mit Standardnamen für einen abzählbar-unendlichen Individuenbereich, und die Ergänzung in eckigen Klammern nur dann, wenn P σ-additiv ist:[45]
(1) P ist unbeschränkt vertauschbar.
(2) (i) P über Sent($\mathscr{L}$) ist darstellbar als P-Erwartungswert von statistischen Wahrscheinlichkeitsfunktionen p über Form($\mathscr{L}$) gemäß Satz 7-2 [(ii) wobei p die statistische Unabhängigkeit gemäß (3-3) bzw. Satz 10-1(a) erfüllt].
(3) (i) Mit subjektiver Wahrscheinlichkeit P = 1 besitzt jede Formel A ∈ Form($\mathscr{L}$) einen Häufigkeitsgrenzwert p(A), wobei (ii) P und p durch das StK verbunden sind [(iii) und p die statistische Unabhängigkeit erfüllt].

7.7 Regularität und induktives Lernen

Die Vertauschbarkeit von P und das damit gleichwertige StK sind schwache probabilistische *Induktionsannahmen*. Das StK überträgt die Häufigkeitstendenzen von Ereignistypen auf lange Sicht auf beliebige Einzelereignisse bzw. Stichproben. Dies macht nur unter der induktiven Annahme Sinn, dass jede besondere Stichprobe oder Zeitspanne prima facie (d. h. solange kein gegenteiliges Wissen vorliegt) für die Gesamtpopulation bzw. den Gesamtverlauf der Welt *repräsentativ* ist. Die Vertauschbarkeit von P beruht auf der Annahme, dass unabhängig von ihren besonderen Eigenschaften alle Individuen die gleichen probabilistischen Tendenzen besitzen. Denkt man sich die Individuen als Ereignisse entlang von Zeit und Raum angeordnet, so besagt die Vertauschbarkeit, dass die probabilistischen Tendenzen von Ereignissen, andere Ereignisse hervorzubringen, für alle Positionen in Raum und Zeit dieselben sind – ebenfalls eine induktive Uniformitätsannahme. Man kann beweisen, dass die Vertauschbarkeit von P zusammen mit der Bedingung der *Regularität* (Def. 6-2(b)) die Eigenschaft des uniformen induktiven Lernens aus Erfahrung impliziert. Man nennt die Regularitätsbedingung auch die *Nichtdogmatizität* von P, da Regularität eine *Voraussetzung* induktiven Lernens ist: Ist die Ausgangswahrscheinlichkeit einer Hypothese H extrem, also 0 oder 1, so kann dies durch keine neu eintreffende Erfahrung E mehr verändert werden, d. h. P(H|E) bleibt 0 oder 1 für alle möglichen Erfahrungen E. Unterhalb von Def. 6-1 hatten wir auch schon erwähnt, dass Regularität nur für endliche oder abzählbare Möglichkeitsräume Sinn macht. Sobald Möglichkeiten durch unendlich lange Konjunktionen von Atomsätzen beschrieben werden müssten, gibt es überabzählbar viele Möglichkeiten, und Regularität kann nicht mehr generell gelten. Üblicherweise fordert man für prädikatenlogische Sprachen nur Regularität für (endlich lange) Singulärsätze:

(Satz 7-4) *Uniformes induktives Lernen* (oder „Instanzenrelevanz"): Ist P unbeschränkt vertauschbar für eine prädikatenlogische Sprache mit Standardnahmen $a_1, a_2, \ldots$, und regulär über ihren Singulärsätzen (d. h. $P(S) \neq 0,1$ für alle Singulärsätze mit Mod $\supset$ Mod(S) $\supset \emptyset$), dann wächst die induktive Bestätigung singulärer Voraussagen mit der Zahl der sie stützenden Instanzen kontinuierlich an:
$P(Fa_{n+1}|Fa_1 \wedge \ldots \wedge Fa_n) > P(Fa_{n+1}| Fa_1 \wedge \ldots \wedge Fa_{n-k})$ (für alle k mit $0 < k < n$ und $n \in \mathbb{N}$).

Die Eigenschaft des uniformen Lernens aus Erfahrung wird auch das Prinzip der *Instanzenrelevanz* („instantial relevance") genannt (bei Fx kann es sich auch um ein komplexes Prädikat handeln). Der Beweis von Satz 7-4 basiert auf der Cauchy-Schwartzschen Ungleichung und findet sich z. B. in Humburg (1971, 233, th.5) sowie Kutschera (1972, 128f, „C11" und Fn. 10).[46]

Die induktive Natur der Vertauschbarkeit wurde unter anderem von Kutschera (1972, 74f), Earman (1992, 108) oder Gillies (2000), aufgezeigt. Diese Einsicht ist insofern bedeutsam, als manche Autoren argumentiert hatten, dass die Vertauschbarkeit eine apriorische bzw. logisch geltende Eigenschaft sei (so z. B. de Finetti 1937; Carnap 1971, oder van Fraassen 1989, Kap. 7). Doch wie oben erläutert kann man leicht Situationen konstruieren, in denen die Vertauschbarkeit von P vernünftigerweise verworfen werden sollte: z. B. wenn es für wahrscheinlich erachtet wird, dass sich die probabilistischen Tendenzen bzw. „Naturgesetze", denen der Weltverlauf gehorcht, zeitlich ändern (vgl. Gillies 2000, 77-82).

Weitere induktive Konsequenzen, die sich aus Vertauschbarkeit, Regularität oder σ-Additivität ergeben, werden in Kap. 9.3+5 im Kontext der Bayes-Statistik erläutert. Die Vertauschbarkeit von P ist zwar eine stärkere induktive Annahme als σ-Additivität, aber immer noch zu schwach, um eine eindeutige Ausgangswahrscheinlichkeitsverteilung $P(H_i)$ über einer Partition von möglichen Hypothesen $\{H_1, \ldots, H_n\}$ zu bestimmen. Um letzteres zu ermöglichen, haben Vertreter des intersubjektiven oder ‚objektiven' Bayesianismus[47] noch stärkere Annahmen für P vorgeschlagen. Die wichtigste Annahme dieser Art ist das Indifferenzprinzip, demzufolge im Zustand der Uninformiertheit allen möglichen Hypothesen *dieselbe* Ausgangswahrscheinlichkeit zugeordnet werden soll. Die „klassische" Wahrscheinlichkeitskonzeption von Laplace (1814), der „objektive Bayesianismus" von H. Jeffrey (1939) und Williamson (2010, 28f), sowie Keynes' (1921) und Carnaps „logischer" Wahrscheinlichkeitsbegriff (1950, 1971) fußen alle auf dem Indifferenzprinzip (vgl. Gillies 2000, Kap. 3). Wie sich in Kap. 9.3 jedoch zeigen wird, gibt es gegen das Indifferenzprinzip starke Einwände, die zeigen, dass auch dieses Prinzip keine Intersubjektivität garantiert. Die Laplace-Carnapsche Idee, der zufolge „logische Gesetze" allein eine eindeutige Wahl von vernünftigen Ausgangswahrscheinlichkeiten auszeichnen sollen, scheint aus diesen und anderen Gründen unhaltbar zu sein (vgl. Kutschera 1972, 144, sowie Kap. 9.3, 9.4, 9.7). „Logische" Wahrscheinlichkeiten sind keine „dritte" Art von Wahrscheinlichkeiten, sondern durch starke Zusatzaxiome beschränkte epistemische Wahrscheinlichkeitsfunktionen, die intersubjektive Akzeptanz anstreben.

7.8 Die Rechtfertigung engster Referenzklassen

Zurück zur Regel der engsten Referenzklasse – hier ist noch eine Frage offen. Für ein vorauszusagendes Ereignis Fa gibt es im Regelfall mehrere zutreffende Referenzklassen, die Fa unterschiedliche statistische Wahrscheinlichkeiten zusprechen (man rekapituliere das Beispiel des in der Antarktis lebenden Vogels von Kap. 7.3). Wenn wir subjektive Glaubensgrade mithilfe unterschiedlicher Referenzklassen bilden würden, erhielten wir widersprüchliche Glaubensgrade, z. B. P(KannFliegen(a)| Lebt_in_Antarktis(a)) = 0,01 und P(KannFliegen(a)|Vogel(a)) = 0,95, obwohl P(Vogel(a)) = P(Lebt_in_Antarktis(a)) = 1. Hempel (1965, § 3.4) und Coffa (1974) sprachen hier von der *Ambiguität* statistischer Schlüsse. Um solche Widersprüche zu vermeiden, ist daher für ein gegebenes Individuum a die Selektion einer *ausgezeichneten* Referenzklasse notwendig, auf welche wir das StK für aktuale Glaubensgrade anwenden. Doch warum sollte dies gerade die *engste* Referenzklasse sein?

Diese Frage wird durch ein entscheidungstheoretisches Argument von Good (1966) beantwortet (s. auch Rosenkrantz 1977 und Horwich 1982, 125-128). Das Argument betrachtet den *Erwartungsnutzen* EN(h_i) von möglichen alternativen Handlungen $h_1,...,h_m$ unter möglichen alternativen Umständen $u_1,...u_n$, ausgedrückt durch korrespondierende Voraussagen $V_1,...,V_n$, deren Wahrscheinlichkeiten bewertet werden sollen (V_i besagt, dass u_i eintritt). Dieser Erwartungsnutzen wird durch die in (5-3) erläuterte entscheidungstheoretische Formel wie folgt berechnet:

(7-6) $EN(h_k) = \sum_{1 \leq i \leq n} P(V_i) \cdot N(h_k,V_i)$, mit $\{V_1,...,V_n\}$ als Partition von Voraussagen über mögliche Umstände und $N(h_k,V_i)$ dem Nutzen von Handlung h_k, wenn Voraussage V_i eintritt.

Der Erwartungsnutzen entspricht dem Durchschnittsnutzen auf lange Sicht, wenn die epistemische Wahrscheinlichkeit der Voraussage V_i aus der statistischen Wahrscheinlichkeit mithilfe des StK gewonnen wurde; dies werde im Folgenden vorausgesetzt. Aus der Menge möglicher Handlungen wählt der rationale Entscheider eine Handlung mit *maximalem* Erwartungsnutzen aus; die Formulierung „eine" lässt es zu, dass es mehrere gleichermaßen nutzenmaximale Handlungen gibt. Good (1966) beweist nun, dass die Konditionalisierung von P auf neue Evidenzen E_i den Erwartungsnutzen der gewählten Handlung niemals senken, wohl aber erhöhen kann, und zwar genau dann, wenn die Konditionalisierung von P (also der Austausch von $P(-)$ durch $P(-|E_i)$) einen Unterschied für die gewählte nutzenmaximale Handlung ausmacht. Weil dieser Beweis philosophisch instruktiv ist, skizzieren wir ihn hier für den einfachsten Fall eines Experimentes mit zwei möglichen Ausgängen E und ¬E. Der Erwartungsnutzen von Handlung h_k *vor* Durchführung des Experimentes e ist gegeben als

(7-7) $EN(h_k) = \sum_{1 \leq i \leq n} P(V_i) \cdot N(h_k,V_i)$.

Der Erwartungsnutzen von h_k *nach* Durchführung des Experimentes (E,¬E) und Konditionalisierung von P auf dessen Ausgang, geschrieben als $EN(h_k|(E,¬E))$, berechnet sich so:

(7-8) $EN(h_k|(E,¬E)) = P(E) \cdot \sum_{1 \leq i \leq n} P(V_i|E) \cdot N(h_k,V_i) + P(¬E) \cdot \sum_{1 \leq i \leq n} P(V_i|¬E) \cdot N(h_k,V_i)$.
In Worten: $E(h_k|(E,¬E))$ ist der Erwartungsnutzen von h_k konditionalisiert auf E multipliziert mit E's Wahrscheinlichkeit, plus dem Erwartungsnutzen von h_k konditionalisiert auf ¬E multipliziert mit ¬E's Wahrscheinlichkeit.

Die beiden Erwartungsnutzen in (7-7) und (7-8) sind genau identisch, denn

(7-9) $P(E) \cdot \sum_{1 \leq i \leq n} P(V_i|E) \cdot N(h_k,V_i) + P(¬E) \cdot \sum_{1 \leq i \leq n} P(V_i|¬E) \cdot N(h_k,V_i) =$
$\sum_{1 \leq i \leq n} P(V_i \wedge E) \cdot N(h_k,V_i) + P(V_i \wedge ¬E) \cdot N(h_k,V_i) = \sum_{1 \leq i \leq n} P(V_i) \cdot N(h_k,V_i) = EN(h_k)$.

Konditionalisierung auf (E,¬E) ändert somit genau dann nicht den Erwartungsnutzen, wenn sich die nutzenmaximale Handlung durch Konditionalisierung nicht ändert. Sobald aber unter nur einer möglichen Evidenz, sagen wir unter E, die nutzenmaximale Handlung nicht mehr h_k, sondern sagen wir h_r ist, wählt der Nutzenmaximierer h_r unter der Bedingung E, und h_k unter der Bedingung ¬E.[48]

Der Erwartungsnutzen dieser konditionalen Handlung h* $=_{def}$ „h_k wenn ¬E und h_r wenn E" ist gestiegen gegenüber EN(h_k) = EN(h_k|(E,¬E)), denn

(7-10) EN(h*|(E,¬E))
= P(E) · $\sum_{1 \leq i \leq n}$ P(V_i|E) · N(h_r,V_i) + P(¬E) · $\sum_{1 \leq i \leq n}$ P(V_i|¬E) · N(h_k,V_i),
und nach Annahme ist $\sum_{1 \leq i \leq n}$ P(V_i|E) · N(h_r,V_i) > $\sum_{1 \leq i \leq n}$ P(V_i|E) · V(h_k,V_i);
somit EN(h*|(E,¬E)) > EN(h_k|(E,¬E)).

Horwich wandte gegen Goods Beweis ein, dass er auf praktische (nicht-epistemische) Handlungsziele beschränkt sei; doch dieser Einwand trifft nicht, denn es kann sich bei den möglichen Handlungen auch um rein epistemische Handlungen, also z. B. um die Voraussagen V_i der möglichen Umstände handeln, und bei deren Nutzen einfach um den Voraussageerfolg, ausgedrückt durch ein Abstandsmaß zwischen der tatsächlich gemachten und der wahren Voraussage in der gegebenen Partition V_1,...,V_n (vgl. dazu Schurz 2008b). In dieser Version beweist Goods Argument, dass Konditionalisierung auf engste Referenzklassen den Voraussageerfolg maximiert.

7.9 Arten engster Referenzklassen und Kalibrierung

Das Prinzip der engsten Referenzklasse involviert weitere Subtilitäten, die mit der Definition engster Referenzklassen zu tun haben.

7.9.1 Nomologische Prädikate

Referenzklassen müssen durch *qualitative* bzw. *nomologische* (d. h. zu Gesetzesaussagen fähige) Attribute gebildet werden, und nicht durch *extensional* (d. h. durch Aufzählung von Individuen) gebildete Attribute. Das Problem nomologischer Attribute tauchte auch im Problemfeld der Induktion auf: Prädikate, die mithilfe von Individuenkonstanten definiert werden, sind nicht induktiv projizierbar (Goodman 1946, Carnap (1947, 146; sowie Kap. 9.7). Die mittels engster Referenzklassen und dem StK gebildeten Wahrscheinlichkeiten P_t(Fa) = P(Fa|Ra∧H) = p(Fx|Rx) =0,9 fungieren als induktive Prognosen. Dies macht nur Sinn, wenn die Referenzklasse Rx für induktive Prognosen geeignet ist. Würde man beliebige extensionale Referenzklassen zulassen, so wäre die Klasse {a} bzw. das Prädikat x=a die engste Referenzklasse, in die a fällt, und man erhielte das triviale Resultat, dass P_t(Fa) = p(Fx|x=a) nur die Werte 1 oder 0 annehmen kann. Die Nomologizitätsbedingung bereinigt auch folgenden Einwand von Wójcicki (1966): angenommen wir wollen Fa (dieser Vogel kann fliegen) voraussagen, und Va (dieses Tier ist ein Vogel) ist unsere engste „natürliche" auf a zutreffende Referenzklasse, mit p(Fx|Vx) = 0,98. Gx (x hat gebrochene Flügel) ist eine andere Klasse, die auf a nicht zutrifft und eine völlig andere Wahrscheinlichkeit für Fliegen ergibt (nahe bei null). Jedoch trifft die Disjunktion „(Gx ∨ x=a)" („hat gebrochene Flügel oder ist mit a identisch") auf a zu. Demnach wäre aber „(Gx∨x=a)∧Vx" eine engere Referenzklasse für a als Vx. Die Wahrscheinlichkeit p(Fx|Vx∧(Gx∨x=a)) ist fast identisch mit der von p(Fx|Vx∧Gx), also ebenfalls nahe bei null, da sich Gx und „Gx∨x=a" nur um eines von vielen Individuen unterscheiden. Würde man das Prädikat „Vx∧(Gx∨x=a)" als engste Referenzklasse zulassen, würde dies zur unsinnigen Voraussage der Flugunfähigkeit des flugtauglichen Vogels a führen, nur weil er das disjunktive Prädikat „hat gebrochene Flügel oder ist mit a identisch" erfüllt. Das mithilfe der Individuenkonstante „a" definierte disjunktive Prädikat ist ebenfalls induktionsuntauglich und nicht nomologisch, denn das Individuum a ist keine repräsentative Instanz dieses Prädikates (näheres zur Nomologizitätsbedingung s. Schurz 2006, Kap. 6.5.1).

7.9.2 Epistemisch versus objektiv engste Referenzklassen

In Def. 2-3 und Def. 7-4 haben wir in Übereinstimmung mit Reichenbach, Carnap und Hempel den Begriff der engsten Referenzklasse *epistemisch* bestimmt, als die engste Referenzklasse, von der das gegebene Subjekt weiß bzw. mit Sicherheit glaubt, dass a in ihr liegt. Salmon (1984, 37) führte hingegen den (in Kap. 5.4 unter „objektiver Zufälligkeiten" bereits erwähnten) Begriff der *objektiv homogenen* Referenzklasse ein: die objektiv engste Referenzklasse eines Ereignisses G(a,t) zur Zeit t ist die Konjunktion aller nomologischen Eigenschaften $F_i(a,t')$ des Individuums a zu t vorausliegenden Zeitpunkten $t' \leq t$, die für G(a,t) statistisch und kausal relevant sind. Die statistische Wahrscheinlichkeit eines Ereignisses in seiner objektiv engsten Referenzklasse kann allerdings nur dann von 0 oder 1 verschieden sein, wenn ein physikalischer *Indeterminismus* vorliegt, d. h. das Ereignis durch einen genuinen Zufallsprozess hervorgebracht wurde (rekapituliere Kap. 5.4). Da uns objektiv engste Referenzklassen im Regelfall unbekannt sind (unser Wissen reicht hierfür nicht aus), ist der epistemische Begriff in der angewandten Wissenschaft bedeutsamer als der objektive.

7.9.3 Engste relevante Referenzklassen

Praktisch nützlich ist die Einschränkung auf engste *relevante* Referenzklassen: Letztere müssen nicht unbedingt alle bekannten Information über das gegebene Individuum a erfassen, sondern nur jene Informationen, von welchen das vorauszusagende Merkmal Gx probabilistisch *abhängig* ist. Ist Rx eine relevante engste Referenzklasse von a für Gx, dann ist im epistemischen Hintergrundsystem S bekannt bzw. wird angenommen, dass p(Gx|Rx) = p(Gx|Rx∧R*x) für jede weitere bekannte Information R*a gilt. Die Ersetzung engster durch engste relevante Referenzklassen ändert also nicht den resultierenden Wahrscheinlichkeitswert P_t(Ga). Vorschläge in dieser Richtung sind Hempels Begriff der *maximal bestimmten* Bezugsklasse (1965, 397) und Salmons Begriffs der *breitesten* homogenen Bezugsklasse (1984, 37).

7.9.4 Faktisch versus informationell engste Referenzklassen

Es gibt zwei unterschiedliche Arten von epistemisch engsten Referenzklassen. R_ax heißt die *faktisch* engste Referenzklasse von a im epistemischen Hintergrundsystem S g.d.w. R_ax aus der Konjunktion aller nomologischen Prädikate F_ix besteht, sodass F_ia geglaubt wird, also im epistemischen System S enthalten ist. Das StK kann jedoch nur auf jene faktisch engsten Referenzklasse R_ax in Bezug auf ein vorauszusagendes Merkmal Ga angewandt werden, für die in S ein statistisches Wissen über den Wert von p(Gx|R_ax) vorliegt. Um mit faktisch engsten Referenzklassen zu arbeiten, müssen wir entweder über hinreichend umfangreiches statistisches Wissen verfügen, oder wir müssen die unbekannten statistischen Wahrscheinlichkeiten mithilfe von *subjektiven Ausgangswahrscheinlichkeiten* gemäß Satz 7-2 schätzen. Wenn die letzteren aufgrund ihrer subjektiven Vorurteilsbelastetheit vermieden werden sollen, sind dagegen *informationell engste* Referenzklassen zu bevorzugen: das sind Konjunktionen Fa $=_{def}$ F_1a∧...∧F_na aller nomologischen Prädikaten F_ix, sodass nicht nur Fa sondern auch ein statistischer Satz der Form p(Gx|Fx) = r im epistemischen System S enthalten ist.

Neben dem Vorteil der Vermeidung subjektiver Ausgangswahrscheinlichkeiten haben informationell engste Referenzklassen allerdings den Nachteil, dass die durch sie erhaltenen Glaubenswahrscheinlichkeiten nicht mehr nachweislich kohärent sind. Wie in Kap. 7.4 ausgeführt überträgt sich das Kohärenztheorem (Satz 7-1(a)) von der Ausgangswahrscheinlichkeit P auf die aktuale Glaubensfunktion P_t, weil für jedes Individuum a nur *genau eine* (faktisch engste) Referenzklasse R_ax verwendet wird: rekapituliere (7-2). Verwenden wir stattdessen informationell engste Referenzklassen, dann ordnen wir dem Individuum a möglicherweise nicht mehr eine, sondern *mehrere* Referenzklassen zu, je nachdem, für welches Voraussagemerkmal wir welche statistischen Informationen besitzen. Angenommen, wir bestimmen P(Fa) durch p(Fx|R_ax) = 0,2, es liegt jedoch keine Information über p(Fx∧Gx|R_ax) vor, und Qx ⊃ R_ax sei die engste bekannte Referenzklasse (P(Qa) = P(R_aa) = 1), von der wir den Wert p(Fx∧Gx|Qx)=0,4 kennen. Dann dürfen wir P(Fa∧Ga) nicht mit p(Fx∧Gx|Qx) identifizieren, denn das würde zu der *inkohärenten* subjektiven Wahrscheinlichkeitsbewertung P(Fa) = 0,2 und P(Fa∧Ga) = 0,4 führen: aufgrund der Grundaxiome muss ja P(Fa∧Ga) ≤ P(Fa) = 0,2 gelten. Ein plausibler Vorschlag von Kyburg (1974, 222-226), auf dieses Problem zu reagieren, besteht darin, in statistische Gesetze auch Intervallgesetze der Form „p(Fx|Rx) ∈ [r_1,r_2]" mit einzubeziehen – der Grenzfall scharfer Gesetze p(Fx|Rx) ∈ [r,r] ist darin inkludiert. Eine Referenzklasse Qx für a mit p(Fx|Qx) = q ist gemäß Kyburg (1974) nur dann als informationell engste Referenzklasse für Fx zu akzeptieren, wenn für jede bekanntermaßen engere Referenzklasse Rx, gepaart mit der statistischen Information p(Fx|Rx) ∈ [r_1,r_2], gilt: q ∈ [r_1,r_2]. In unserem Beispiel wissen wir p(Fx∧Gx|R_ax) ∈ [0, 0,2] (dies folgt aus p(Fx|R_ax) = 0,2); wegen 0,4 ∉ [0, 0,2], scheidet somit Qx als Referenzklasse für Fx∧Gx aus und wir müssen uns mit der Intervallaussage P(Fa∧Ga) ∈ [0, 0,2] begnügen. Inkonsistenzen werden so ausgeschlossen; man erhält stattdessen nur mehr eine *partielle* (nicht vollständig festgelegte) subjektive Wahrscheinlichkeitsbewertung.

7.9.5 Faktisch engste Referenzklassen und Kalibrierung

Ein interessanter Zusammenhang besteht zwischen faktisch engsten Referenzklassen und der Methode der *Kalibrierung*. Kalibrierung ist ein Koordinationsprinzip zwischen statistischen und subjektiven Wahrscheinlichkeiten, das Glaubensgrade nicht mit den Häufigkeiten der geglaubten Ereignisse, sondern mit den Wahrheitshäufigkeiten von Voraussagen über diese Ereignisse verbindet. Die Kalibrierungsforderung ist im Zusammenhang mit probabilistischen Wetterprognosen entstanden, z. B. von Regenwahrscheinlichkeiten für den kommenden Tag. Beispielsweise sollte ein kalibrierter Wetterprognostiker unter allen Tagen, für die er Regen mit r-%iger Wahrscheinlichkeit vorausgesagt hat, in r% der Fälle Recht behalten. Brier (1950) hatte dieses Problem aufgeworfen und einen Score entwickelt, der den Wettervoraussager dazu bringen sollte, möglichst kalibrierte Prognosen abzugeben. Es ist wichtig, dass man die Kalibrierungsforderung für *jeden Typ* von singulären (nicht-evidentiellen) Propositionen separat stellt, und nicht unterschiedliche Propositionen mischt, sonst entstehen unerwünschte Konsequenzen (s. hierzu van Fraassen 1983, 303; Lad 1984). Im Folgenden seien

a_i ($i \in \mathbb{N}$) *Standardnamen* für einen geordneten Individuenbereich ($d_i : i \in \mathbb{N}$); c_j ($j \in \mathbb{N}$) seien dagegen Metavariablen für beliebige Individuenkonstanten.

> (Def. 7-6) *Kalibrierung:*
> (a) Eine aktuale Glaubensfunktion P_t heißt *kalibriert* in Bezug auf einen Typ von Singulärsatz $S(x_1,...,x_n)$, relativ zur statistischen Wahrscheinlichkeitsfunktion p g. d. w. für jeden Wert r im Intervall [0,1] (approximiert bis auf eine gewisse Stellenzahl) gilt: die statistische Wahrscheinlichkeit aller wahren S-Instanzen $S(c_1,...,c_n)$, unter all jenen S-Instanzen, die im Grad r geglaubt werden ($P(S(c_1,...,c_n)) = r$), ist r.
> *Formal:* $p(\|S(x_1,...,x_n)\| \mid \{(d_{i_1},...,d_{i_n}) \in D^n : P_t(S(a_{i_1},...,a_{i_n}))=r\}) = r$.[49]
> (b) P_t heißt *perfekt* kalibriert g. d. w. P_t für jeden Typ von Singulärsatz $S(x_1,...,x_n)$ kalibriert ist.

Van Fraassen (1983) beweist, dass eine mithilfe engster Referenzklassen bei vollständigem Wissen gebildete aktuale Glaubensfunktion im Sinne von Def. 7-6 perfekt kalibriert ist. In der Bildung der aktualen Glaubensfunktion wird auf eine endliche Beschreibungssprache $\mathscr{L}$ Bezug genommen, in der alle möglichen empirischen Erfahrungen über n variable Individuen $x_1,...,x_n$ ausgedrückt werden, in Form einer *Partition von n-stelligen Referenzprädikaten* ($R_i(x_1,...,x_n)$: $1 \leq i \leq m$), bestehend aus Konjunktionen von Basisformeln. Für alle vorauszusagenden Singulärsätze der Form $S(c_1,...,c_n)$ wird die Erwartungswahrscheinlichkeit $P_t(S(c_1,...,c_n))$ durch Bezug auf diese Partition gebildet, wobei die $S(x_1,...,x_n)$ im nichttrivialen Fall nicht aus den $R_i(x_1,...,x_n)$ folgen, sondern durch andere Atomformeln gebildet werden. Beispielsweise beschreiben die $R_i(x_1,...,x_n)$ die Wetterentwicklung in den letzten drei Tagen und $S(x_1,...,x_n)$ die morgige Wetterentwicklung.

> (Satz 7-5) *Engste Referenzklassen und Kalibrierung:* Sei P_t eine aktuale Glaubensfunktion, die gemäß dem Prinzip engster Referenzklassen durch Bezug auf die Partition von n-stelligen Referenzprädikaten $\mathscr{R} =_{def} \{R_1(x_1,...,x_n), ..., R_m(x_1,...,x_n)\}$ gebildet wurde, für die vollständiges Wissen vorliegt. Es gilt also für jeden Typ von vorauszusagendem Singulärsatz $S(x_1,...,x_n)$:
> (*) $P_t(S(c_1,...,c_n)) = p(S(x_1,...,x_n) | R_{c_{1-n}}(x_1,...,x_n))$,
> mit $R_{c_{1-n}}(x_1,...,x_n)$ als jenem Referenzprädikat in $\mathscr{R}$, das auf $c_1,...,c_n$ zutrifft.
> *Dann* ist P_t perfekt kalibriert.

Im Anhang 10.3.12 findet sich eine vereinfachte Version von van Fraassens Beweis (letzterer bezieht komplizierte Approximationsgrade mit ein).

8 Die Überprüfung statistischer Hypothesen

Wir haben in Kap. 7.2 erklärt, wie statistische Hypothesen mit Hilfe des statistischen Koordinationsprinzips (StK) induktiv-empirischen Gehalt generieren, in Form von erwarteten Stichprobenresultaten bzw. Intervallen von solchen Resultaten, die sich aus errechneten statistischen Stichprobenhäufigkeiten ergeben und mithilfe des StK auf den Einzelfall übertragen werden. Auf dieser Tatsache beruhen sämtliche Standardverfahren der statistischen Text- und Inferenztheorie, die im Folgenden erklärt werden. Wir konzentrieren uns hier auf einfache statistische Generalisierungen mit *binären* (zweiwertigen) Variablen und erläutern die Verallgemeinerung auf kontinuierliche Variablen in Kap. 8.6. Einfachheitshalber betrachten wir zunächst Generalisierungen mit nur einem Antecedensfaktor von folgender Form:

(8-1) 80 % aller Bäume an Autobahnen (=A) sind krank (=K) $p(Kx|Ax) = 0{,}8$

Als Individuenbereich oder Grundgesamtheit (Population) sei die Menge aller Bäume in Mitteleuropa zwischen 2000 und 2005 angenommen, und wir setzen voraus, dass die Prädikate „an Autobahnen" und „krank" hinreichend genau operationalisiert sind. *Konvention:* Im Folgenden lassen wir die Individuenvariable „x" einfachheitshalber weg; d. h. wir schreiben „A" für „Ax", etc.

Zweierlei verlangen wir von einer Hypothese dieser Form, $p(K|A) = r$:

(1.) *Wahrheit*: die Hypothese soll annähernd wahr sein, d. h. die Häufigkeit von K gegeben A soll tatsächlich annähernd den Wert r besitzen.

(2.) *Relevanz* (oder *Abhängigkeit*): A soll für K statistisch relevant sein (bzw. K von A statistisch abhängen), d. h. $p(K|A)$ soll von $p(K)$ (signifikant) verschieden sein: $p(K|A) \neq p(K)$.

Eine relevante statistische Beziehung zwischen zwei Merkmalen A und K nennt man eine *Korrelation*. Das einfachste *Korrelationsmaß* für qualitative Merkmale ist die Wahrscheinlichkeitsdifferenz $Kor(K,A) =_{def} p(Kx|Ax) - p(Kx)$. A heißt *positiv relevant* für K wenn $Kor(K,A) > 0$, *negativ relevant* für K wenn $Kor(K,A) < 0$ und *irrelevant* wenn $Kor(K,A) = 0$. Es gibt eine Reihe verwandter Korrelationsmaße (s. Kap. 8.6) – z. B. die *Kovarianz*, die im binären Fall definiert ist als $Kov(K,A) =_{def} p(A \wedge K) - p(K) \cdot p(A)$.

Sowohl für die Wahrheit wie für die Relevanz einer Hypothese gibt es empirische Überprüfungsmethoden. John Stuart Mill nannte sie ganz allgemein die Methode der Übereinstimmung für die Überprüfung auf (vermutliche) Wahrheit, und die Methode des Unterschieds für die Überprüfung auf (vermutliche) Relevanz (Mill 1865, 2. Band, Buch III; Losee 1977, 14f). Wie diese Methoden in modernem statistischen Gewande aussehen, sei im Folgenden erläutert.

8.1 Überprüfung auf Wahrheit – die Methode der Akzeptanzintervalle

Wir prüfen die Gesetzeshypothese p(K|A) = 80 % auf vermutliche und approximative Wahrheit, indem wir eine Zufallsstichprobe von Individuen bilden, die alle das Merkmal A aufweisen. Wir nennen eine solche Stichprobe eine *A-Stichprobe*. Gemäß der Methode der Übereinstimmung soll die Häufigkeit in der Stichprobe mit der von der Hypothese für die Grundgesamtheit behaupteten Häufigkeit möglichst gut übereinstimmen, um die Hypothese als durch das Stichprobenergebnis „bestätigt" anzusehen. Wir wählen also 100 Bäume aus zufällig gewählten Waldstrichen an Autobahnen aus und untersuchen, ob sie Krankheitssymptome aufweisen. Angenommen von 100 Bäumen in unserer Stichprobe waren 75 krank: Ist dies nun als Bestätigung oder als Zurückweisung unserer Gesetzeshypothese von 80 % anzusehen? Allgemeiner gefragt, wie schließt man von der erhobenen Stichprobenhäufigkeit $h_n(K:A)$ auf die Plausibilität der Hypothese über die Grundgesamtheitshäufigkeit p(K|A)? *Notation:* Von nun an bezeichnen $h_n(K)$ bzw. $h_n(K:A)$ immer die *relative* Häufigkeit des Merkmals K in einer n-elementigen Zufallsstichprobe, bzw. in einer n-elementigen Zufallsstichprobe von A-Individuen.

Es ist nicht zu erwarten, dass die Stichprobenhäufigkeit mit der Populationshäufigkeit *genau* übereinstimmt – wegen der Zufallsabweichungen von Stichprobenresultaten ist dies sogar sehr unwahrscheinlich. Eine strenge Falsifikation gibt es bei statistischen Hypothesen daher nicht (sofern die Stichproben die Grundgesamtheit nicht ausschöpfen, was wir voraussetzen). Die Frage, ob eine Bestätigung oder Schwächung vorliegt, ist nicht qualitativ entscheidbar, sondern bedarf einer quantitativen Kalkulation. Das statistische Standardverfahren hierzu ist die auf Fisher (1956) zurückgehende Methode der *Akzeptanz- und Zurückweisungsintervalle* (Hays/Winkler 1970, 380ff; Bortz 1985, 141ff; Howson/Urbach 1996, 171ff). Hierbei berechnet man die statistische Wahrscheinlichkeit dafür, dass die Stichprobenhäufigkeit $h_n(K:A)$ einer n-elementigen Stichprobe in einem bestimmten Größenintervall liegt, *gegeben* die Hypothese über die Grundgesamtheit, p(K|A)=80 %, ist wahr. Diese Berechnung beruht im diskreten Fall auf der Binomialverteilung (Kap. 3.2) und im kontinuierlichen Fall auf der Gaußschen Normalverteilung (Kap. 8.6). In unserem Beispiel berechnet man: Unter der Voraussetzung, dass 80 % aller As der Population Ks sind, liegt mit 95 %iger Wahrscheinlichkeit die (absolute) Häufigkeit von K in einer 100-elementigen A-Stichprobe im Intervall zwischen 72 bis 88. Man nennt den pragmatisch gewählten Wahrscheinlichkeitswert von 95 % auch den *Akzeptanzkoeffizienten*, und seinen Komplementärwert von 5 % den Signifikanzkoeffizienten. Das Intervall zwischen 72 und 88 von 100 heißt das *Akzeptanzintervall* für die gegebene Hypothese (bei einem Akzeptanzkoeffizient von 95 %). Abb. 8-1 stellt die Wahrscheinlichkeitsverteilung der Häufigkeiten 100-elementiger A-Stichproben aus einer Population von A-Individuen mit p(K|A)=0,8 und eingezeichnetem Akzeptanzintervall schematisch dar (berechnet mit *MatLab*).

Die wahrscheinlichste Stichprobenhäufigkeit koinzidiert mit der Häufigkeit in der Grundgesamtheit. Links und rechts davon fällt die erwartete Wahrscheinlichkeit annähernd symmetrisch ab. (Exakte Symmetrie wäre nur bei einer Populationshäufigkeit von 50 % gegeben.) Nähern wir die diskreten möglichen Häufigkeitswerte 0, 1/100, ...,99/100, 1 durch eine kontinuierliche Variable an, so gilt anschaulich: die Gesamtfläche unter der Verteilungskurve beträgt 1, und die Fläche in einem bestimmten Intervall unter der Kurve entspricht der Wahrscheinlichkeit, die Stichprobe in diesem Intervall zu finden. Die Fläche unter der Kurve im Akzeptanzintervall zwischen 72 und 88 von 100 beträgt genau 95 % der Gesamtfläche. Zweiseitig außerhalb des Akzeptanzintervalls liegt das Zurückweisungsintervall mit 5 % der Gesamtfläche.

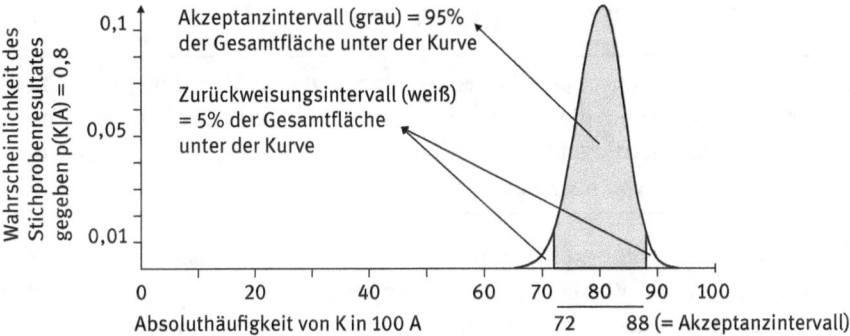

Abb. 8-1: *Akzeptanzintervall für p(K|A) = 0,8.*

Die statistischen Wahrscheinlichkeiten der Stichprobenresultate besagen natürlich nur etwas über die Stichprobentendenzen auf (unendlich) lange Sicht. Mithilfe des StK werden die Häufigkeitstendenzen von Stichprobenresultaten auf die konkret *vorliegende* bzw. empirisch erhobene Stichprobe s $=_{def}$ {a_1,...a_{100}} als deren epistemische Erwartungswahrscheinlichkeit übertragen: mit P = 95 % wird die Häufigkeit in der konkreten A-Stichprobe s, abgekürzt als h(K:A|{a_1,...,a_{100}}), im Intervall von 72 bis 88 von 100 liegend erwartet, gegeben die Grundgesamtheitshypothese ist wahr. Formal:

(8-2) P(h(K:A|{a_1,...,a_{100}}) ∈ [0,72 , 0,88] | p(K|A) = 0,8 ∧ Aa_1∧...∧Aa_{100}) = 95 %.

Dieser Übertragungsschritt wird in der statistischen Texttheorie üblicherweise nicht explizit gemacht, sondern nur implizit vollzogen: er ist jedoch für die philosophische Grundlegung der statistischen Testtheorie fundamental. Denn würde man die langfristigen Häufigkeitstendenzen von Stichprobenresultaten nicht auf den Einzelfall übertragen, so stünde die Methode der Akzeptanz versus Zurückweisung ganz ohne Begründung da.

Liegt die beobachtete Stichprobenhäufigkeit im Akzeptanzintervall der Hypothese, so wird die Hypothese als *schwach bestätigt* betrachtet und *beibehalten*. Liegt sie dagegen außerhalb des Akzeptanzintervalls, also im Zurückweisungsintervall, dann wird die Hypothese als *stark geschwächt* betrachtet bzw. *zurückgewiesen*. In unserem Beispiel liegt das Stichprobenresultat 75 von 100 im Akzeptanzintervall; wir sehen die Hypothese p(K|A)=0,8 aufgrund des Stichprobenresultates h_{100}(K|A) = 75 als weiterhin akzeptiert an (bei einem Akzeptanzkoeffizienten von 95 %). Hätte das Resultat 70 von 100 gebracht, so hätten wir die Hypothese beim Signifikanzkoeffizienten von 5 % verworfen. Die allgemeine Definition des Akzeptanzintervalls ist folgende:

> (Def. 8-1) Das *Akzeptanzintervall* ist jenes Intervall der wahrscheinlichsten Stichprobenresultate, in dem die Stichprobenhäufigkeit mit einer Wahrscheinlichkeit gleich dem Akzeptanzkoeffizienten (üblicherweise 95 %) liegt, gegeben die zu prüfende Gesetzeshypothese ist wahr.

Die Höhe des Akzeptanzkoeffizient von 95 % ist zwar pragmatisch, aber nicht willkürlich gewählt. Wählt man den Akzeptanzkoeffizienten zu groß, z. B. bei 99,5 %, dann wird das Akzeptanzintervall zu breit, und zu wenige Hypothesen werden ausgeschieden. Wählt man ihn zu klein, z. B. bei 50 %, so wird das Zurückweisungsintervall zu breit, und die Schwächung ist im negativen Fall nicht stark genug. Nähert man die Binomialverteilung durch die Normalverteilung an, was bei Stichprobengrößen > 30 legitim ist, so sind die Akzeptanzintervalle durch die Formeln in (8-3) (mittlere Spalte) gegeben. Dabei ist $\sigma_s = \frac{\sigma}{\sqrt{n}}$ die *Streuung* der Stichprobenhäufigkeiten, die sich (nachweislich) als die Streuung σ der betreffenden Variable dividiert durch die Wurzel der Stichprobengröße n errechnet; dabei ist σ für binäre Variablen gegeben als $\sigma = \sqrt{p \cdot (1\text{-}p)}$, mit $p =_{def}$ p(K|A). Zu den Formeln in der mittleren Spalte von (8-3) gelangt man, indem man die 95 %-Intervalle der sogenannten *z-Verteilung* (eine normierte Normalverteilung mit Mittelwert null und Streuung eins) in Tabellen nachschlägt und mit der aus der Stichprobe geschätzten Streuung σ geteilt durch $\sqrt{n}$ multipliziert (s. Kap. 8.6).

(8-3)

Akzeptanzkoeff.:	Akzeptanzintervall	Beispiel für p=0,8, n=100:
99,5 %:	p ± 2,8 · σ_s	[0,69 , 0,91]
95 %:	p ± 1,96 · σ_s	[0,72 , 0,88]
70 %:	p ± 1,03 · σ_s	[0,76 , 0,84]

Bei fixiertem Akzeptanzkoeffizienten ist das Akzeptanzintervall umgekehrt proportional zur Quadratwurzel des Stichprobenumfangs. Für größere Stichprobenumfänge wird das Akzeptanzintervall immer *enger* und unsere 95 %-wahrscheinlichen Prognosen für den erwarteten Stichprobenwert werden immer *schärfer*. Zugleich folgt daraus ein Gesetz des *abnehmenden Ertrags*: eine Vervierfachung des Stichprobenumfangs bringt nur eine Halbierung des Akzeptanzintervalls, usw. Hier einige 95 %igen Akzeptanzintervalle für verschiedene Stichprobengrößen n:

(8-4) *Akzeptanzintervalle für p = 0,8 (Akzeptanzkoeff. = 0,95) für variierendes n:*
n = 1: [0 , 1]   n =50: [0,69 , 0,91]   n = 1600: [0,78 , 0,82]
n =10: [0,56 , 1]   n =100: [0,72 , 0,88]   n = 10.000: [0,79 , 0,81]
n = 20: [0,63 , 0.97]   n = 400: [0,76 , 0,84]

Im Fall von Einfachuntersuchungen, bei denen die Stichprobe nicht weiter aufgeteilt werden muss, werden Stichprobenumfänge von größer als 40 üblicherweise als groß und von kleiner 30 als klein bezeichnet. Generell sollten Stichprobenumfänge nicht kleiner als 15 oder 20 sein. Eine weitere Restriktion an Stichprobenumfänge ergibt sich, wenn die hypothetische Populationswahrscheinlichkeit nahe bei 0 oder 1 liegt; die Stichprobenumfänge müssen so groß gewählt werden, dass die Akzeptanzintervallgrenzen echt innerhalb 0 und 1 zu liegen kommen (in obigem Beispiel ist dies erst für n≥20 der Fall). Man beachte, dass die *Größe* der Gesamtpopulation für Fragen von Stichprobenumfängen *unerheblich* ist; vorausgesetzt wird nur, dass sie wesentlich (mindestens 100 mal) größer ist als der Stichprobenumfang (Bortz 1985, 112).

8.2 Auffindung statistischer Hypothesen und Konfidenzintervalle

Die Hypothese p(K|A)=0,8 wird durch das Stichprobenresultat h_{100}(K:A)=0,75 nur *schwach* bestätigt. Dies ist deshalb der Fall, weil alle statistischen Alternativhypothesen, welche einen Wert von p(K|A) im Intervall 0,75 ± 0,08 behaupten, durch das Stichprobenresultat h_{100}(K:A) = 0,75 ebenso schwach bestätigt werden, bzw.

beibehalten werden *würden*, wenn sie zur Überprüfung anstünden. Denn für alle diese Hypothesen liegt das Stichprobenresultat in ihrem mit 95 % Wahrscheinlichkeit vorausgesagten Akzeptanzintervall. Man bezeichnet das Intervall aller hypothetischen Populationswahrscheinlichkeiten, für die das Stichprobenresultat gerade noch im 95 %igen Akzeptanzintervall liegt, als *Konfidenzintervall* der hypothetischen Populationswahrscheinlichkeit (statt vom Akzeptanzkoeffizienten spricht man nun vom *Konfidenzkoeffizienten* von 95 %).

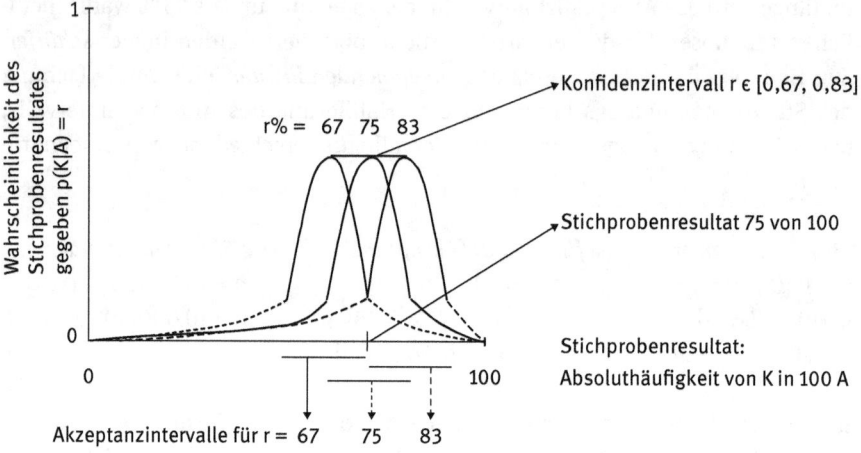

Abb. 8-2: *Zusammenhang von Akzeptanz- und Konfidenzintervall.*

Die Methode der *Konfidenzintervalle* geht auf Fisher und Neyman zurück (s. Stegmüller 1973c, 189f; Bortz 1985, 132). Sei h ein Stichprobenresultat und r eine hypothetische Populationswahrscheinlichkeit, dann gilt aus mathematischen Gründen folgende symmetrische Beziehung zwischen Konfidenz- und Akzeptanzintervall:

h ∈ [r−a, r+a] g. d. w. r ∈ [h −a, h + a] .

Man erhält also das Konfidenzintervall, indem man das Akzeptanzintervall symmetrisch um h statt um r legt. Abb. 8-2 verdeutlicht diesen Zusammenhang.

Dem Konfidenzintervall entspricht die statistische Intervallhypothese p(K|A) ∈ [h−a, h+a], welche in unserem Beispiel besagt: *zwischen 67 und 83 % aller Bäume an Autobahnen sind krank*. Diese *Konfidenzintervallhypothese* ist es, welche durch das Stichprobenresultat h_n(K:A)=75 % (beim Konfidenzkoeffizienten von 95 %) *stark bestätigt* wird. Ist man an der Prognose enger Konfidenzintervalle interessiert, so muss die Stichprobe entsprechend groß gewählt werden (s. Bortz 1985, 138).

8.3 Überprüfung auf Relevanz – die Methode der signifikanten Unterschiede

Um zu prüfen, ob das Merkmal A für K auch relevant ist, vergleicht man die Häufigkeit von K in einer A-Stichprobe (die Merkmalsgruppe) mit der Häufigkeit von K in einer A-Kontrollstichprobe (die Kontrollgruppe). Die A-Kontrollstichprobe besteht im einfachsten Fall aus einer Menge von Individuen, die das Merkmal A *nicht* besitzen (sie könnte auch aus einer D-Zufallsstichprobe bestehen, welche einen Zufallsanteil an A-Individuen enthält). In unserem Beispiel waren von 100 Bäumen an Autobahnen 75 erkrankt. Wir bilden nun eine A-Kontrollstichprobe von 100 Bäumen aus Waldstrichen, die *nicht* in der Nähe von Autobahnen liegen, und stellen fest, dass darin nur 60 Bäume erkrankt sind. Heißt dies, dass Nähe zu Autobahnen die Erkrankungswahrscheinlichkeit von Bäumen erhöht, oder könnte die Abweichung zwischen A-Stichprobe und A-Kontrollstichprobe, die 15 von 100 beträgt, nur zufällig bedingt gewesen sein? Wieder ist dies eine *quantitative* Frage, und wie oben bedient man sich einer Intervallmethode. Aufgrund der Wahrscheinlichkeitsverteilung von Zufallsstichproben lässt sich die statistische Wahrscheinlichkeit dafür berechnen, dass die Abweichung zwischen der A-Stichprobe und der A-Kontrollstichprobe rein zufällig bedingt war – dass diese Abweichung also unter der Annahme zustande kam, dass in der Population zwischen A und K kein statistischer Zusammenhang besteht: $p(K|A) = p(K|\neg A)$. Man nennt diese Irrelevanzhypothese auch *Nullhypothese*. Die *Alternativhypothese* dazu ist die Relevanzhypothese und besagt, dass in der Population zwischen A und K ein statistischer Zusammenhang besteht: $p(K|A) \neq p(K|\neg A)$.

Die Wahrscheinlichkeitsverteilung der Häufigkeits*differenzen* zweier Stichproben (n_1, n_2) aus *derselben* Population nimmt die Form einer Binomialverteilung mit dem Mittelwert 0 und der Streuung $\sigma \cdot \sqrt{\frac{1}{n_1} + \frac{1}{n_2}}$ an (s. Kap. 8.6). Man berechnet damit das symmetrische 95%-Intervall der wahrscheinlichsten positiven oder negativen Stichprobendifferenzen. Den Absolutbetrag der maximalen Häufigkeitsdifferenz, die gerade noch innerhalb des 95%-Intervalls liegt, nennt man die *signifikante Stichprobendifferenz*, und der Koeffizient von 5% heißt der *Signifikanzkoeffizient*. M. a. W., das 95%-Intervall der wahrscheinlichsten Stichprobendifferenzen fungiert als Akzeptanzintervall der Irrelevanzhypothese (Nullhypothese) und das zweiseitig-extreme 5%-Intervall der unwahrscheinlichsten Stichprobendifferenzen fungiert als Zurückweisungsintervall der Irrelevanzhypothese und als Akzeptanzintervall der Relevanzhypothese (Alternativhypothese). Siehe Abb. 8-3.

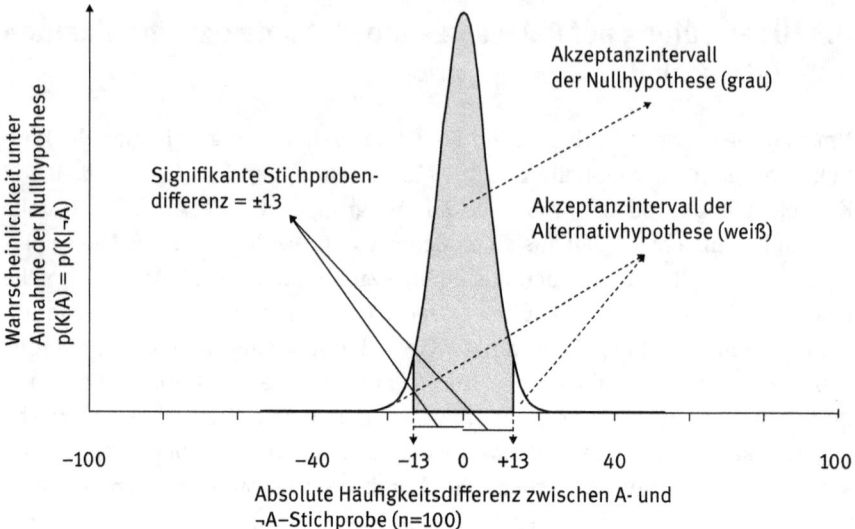

Abb. 8-3: *Wahrscheinlichkeitsverteilung von Stichprobendifferenzen und signifikante Stichprobendifferenz (approximiert durch Normalverteilung).*

(Def. 8-2) Die *signifikante Stichprobendifferenz* ist jener Betrag, den die Differenz zwischen der Häufigkeit von K in einer A-Stichprobe und einer A-Kontrollstichprobe mit einer Wahrscheinlichkeit gleich dem Signifikanzkoeffizienten (üblicherweise 5 %) übersteigt, gegeben dass in der Grundgesamtheit kein statistischer Zusammenhang zwischen A und K besteht (die Differenz also rein zufällig zustande kam).

Überschreitet die tatsächlich gefundene Stichprobendifferenz die signifikante Stichprobendifferenz, dann wird die Irrelevanzhypothese verworfen und die Relevanzhypothese akzeptiert. In diesem Fall wäre die Wahrscheinlichkeit, eine mindestens so große Stichprobendifferenz wie die tatsächlich vorgefundene zu finden, unter der Annahme der Irrelevanzhypothese kleiner als der Signifikanzkoeffizient von 5 %; die Irrelevanzhypothese wäre damit *stark geschwächt*, und die Relevanzhypothese *stark bestätigt*. Man sagt in diesem Fall, zwischen A und K besteht ein *signifikanter* Zusammenhang bzw. eine signifikante Korrelation. In unserem Beispiel berechnet man (bei Annahme einer approximativen Normalverteilung) eine signifikante Stichprobendifferenz von 13 von 100; der vorgefundene

8.3 Überprüfung auf Relevanz – die Methode der signifikanten Unterschiede

Unterschied von 15 von 100 ist also signifikant. Falls A zu einer Erhöhung der K-Häufigkeit führt, ist die als signifikant befundene Korrelation positiv; im Falle einer Erniedrigung ist diese Korrelation negativ. Ist die gefundene Stichprobendifferenz dagegen kleiner als die signifikante Differenz, dann wird die Irrelevanzhypothese weiterhin akzeptiert.

Das Verfahren lässt sich auch bei anders gewählten Signifikanzkoeffizienten durchführen. Eine bei einem Signifikanzkoeffizienten von 1 % signifikante Stichprobendifferenz nennt man *hochsignifikant*. Meist gibt man an, bei welchem Signifikanzkoeffizient die vorgefundene Differenz *gerade noch* signifikant ist. In unserem Beispiel ist die vorgefundene Differenz von 0,15 bei einem Koeffizienten von 2,5 % gerade noch signifikant, was bedeutet, dass die Wahrscheinlichkeit, unter Voraussetzung der Nullhypothese eine Stichprobendifferenz von größergleich 15 zu erhalten, 2,5 % beträgt.

Satz 8-1 fasst die Methoden der Überprüfung statistischer Hypothesen zusammen.

(Satz 8-1) *Überprüfung der statistischen Gesetzeshypothese p(K|A) = 80 %*
Überprüfung auf Wahrheit – Methode der Akzeptanz- und Konfidenzintervalle:
⇒ Nimm eine A-Stichprobe: z. B. 100 As. Gefunden: z. B.: 75 Ks.
⇒ Wähle den Akzeptanzkoeffizienten: z. B. 95 %
Berechne aus Stichprobengröße (n=100) und Akzeptanzkoeffizienten (95 %) das
⇒ Akzeptanzintervall: in unserem Fall: 72 – 88 Ks von 100 As
Liegt die A-Stichprobenhäufigkeit von K im Akzeptanzintervall?
    Nein: Gesetz ist stark geschwächt
    Ja: Gesetz ist schwach bestätigt
⇒ Stark bestätigt ist nur das (schwächere) Konfidenzintervallgesetz, das beim gegebenen Stichprobenresultat lautet: 67 % ≤ p(K|A) ≤ 83 %

Überprüfung auf Relevanz – Methode der signifikanten Unterschiede:
⇒ Nimm eine A-Kontrollstichprobe: z. B. 100 ¬As. Gefunden: z. B. 60 Ks.
⇒ Wähle den Signifikanzkoeffizienten: z. B. 5 %
Berechne aus Stichprobengröße (n=100) und Signifikanzkoeffizienten (5 %) die
⇒ signifikante Differenz: in unserem Fall 13 von 100.
Ist die tatsächliche Differenz zwischen der A-Stichprobenhäufigkeit von K und der A-Kontrollstichprobenhäufigkeit von K größer als die signifikante Differenz?
    Nein: Relevanz von A für K ist stark geschwächt
    Ja: Relevanz von A für K ist stark bestätigt: ⇒ *signifikante Korrelation*

Positive Differenz: Korrelation positiv   Negative Differenz: Korrelation negativ

Beim Relevanztest ist die Alternativhypothese die Negation der Nullhypothese. Daher ist erstere stark bestätigt genau dann, wenn letztere stark geschwächt ist. Dies ist anders als bei der Wahrheitsprüfung, wo es zur gegebenen Hypothese $p(K|A)=r$ unendlich viele Alternativhypothesen der Form $p(K|A) = r^* \neq r$ gibt. Man nennt obigen Relevanztest auch *zweiseitigen* Test, weil dabei positive und negative Differenzen in Betracht gezogen werden. Wenn man von vornherein weiß, dass sich der Faktor A, wenn überhaupt, dann nur auf eine Seite hin auswirken kann, wendet man den *einseitigen* Unterschiedstest an, in dem das einseitig-extreme 5 %-Intervall als Zurückweisungsintervall gewählt wird.

Wie auch bei der Methode der Akzeptanzintervalle nimmt die Streuung der relativen Stichprobenhäufigkeitsdifferenzen und damit die signifikante Differenz proportional zur Wurzel der Stichprobengröße (n) ab. Jede noch so kleine *relative* Stichprobendifferenz wird damit signifikant, wenn die Stichprobengröße hinreichend *groß* gewählt wird. Manche Autoren empfinden diese Tatsachen als paradox, aber dies ist nicht der Fall – es drückt sich darin nur das Gesetz der großen Zahlen aus. Man beachte auch, dass diese Tatsache nur für relative, aber nicht für absolute Stichprobendifferenzen gilt. Letztere nehmen proportional zur Wurzel der Stichprobengröße zu. Beispielsweise wird eine Differenz von 1 % Stichprobenhäufigkeit 5 %-signifikant bei einer Stichprobengröße von n = 14.390 Individuen, aber diese 1 % machen hier immerhin 144 Individuen aus.

Die bloße Behauptung, dass zwischen zwei Merkmalen A und K eine signifikante Korrelation gefunden wurde, ist daher *ohne* eine Information über die Stichprobengröße eine vergleichsweise *schwache* Behauptung. Sie besagt lediglich, dass *irgendeine* möglicherweise nur sehr geringe Korrelation zwischen A und K vorliegt. Insbesondere bedeutet eine hochsignifikante Korrelation noch nicht, dass die Höhe dieser Korrelation besonders hoch wäre, sondern nur, dass mit sehr *hoher* Wahrscheinlichkeit irgendein wenn auch sehr geringer statistischer Zusammenhang zwischen A und K besteht. Dies wird in populären Darstellungen von statistischen Ergebnissen häufig verwechselt. Wird etwa berichtet, Mediziner hätten einen signifikanten Zusammenhang zwischen dem *Verspeisen von Extrawurst* und der *Krebsrate* beobachtet – um eines von vielen möglichen Beispielen zu nennen –, so wird dies als sensationelles Resultat aufgefasst, ohne zu bedenken, dass dieser Zusammenhang auch praktisch vernachlässigbar klein sein könnte. Es ist daher sehr wichtig, zusätzlich zum Bestehen einer signifikanten Korrelation über die vermutliche *Höhe* dieser Korrelation zu informieren. Als Maß hierfür eignet sich die vermutete Häufigkeitsdifferenz in der Population, die man aus der gefundenen Stichprobendifferenz schätzt. Dividiert man diese Häufigkeitsdifferenz durch die Streuung σ, so erhält man die sogenannte *Effektstärke*. Die Effektstärke ist ein in jüngerer Zeit bevorzugt verwendetes statistisches Korrelationsmaß, das eine binäre Antecedensvariable A, ¬A und ein *beliebig* skaliertes

Konsequensmerkmal voraussetzt und definiert wird als die Differenz zwischen dem Mittelwert von K in der A-Population und in der Gesamtpopulation, dividiert durch die Streuung von K. Aufgrund ihrer Skalierungsunabhängigkeit wird die Effektstärke gerne in *Metaanalysen* eingesetzt, worin Ergebnisse verschiedener empirischer Untersuchungen vereinigt werden (s. Bortz/Döring 2002, Kap. 9.4).

Manche Autoren empfehlen folgendes Vorgehen: Ein gewisses Maß an Stichprobendifferenz wird als gerade noch *praktisch bedeutsam* angenommen, und ausgerichtet daran wird jene Stichprobengröße bestimmt, bei der diese praktisch bedeutsame Differenz gerade noch 5 %-signifikant wäre (s. Bortz 1985, 157f; Westermann/Hager 1982). Dieses Vorgehen ist nur in speziellen Fällen sinnvoll und im Allgemeinen problematisch. Welcher Stichprobenunterschied praktisch bedeutsam ist, hängt von praktischen Kosten-Nutzen-Überlegungen ab. Wenn man nur einen ziemlich großen Stichprobenunterschied, z. B. von 50 %, als praktisch bedeutsam ansieht, was z. B. für den Erfolg eines Impfstoffes geboten wäre, dann müsste man gemäß diesem Vorgehen eine Stichprobengröße von nur 6 Versuchspersonen (Vpn) wählen, was unsinnig wäre, denn derart kleine Stichproben sind unreliabel. Um reliable Urteile zu erzielen, muss eine hinreichend große Stichprobe gewählt werden, *unabhängig* von der Höhe dieses Zusammenhanges. Die Höhe dieses Zusammenhangs schätzt man durch die gefundene Stichprobendifferenz bzw. durch die daraus berechnete Effektstärke. Am informativsten ist die zusätzliche Angabe eines 95%igen Konfidenzintervalls für die geschätzte Effektstärke (Bortz 1985, 234; Westermann/Hager 1982, 17). Im qualitativen Fall berechnet sich das Konfidenzintervall der Stichprobendifferenzen einfach als gefundene Stichprobendifferenz ± signifikante Stichprobendifferenz; in unserem Beispiel (75–55) ± 18 = [2, 38]. Weil die gefundene Differenz nur knapp über der signifikanten Differenz liegt, liefert das Konfidenzintervall einen hohen Unsicherheitsspielraum.

Die statistische Relevanzprüfung wird auf Gesetzeshypothesen mit mehreren konjunktiven Antecedensfaktoren $p(K|A_1 \wedge ... \wedge A_n)$ verallgemeinert, in dem für jeden Antecedensfaktor A_i eine A_i-Kontrollstichprobe gebildet wird, die aus Individuen besteht, welche sämtliche Antecedensmerkmale A_j, $j \neq i$, erfüllen, A_i jedoch nicht erfüllen. Die Häufigkeitsdifferenz zwischen der A-Stichprobe und der A_i-Kontrollstichprobe wird dann auf signifikanten Unterschied getestet. Die Häufigkeitsdifferenz $h(K|A_1 \wedge ... \wedge A_n) - h(K|A_1 \wedge ... A_{i-1} x \wedge \neg A_i \wedge A_{i+1} \wedge ... \wedge A_n)$ in der Stichprobe ist ein Maß für die sogenannte *bedingte Korrelation* zwischen K und A bei festgehaltenen Restvariablen A_j ($j \neq i$).

8.4 Statistische Repräsentativität und Arten statistischer Hypothesen

Die Forderung der Repräsentativität der Stichprobe besagt für die Prüfung *gewöhnlicher* statistischer Hypothesen, dass alle sonstigen für das Konsequenzprädikat K relevanten Faktoren in der A-Stichprobe möglichst *gleich häufigkeitsverteilt* sein sollten wie in der A-Population (vgl. Bortz 1985, 113). In unserem Beispiel wären dies andere Kausalfaktoren als Autoabgase, die Bäume krank machen, wie z. B. Industrieabgase oder Schädlingsbefall.

Im Falle der statistischen Repräsentativität ist es wichtig, zwischen *Definition* und *Kriterium* zu unterscheiden. Der Definition nach ist eine Stichprobe repräsentativ, wenn alle relevanten Merkmale in ihr gleich verteilt sind wie in der Population. Diese Annahme beruht auf einem *Induktionsschluss* und kann durch kein Verfahren garantiert werden. Es wäre *zirkulär*, die so definierte Repräsentativität einer Stichprobe als Voraussetzung für induktive Schlüsse aus dieser Stichprobe anzusehen, da sie selbst ja das Resultat einer induktiven Generalisierung ist. Entscheidend sind vielmehr die *Kriterien* für Repräsentativität, deren Erfüllung unabhängig vom induktiven Generalisierungsschritt sichergestellt werden kann: nur diese Kriterien kann man als Voraussetzung für induktive Schlüsse ansehen (vgl. auch Campbell/Franklin 2004, 84).

Die Kriterien für Repräsentativität ergeben sich aus den *Methoden* zur Erzeugung möglichst repräsentativer Stichproben. Die wichtigste Methode ist die der *Zufallsstichprobe* – diese Methode empfiehlt sich immer dann, wenn nichts oder nur wenig über die Verteilung der restlichen Merkmale in der Population bekannt ist. Eine Stichprobe ist eine Zufallsstichprobe *im engen Sinn*, wenn ein zufälliges Auswahlverfahren vorliegt, das jedem Individuum der Population die gleiche Chance gibt, in die Stichprobe zu gelangen. Natürlich können Zufallsstichproben *zufällig* von der Grundgesamtheit abweichen, aber die Wahrscheinlichkeitsverteilung ihrer zufälligen Abweichung ist statistisch berechenbar, und darauf beruhen die erläuterten statistischen Methoden.

Ein zufälliges Auswahlverfahren setzt voraus, dass alle Individuen der Population dem Auswahlverfahren zugänglich und daher in irgendeiner Form *erfasst* sind – z. B. durch Karteikarten oder Namenslisten, aus denen blind ausgewählt wird. Diese *enge* Definition von Zufallsstichprobe, auf die man oft trifft, ist sowohl *unnötig* eng wie *zu* eng. Unnötig eng, weil es nur darauf ankommt, dass alle für das Konsequenzprädikat relevanten *Arten* von Individuen dieselbe Chance haben, in die Stichprobe zu gelangen: ist dies der Fall, dann sprechen wir von einer Zufallsstichprobe *im weiten Sinn*. Das Auswahlverfahren darf also lediglich keine *relevanten* Merkmalsverteilungen verzerren (s. Mayntz et al. 1974, 69f). Zu eng ist die enge Definition, weil sie meist nicht realisierbar ist. In unserem

Beispiel kann man schwerlich allen mitteleuropäischen Bäumen in der Nähe von Autobahnen Nummern geben, um dann aus einer großen Urne 100 Nummern zu ziehen. Worauf es nur ankommt, ist, dass die Waldstriche, aus denen man die Zufallsstichprobe der auf Erkrankung zu prüfenden Bäume zieht, keine verzerrenden Merkmale besitzen (Kromrey 2002, 292) – beispielsweise sollte der Schädlingsbefall in diesen Waldstrichen weder höher noch niedriger liegen als der durchschnittliche Schädlingsbefall insgesamt (usw.).

Der Begriff der Zufallsstichprobe im weiten Sinn beantwortet auch einen anderen Einwand gegen die Überprüfung statistischer Hypothesen über *unendliche* Grundgesamtheiten, der von Spielman (1977) vorgebracht wurde: nämlich dass man aus unendlichen Populationen keine Zufallsstichproben wählen kann, weil jede Auswahloperation auf ein endliches Teilstück der Population begrenzt sein muss. Dieses Argument ist auf den weiten Begriff der Zufallsstichprobe nicht anwendbar. Angenommen ein Münzwurfexperiment, in dem die Hypothese p = 1/2 zu testen ist. Die Population wäre hier die idealisierte unendliche Folge aller möglichen Münzwürfe. Wenn ich diese Populationshypothese *heute* durch eine endliche Wurfstichprobe teste, so haben nur Münzwürfe der Gegenwart oder nächsten Zukunft eine Chance, in meine Stichprobe zu gelangen. Doch der bloße *Zeitpunkt* des Münzwurfs ist ein statistisch irrelevantes Merkmal, und deshalb handelt es sich dennoch um eine Zufallsstichprobe im weiten Sinn.

Wenn die Verteilung der restlichen relevanten Merkmale in der Population bekannt ist, kann man anstelle einer Zufallsstichprobe auch eine sogenannte *geschichtete* Stichprobe bilden, um die Repräsentativität zu erreichen. Will man beispielsweise die Konsumgewohnheiten von deutschen Durchschnittsbürgern untersuchen, so ist von den Merkmalen Stadt- vs. Landbevölkerung, Alter, Familiengröße und Geschlecht anzunehmen, dass sie das Konsumverhalten beeinflussen, und es empfiehlt sich eine sogenannte *proportional geschichtete* Stichprobe, in der man für jedes relevante Merkmal M_i jenen Prozentsatz von Versuchspersonen in die Stichprobe gibt, welcher der bekannten Häufigkeit in der Grundgesamtheit entspricht (vgl. Mayntz et al. 1974, 87ff).

Der Begriff der geschichteten Stichprobe setzt anderwärtig gesichertes statistisches Wissen bereits voraus. Dies trifft auch auf den Begriff der Zufallsstichprobe im *weiten* Sinn zu, der die statistische Irrelevanz von einigen Restmerkmalen für das Konsequenzmerkmal K unterstellt. Wir haben oben argumentiert, dass die Kriterien für Stichproben keine Zirkularität involvieren dürfen. Eine direkte Zirkularität liegt hier nicht vor, da es sich ja um die Irrelevanz *anderer* Merkmale handelt. Doch liegt nicht zumindest eine indirekte Zirkularität oder ein infiniter Regress vor, insofern die Irrelevanz dieser anderen Merkmale ebenfalls bestätigt werden muss, wofür repräsentative Stichproben nötig sind?

In der Tat könnte der zirkuläre Fall eintreten, dass die Prüfung des Zusammenhangs zwischen K und A die Irrelevanz von B und die Prüfung des Zusammenhangs zwischen K und B die Irrelevanz von A voraussetzt. In einem solchen Fall funktioniert die Methode von Stichproben im weiten Sinn nicht, und man muss Stichproben im engen Sinn verwenden, also beide Variablen A und B variieren. Häufig stellen wir jedoch eine Irrelevanzhypothese nicht nur bezogen auf eine bestimmte Population auf, sondern verstehen die Irrelevanz im *kausalen* Sinn und behaupten sie daher für beliebige Häufigkeitsverteilungen der Restvariablen, sofern lediglich jene Bedingungen erfüllt sind, die das Zufallsexperiment kausal definieren. Die Prüfung solcher kausaler und pauschaler Irrelevanzhypothesen erfordert nicht repräsentative Stichproben im oben definierten populationsbezogenen Sinn, sondern erfordert, dass die Restvariablen *möglichst stark variieren*, was ohne induktiven Generalisierungsschritt überprüfbar ist.

So behaupten wir im Beispiel des Münzwurfexperimentes die Irrelevanz des Merkmals „Zeitpunkt" für *beliebige* Münzwurfsituationen, sofern lediglich die physikalischen Bedingungen eines regulären Münzwurfs gegeben sind: zulässige Anfangsgeschwindigkeit und Fallhöhe, normaler Luftdruck und Temperatur, außer der Gravitationskraft keine weiteren signifikanten Kräfte. Davon abgesehen ist es gleichgültig, aus welcher „Population" der Münzwurf stammt, ob ich oder du geworfen haben, ob in Deutschland oder am Nordpol, vor 1000 Jahren oder jetzt, usw. Um diese vollständige Irrelevanz eines dieser Merkmale zu prüfen, benötigt man lediglich möglichst breit gestreute beliebige Stichproben, aber keine populationsbezogenen Zufallsstichproben.

Wir streifen in dieser Diskussion das Thema der Robustheit bzw. *Invarianz* von Hypothesen gegenüber Variationen der Werte von Restvariablen (vgl. Woodward 2003, 250) – eine Frage, die auch in der Diskussion des Begriffs der *Gesetzesartigkeit* (s. Kap. 7.8.2, 9.7) sowie der sogenannten *ceteris paribus* Bedingungen eine Rolle spielt (vgl. Reutlinger et al. 2011, Schurz 2002). Betrachten wir folgende Beispiele von statistischen Hypothesen:

(8-5) 50 % aller Cäsium-137-Atome (einer beliebigen Substanzmenge) sind nach 30 Jahren zerfallen.
(8-6) Der Häufigkeitsgrenzwert, mit dem eine regulär geworfene Münze auf Kopf fällt, beträgt 1/2.
(8-7) 80 % aller Lungenkrebskranken waren schwere Raucher (Population: Deutschland 1980-90).
(8-8) 80 % aller verhaltensgestörten Kinder haben verhaltensgestörte Eltern.
(8-9) Die Häufigkeit von schweren Rauchern unter Lungenkrebskranken ist signifikant höher als unter anderen Personen.

(8-10) Die Häufigkeit von verhaltensgestörten Kindern unter Kindern mit verhaltensgestörten Eltern ist signifikant höher als unter anderen Kindern.

Im Fall von (8-5,6,7,8) handelt es sich um *numerische* statistische Hypothesen, im Fall von (8-9,10) um lediglich *komparative* Hypothesen, also Behauptungen eines signifikanten Häufigkeitsunterschieds. Bei der Hypothese (8-5) liegt ein physikalisches Gesetz über einen objektiv indeterministischen Prozess vor, das für *beliebige* Werte von Restvariablen (bzw. Umgebungsbedingungen) Geltung beansprucht. Wir sprechen hier von einer *strikt invarianten* statistischen Hypothese. Im Fall (8-6) liegt eine Hypothese vor, die für (nicht alle, aber zumindest) *fast alle* Werte der Restvariablen gilt; die Hypothese ist *hochgradig* invariant. Beispiel (8-7) ist dagegen eine Hypothese, die nur Sinn macht, wenn sie auf eine *spezifische Population* (wie in Klammern angegeben) bezogen wird. Denn neben Rauchen gibt es weitere Ursachen für Lungenkrebs, z. B. die durchschnittliche Smogbelastung etc., die für den *numerischen* Häufigkeitswert mitentscheidend sind. Dasselbe gilt für Hypothese (8-8). Wir sprechen hier von einer *populationsbeschränkten* Hypothese. Offenbar gilt die übliche Repräsentativitätsforderung, wie wir sie eingangs charakterisierten und man sie in Lehrbüchern der Statistik findet, *nur für populationsbeschränkte Hypothesen*, nicht aber für Hypothesen, die universelle oder hochgradige Invarianz behaupten. Letztere Hypothesen benötigen zu ihrer Überprüfung Stichproben, deren Restvariablen möglichst breit variieren.

Eine Methode, um von populationsbeschränkten zu hochgradig invarianten statistischen Hypothesen zu gelangen, besteht darin, die gemachte Behauptung von einer numerischen zu einer bloß komparativen *abzuschwächen*, so wie dies in den Beispielen (8-9,10) geschehen ist. Im Fall (8-9) – die Abschwächung von (8-7) – gelangt man damit zu einer universell oder zumindest hochgradig invarianten Hypothese, denn schweres Rauchen – egal wie es um die anderen Faktoren bestellt ist – erhöht in jedem Fall die Lungenkrebsrate (wenn auch in kontextabhängigem Grade). Schurz (2002) spricht hier von einer *komparativen ceteris paribus* Hypothese. Im Beispiel (8-10), der komparativen Abschwächung von (8-8), ist die Invarianz keinesfalls so klar; vielmehr scheint auch diese komparative Hypothese nur für *gewisse* Verteilungen der Werte von Restvariablen zu gelten. Z. B. ist die Hypothese ungültig für Kinder, die vorwiegend nicht von ihren Eltern aufgezogen werden; Schurz (2002) spricht hier von einer *exklusiven ceteris paribus* Hypothese. Der Grad an *Invarianz* einer statistischen Hypothese bedingt schließlich auch ihren Anspruch auf *Gesetzesartigkeit*: so würden wir (8-5), (8-6) und (8-9) als durchweg gesetzesartig ansehen; (8-7,8) und (8-10) sind dagegen nicht mehr durchgängig gesetzesartig, sondern hängen stark von kontingenten Umständen ab.

8.5 Teststatistik und Inferenzstatistik

Akzeptanzintervalle sind *Stichprobenintervalle*, Konfidenzintervalle sind dagegen *Hypothesenintervalle* (Hays/Winkler 1970, 383). Akzeptanzintervalle gehören zur sogenannten *Teststatistik*, der es um die Überprüfung von *gegebenen* Hypothesen mit einer bereits vorhandenen Plausibilität geht. Konfidenzintervalle gehören dagegen zur *Inferenzstatistik*, der es um die *Auffindung* der plausibelsten Hypothesen angesichts eines gegebenen Stichprobenresultates geht (vgl. Aron/Aron 2002, 238f)[50]. In der statistischen Praxis sind beide Problemstellungen meist nicht scharf trennbar: auch wenn man bereits gewisse Hypothesen besitzt, die man einem Akzeptanzintervalltest unterzieht, wird man dennoch an möglichst gut abgesicherten Hypothesen und daher an deren Konfidenzintervallen interessiert sein.

Sowohl in teststatistische wie in inferenzstatistische Prozeduren gehen *induktive* Schlüsse ein. Der Unterschied ist jedoch folgender: In der reinen Teststatistik wird nur vom *epistemischen* Induktionsprinzip Gebrauch macht, demzufolge bisher erfolgreiche Hypothesen (erfolgreich im Sinne der Akzeptanzintervallmethode) beibehalten werden, und nur erfolglose Hypothesen zurückgewiesen werden. Bei der Inferenzstatistik handelt es sich dagegen um ein *methodisches* Induktionsverfahren, welches angesichts eines Stichprobenbefundes im Sinn der Konfidenzintervallmethode das 95%-Intervall aller plausibelsten Hypothesen auffindet.[51]

Fishers Testtheorie wird gelegentlich als *quasi-falsifikationistisch* bezeichnet, weil sie methodologische Regeln liefert, die uns sagen, bei welchen Stichprobenresultaten eine gegebene Hypothese beibehalten und bei welchen sie zurückgewiesen werden soll (Howson/Urbach 1996, 174). Der Unterschied zu einer echten Falsifikation liegt darin, dass die Zurückweisung der Hypothese nur mit gewisser Wahrscheinlichkeit gilt und daher grundsätzlich vorläufig ist. Es ist m. E. daher verfehlt, diese Prozedur als eine Variante der Popperschen Falsifikation anzusehen. Letzteres ist von Popper (1935/2002, Kap. II.68), Max Albert (1992), Gillies (2002, 148f) und anderen vorgeschlagen worden. Diese Autoren bezeichnen Fishers Methode als „methodologische Falsifikationsregel" und Worrall (2006, 132f) nennt den induktiven Spezialisierungsschluss eine „Quasideduktion". Doch wie erläutert ist letzterer Schluss ebenso induktiv und unsicher wie der induktive Vorausage- und Generalisierungschluss (vgl. Kap. 4.4). Popper (ibid.) schlug vor, die statistische Testtheorie in seinen falsifikationistischen Ansatz dadurch einzubauen, dass extrem unwahrscheinliche Stichprobenresultate als praktisch unmöglich erachtet werden. Doch wie Howson/Urbach (1996, 174) einwenden, kommen extrem unwahrscheinliche Ereignisse immer wieder vor, wie z. B. die genaue Verteilung der Allele in einem Neugeborenen. Poppers Vorschlag scheint daher nicht durchführbar zu sein.

Stegmüller kritisierte an der statistischen Testtheorie, dass sie die epistemischen Entscheidungen auf Akzeptanz versus Zurückweisung einschränkt (1973b, 142ff). Diese Kritik wäre schwerwiegend, wenn sie zuträfe; sie trifft jedoch auf etliche Interpretationen der statistischen Testtheorie nicht zu. Hays/Winkler (1970, 399f) und Westermann/Hager (1982, 19) schließen in die Testtheorie neben den Optionen der Zurückweisung und Akzeptanz auch die Option der *Zurückhaltung* ein – indem das zentrale 66%-Intervall als Akzeptanzintervall, das extreme 5%-Intervall als Zurückweisungsintervall und das dazwischen liegende Intervall als Zurückhaltungsintervall gewählt wird. Cramer (1946, 421) ging noch weiter und interpretierte statistische Testresultate generell als graduelle *Stützungsresultate* (Howson/Urbach 1996, 207).

In meiner Sichtweise liefert Fishers Testtheorie eine Methode, um induktiv-empirischen Gehalt einer statistischen Hypothese (gemäß Kap. 7.2) zu generieren und darauf aufbauend eine *Heuristik* für ihre Bestätigung/Schwächung und vorläufige Akzeptanz/Zurückweisung festzulegen. Im Testfall liefert Fishers Akzeptanzintervallmethode eine Regel, die für jede Stichprobengröße n mit Streuung σ das Intervall [±2·σ] um den von der Hypothese behaupteten Wahrscheinlichkeitswert (oder Mittelwert) r festlegt, in dem die beobachtete Stichprobenhäufigkeit liegen darf, damit sie nicht als „zu unplausibel" zurückgewiesen werden muss. Im Inferenzfall liefert Fishers Konfidenzintervallmethode eine Variante des induktiven Generalisierungsschlusses, der die Häufigkeit von der beobachteten Stichprobe auf die Grundgesamtheit überträgt (auch „straight rule" oder „Proportionalregel" genannt; vgl. Salmon 1974), zusammen mit der Eintragung eines Konfidenz- bzw. Unsicherheitsintervalls um den induktiv-generalisierten Stichprobenwert.

Es ist wichtig, sich klarzumachen, dass mithilfe des statistischen Wahrscheinlichkeitsbegriffs immer nur die Wahrscheinlichkeit von Stichprobenresultaten, gegeben gewisse Populationshypothesen, berechnet werden kann, aber niemals die Wahrscheinlichkeit der Populationshypothesen selbst. Statistische Wahrscheinlichkeiten beruhen auf wiederholbaren Zufallsexperimenten, und die Entnahme von Stichproben aus einer Grundgesamtheit ist ein wiederholbares Zufallsexperiment. Die gesamte Grundgesamtheit bzw. ‚aktuale Welt' gibt es dagegen *nur einmal*: sie besitzt keine statistische Wahrscheinlichkeit, denn Zufallsfolgen von möglichen Welten gibt es nicht (ebenso Hays/Winkler 1970, 328; Howson/Urbach 1996, 239). *Hypothesenwahrscheinlichkeiten* sind daher immer *epistemischer* Natur und gehören in das Gebiet der epistemischen Wahrscheinlichkeitstheorie. Aus diesem Grund wäre es eine *Konfusion*, das Ergebnis der Konfidenzintervallmethode so zu lesen: Mit 95%iger statistischer Wahrscheinlichkeit liegt die Populationshäufigkeit im angegebenen Konfidenzintervall. Was die Konfidenzintervallmethode aus statistischer Sicht sagt, ist vielmehr folgendes: für alle Hypothesen im Konfidenzintervall liegt das tatsächliche Stichprobenresultat im Intervall ihrer 95 % wahrscheinlichsten Stichprobenresultate.

In allen statistischen Test- und Inferenzverfahren geht also letztlich folgendes vor sich: Die Höhe der statistischen Wahrscheinlichkeit des Stichprobenresultates E, gegeben eine statistische Hypothese H, wird als *Indikator* verwendet für die Plausibilität der Hypothese H, gegeben das Stichprobenresultat E. In Kap. 9.1 nenne ich diese Vorgehensweise die *Likelihood-Intuition*, denn die statistische Wahrscheinlichkeit p(E|H) nennt man auch das *Likelihood* der Hypothese H gegeben die Evidenz E. Wir werden dort die statistischen Standardmethoden im Lichte einiger bayesianischer Einwände diskutieren und aufzeigen, dass die übliche Rechtfertigung dieser Methoden (entgegen bayesianischen Meinungen) weder falsch ist noch willkürlich, sondern lediglich *unvollständig* ist: Für eine vollständige Rechtfertigung dieser Methoden benötigt man, im Sinne unseres dualistischen Ansatzes, den Begriff der epistemischen Wahrscheinlichkeit.

8.6 Wahrscheinlichkeitsverteilungen und statistische Methoden für kontinuierliche Variablen

Eine mathematische Variable X ist (wie im Anhang 10.1 erklärt) eine Funktion X:D→V, die jedem Individuum x im Individuenbereich D einen Zahlenwert X(x)∈V in einem Zahlenbereich V ⊆ ℝ aus der Menge der reellen Zahlen ℝ zuordnet. Ein Beispiel für X wäre das *Gewicht* von Personen. Man nennt X auch eine *Zufallsvariable*.[52] Eine Wahrscheinlichkeits*verteilung* p (oder P) über X ist eine Wahrscheinlichkeitsfunktion p:V→[0,1] über den variablen Zahlenwerten der Merkmalsvariable X(x)∈V. Kann die Merkmalsvariable X(x) nur endlich oder abzählbar viele Zahlenwerte in ℝ einnehmen (z. B. das Gewicht *gerundet* in kg), so nennt man p eine *diskrete* Verteilung. Kann X(x) alle Zahlenwerte in ℝ oder eines *Zahlenintervalls* in ℝ annehmen, so nennt man p eine *kontinuierliche* Verteilung. *Notation:* Es steht im Folgenden $p_X(r)$ abkürzend für p(X(x)=r) und $p_X([a,b])$ für p(X(x)∈[a,b]). Dabei bezeichnet [a,b] = {r∈ℝ: a≤r≤b} das *geschlossene* Intervall aller reellen Zahlen zwischen a und b, analog ist (a,b) = {r∈ℝ:a<r<b} das *offene* Intervall zwischen a und b.

8.6 Wahrscheinlichkeitsverteilungen und statistische Methoden — 115

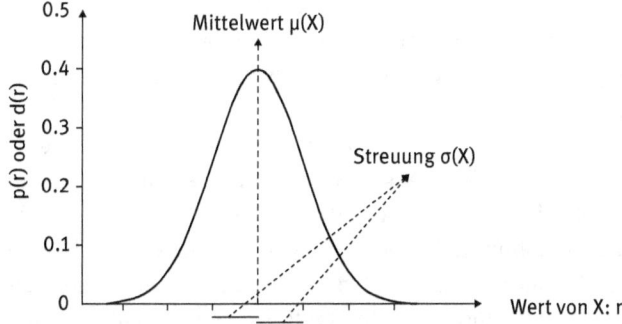

Abb. 8-4: *Gaußsche Normalverteilung.*

In Kap. 3.2 haben wir die grundlegendste diskrete Verteilung der Statistik kennengelernt: die Binomialverteilung. Nun betrachten wir die grundlegendste kontinuierliche Verteilung, die Gaußsche *Normalverteilung* p(r) bzw. d(r), dargestellt in Abb. 8-4. Die Wahrscheinlichkeit p(r) verwendet man in der *diskreten* Version der Normalverteilung: ist X z. B. das Gewicht, dann steht p(50) für die Häufigkeit von Personen, deren Gewicht *gerundet* 50 kg beträgt. Kontinuierliche Verteilungen haben gegenüber diskreten Verteilungen folgende *Besonderheit*: die Wahrscheinlichkeit, dass ein quantitatives Merkmal genau einen von überabzählbar vielen möglichen reellen Zahlenwerten einnimmt (also einen reellen Zahlenwert mit unendlich genauer Präzision), ist typischerweise immer null. Was interessiert, sind die Wahrscheinlichkeiten von nichtverschwindenden Intervallen der reellen Zahlengerade, wie z. B. p(70±0,5 kg); diese Intervallwahrscheinlichkeiten sind typischerweise positiv. Man kann die Wahrscheinlichkeitsverteilung über einer reellwertigen Zahlengerade daher nicht durch die Wahrscheinlichkeiten p(r) selbst darstellen, denn dann erhielte man die triviale Nullgerade. Man behilft sich stattdessen mit der sogenannten *Wahrscheinlichkeitsdichte* d(r).[53] Die Wahrscheinlichkeit, den Wert von X im Intervall [a,b] zu finden, ist damit gegeben als das *Integral* der Wahrscheinlichkeitsdichte d(r) über diesem Intervall, das wie Gleichung 8-11(b) geschrieben wird:

(8-11) (a) *Diskreter Fall:* (b) *Kontinuierlicher Fall:*

$p_X([a,b]) = \sum_{a \leq x \leq b} p_X(x)$ $\qquad p_X([a,b]) = \int_a^b d_X(r)\, dr$

Mathematisch gesehen ist das *Integral* die Verallgemeinerung der Summenoperation auf den kontinuierlichen Fall. *Graphisch* betrachtet entspricht das Integral 8-11(b) der *Fläche* unter der Dichteverteilung $d_X(r)$ in Abb. 8-4 zwischen den X-Werten a und b. Dabei ist die Gesamtfläche unter der Dichtekurve, von $-\infty$ bis $+\infty$, auf 1 normiert, denn die Wahrscheinlichkeit, dass die Variable X irgendeinen

Wert annimmt, beträgt 1. Die Definition der Gaußschen Verteilungsfunktion für den Bereich *aller* reellen Zahlen ist eine mathematische Idealisierung, die aber harmlos ist, da die Gauß-Dichten von weit vom Mittelwert entfernten X-Werten annähernd null betragen.

Auf der Basis von Gleichung (8-11) erweitert man die Wahrscheinlichkeitsfunktion über V auf ein Wahrscheinlichkeitsmaß über einer geeigneten Algebra AL(V) über V, $p_X:AL(V) \to [0,1]$. Im diskreten Fall ist AL(V) typischerweise die Potenzmenge von V und im kontinuierlichen Fall die sogenannte *Borel-Algebra* Bo($\mathbb{R}$) über $\mathbb{R}$; dabei handelt es sich um die Menge aller unter unendlicher Vereinigung und Komplement abgeschlossenen Intervalle von reellen Zahlen.[54] Die Funktion $p_X:AL(V) \to [0,1]$ ist zurückführbar auf ein Wahrscheinlichkeitsmaß über einer Algebra über dem zugrundeliegenden Individuenbereich bzw. Möglichkeitsraum D, $p:AL(D) \to [0,1]$, unter der Voraussetzung, dass die Zufallsvariable $X:D \to V$ *messbar* ist in Bezug auf (D, AL(D),p). Darunter versteht man, dass jedes Element A in Bo($\mathbb{R}$) ein Urbild $A_{-X} =_{def} \{x \in D: X(x) \in A\}$ in AL(D) besitzt, welches auf das Bo($\mathbb{R}$)-Maß übertragen wird, d. h. $p_X(A) =_{def} p(A_{-X})$ (für Details s. Bauer 1996, §§ 4-8; Billingsley 1995, Kap. 2-4; Jeffrey 1971).

Die erläuterten Zusammenhänge gelten nicht nur für Normalverteilungen, sondern für *beliebige* Verteilungen – z. B. für *uniforme* (oder Gleich-) Verteilungen, *asymmetrische* Verteilungen oder *multimodale* Verteilungen (mit mehreren Gipfeln).

Die wichtigsten statistischen Parameter einer Verteilung p(X) sind ihr Mittelwert oder arithmetisches Mittel $\mu(X)$ und ihre Streuung $\sigma(X)$. Diese Parameter sind für *beliebige* Verteilungen definiert. Für die Normalverteilung sind $\mu(X)$ und $\sigma(X)$ in Abb. 8-4 eingezeichnet. Der Mittelwert $\mu(X)$ ist der *Durchschnittswert* der Größe X unter den Individuen der Population D. Die Streuung $\sigma(X)$ einer Verteilung informiert über die durchschnittliche Abweichung der individuellen X-Ausprägungen vom Mittelwert. Weil die Summe der gerichteten Abweichungen $\pm(r_i - \mu(X))$ vom Mittelwert sich auf Null kompensieren würde, summiert man die Abweichungsquadrate, deren Summe man die *Varianz* v(X) nennt, und bildet daraus die Wurzel. Je größer die Streuung, desto *flacher* ist eine Verteilung im Durchschnitt. Mathematisch sind die Begriffe wie folgt definiert:

(Def. 8-3) *Mittelwert und Streuung in der Grundgesamtheit*
Diskreter Fall: $X(x) \in \{r_1,...,r_n\}$:   *Kontinuierlicher Fall*: $X(x) \in \mathbb{R}$

Mittelwert: $\mu(X) = \sum_{i=1}^{n} r_i \cdot p(r_i)$ $\mu(X) = \int_{-\infty}^{+\infty} r \cdot d(r) \, dr$

Varianz: $v(X) = \sum_{i=1}^{n} (r_i - \mu(X))^2 \cdot p(r_i)$ $v(X) = \int_{-\infty}^{+\infty} (r_i - \mu(X))^2 \cdot d(r) \, dr$

Streuung: Quadratwurzel der Varianz: $\sigma(X) = \sqrt{v(X)}$.

8.6 Wahrscheinlichkeitsverteilungen und statistische Methoden — 117

Die Definition des Mittelwertes subsumiert auch binäre Merkmale X_F, wenn Fx durch 1 und ¬Fx durch 0 kodiert wird: in diesem Fall folgt $\mu(X_F) = p(Fx)$ und $\sigma(X_F) = \sqrt{p(Fx) \cdot (1-p(Fx))}$.

Bei symmetrisch-eingipfeligen Verteilungen koinzidiert der Mittelwert mit dem häufigsten Wert oder Gipfel der Verteilung, dem sogenannten *Modalwert*, und die restlichen Werte gruppieren sich mit abnehmender Häufigkeit symmetrisch darum herum. Bei einer linksschief-eingipfeligen Verteilung (links eng-&-steil, rechts breit-&-flach) liegt der Mittelwert dagegen ein wenig rechts vom Modalwert: ein Beispiel ist die unten erwähnte χ^2-Verteilung der Stichprobenvarianzen.

Eine Gaußsche Normalverteilung g(r) ist mathematisch durch zwei Parameter, ihren Mittelwert μ und ihre Streuung σ, eindeutig definiert:

$$(8\text{-}12)\ g(r) = \frac{1}{\sqrt{2 \cdot \pi \cdot \sigma}} \cdot e^{-\frac{(r-\mu)^2}{2 \cdot \sigma}}.$$

μ bestimmt den Mittelpunkt und σ die Flachheit der Normalverteilung. Über dem Intervall von μ–σ bis μ+σ liegen genau 66 % der Wahrscheinlichkeit, über [μ–2σ,μ+2σ] liegen 95,5 % der Wahrscheinlichkeit – dies ist das übliche Akzeptanzintervall – und über [μ–3σ, μ+3σ) liegen 99 % der Fläche, usw. Setzt man μ = 0 und σ = 1, so erhält man die *normierte* Normalverteilung $g(z) = (1/\sqrt{2 \cdot \pi}) \cdot e^{-(z^2/2)}$. Man normiert eine beliebige Normalverteilung über einer Zufallsvariablen X, indem man von den X-Zahlenwerten r den X-Mittelwert abzieht und durch die X-Streuung dividiert. Man nennt dies die z-Transformation einer Normalverteilung:

$$(8\text{-}13)\ \textit{z-Transformation: } z = \frac{r-\mu}{\sigma} \quad (\text{d. h. } \forall x \in D: Z_X(x) = (X(x) - \mu(X))/\sigma(X))$$

Die Integrale $\sum_{-\infty}^{z} g(z)\, dz$ der normierten Normalverteilung sind in *Normalverteilungstabellen* einsehbar, die in Statistik-Lehrbüchern zu finden sind. Mit diesen Tabellen bestimmt man Akzeptanz- und Konfidenzintervalle sowie signifikante Unterschiede.

Für eine gegebene Funktion f(r) von X-Werten r bezeichnet man den Ausdruck

$$(8\text{-}14)\ E(f(X)) =_{\text{def}} \sum_{i=1}^{n} f(r_i) \cdot p(r_i) \text{ bzw. } \int_{-\infty}^{+\infty} f(r) \cdot d(r)\, dr$$

als den *Erwartungswert* der Funktion f(r) bezüglich der X-Verteilung $p(r_i)$ bzw. d(r). Für f(X) = X entspricht E(X) für statistische Wahrscheinlichkeiten dem (arithmetischen) Mittelwert von X, und für subjektive Wahrscheinlichkeiten dem subjektiven Erwartungswert von X. Die Varianz v(X) ist der Erwartungswert der Funktion $(X - E(X))^2$. Für Erwartungswerte kann man einige allgemeine Rechengesetze beweisen, die in (Satz 8-2) zusammengestellt sind und auf die wir weiter unten zurückkommen:

(Satz 8-2) *Rechengesetze für Erwartungswerte*:
(a) *Linearität:* $E(r_1 \cdot X_1 + ... + r_n \cdot X_n + q) = r_1 \cdot E(X_1) + ... + r_n \cdot E(X_n) + q$. ($r_i, q \in \mathbb{R}$)
(b) *Varianzen:* (i) $v(X) =_{def} E((X-E(X))^2) = E(X^2) - (E(X))^2$; (ii) $v(r_1 \cdot X + r_2) = r_1^2 \cdot v(X)$.
(c) *Varianz & Kovarianz:* $v(r \cdot X + q \cdot Y) = r^2 \cdot v(X) + q^2 \cdot v(Y) + 2 \cdot r \cdot q \cdot cov(X, Y)$.

Beweise von Satz (8-2) finden sich in Bortz (1985, Anhang B, 803ff) und Hays/Winkler (1995, §§ 3.14, 3.21, 3.25).[55]

Zur Beschreibung einer *individuellen* n-elementigen Stichprobe $s_n = \{a_1, ..., a_n\}$ definiert man den Mittelwert μ_{s_n} und die Streuung σ_{s_n} der Zufallsvariable X in s_n analog wie in Def. 8-3, mit dem Unterschied, dass es hier einfacher ist, direkt über die Individuen der Stichprobe (statt über deren Werte) aufzusummieren:

(Def. 8-4) *Mittelwert und Streuung in einer Stichprobe* $s_n = \{a_1, ..., a_n\}$

$$\mu_{s_n}(X) = \frac{\sum_{i=1}^{n} X(a_i)}{n} \qquad v_{s_n}(X) = \frac{\sum_{i=1}^{n} (X(a_i) - \mu_{s_n})^2}{n} \qquad \sigma_{s_n}(X) = \sqrt{v_{s_n}(X)}$$

Während die *deskriptive* Statistik die Darstellung der Verteilungseigenschaften von einzelnen empirischen Stichproben behandelt, ist die Inferenz- und Teststatistik an der Wahrscheinlichkeitsverteilung der Kennwerte beliebiger Zufallsstichproben interessiert – insbesondere an der *Verteilung der Mittelwerte* beliebiger Zufallsstichproben aus einer Population. Die Wahrscheinlichkeitsverteilung von n-elementigen Stichprobenresultaten ist ein Beispiel für eine *unabhängige* gemeinsame Verteilung von n identischen Zufallsvariablen $X(x_1), ..., X(x_n)$; d. h. die gemeinsame Wahrscheinlichkeitsdichte des Resultates $X(x_1) = r_1 \wedge ... \wedge X(x_n) = r_n$ ist als das *Produkt* $d(r_1) \cdot ... \cdot d(r_n)$ gegeben. Für die Wahrscheinlichkeitsverteilung n-elementiger *Stichprobenmittelwerte* ergibt sich mithilfe der Rechengesetze für Erwartungswerte folgender Mittelwert $\mu_{\mu_n}(X)$ und folgende Streuung $\sigma_{\mu_n}(X)$ (Beweis s. Anhang 10.3.13):

(Satz 8-3) *Mittelwert und Streuung von Stichprobenmittelwerten:*
(i) $\mu(\mu_{s_n}(X)) = \mu(X)$ (ii) $v(\mu_{s_n}(X)) = v(X)/n$ (iii) $\sigma(\mu_{s_n}(X)) = \sigma(X)/\sqrt{n}$

Der Mittelwert oder Erwartungswert der Stichprobenmittelwerte ist also identisch mit dem Populationsmittelwert. Stichprobenkennwerte, deren Erwartungswert mit dem Populationskennwert koinzidiert, nennt man auch *erwartungstreu* (Bortz 1985, 124ff; Hays/Winckler 1995, 308). Die Streuung des Stichprobenmittelwertes *schrumpft* (wie in Kap. 8.1 erläutert) mit zunehmender Stichprobengröße n, umgekehrt proportional zur Wurzel von n. Diese Zusammenhänge gelten nicht nur für Normalverteilungen, sondern für *beliebige* unabhängige identische Verteilungen mit endlicher Varianz. Aus dieser Tatsache folgen die *Gesetze der großen Zahlen* für beliebige Zufallsvariablen, denen zufolge der Stichprobenmittelwert mit Wahrscheinlichkeit 1 gegen den Populationsmittelwert konvergiert, wenn die Stichprobengröße gegen unendlich geht. Diese Gesetze haben dieselbe Form und werden analog bewiesen wie im binären Fall (Satz 3-4), nur steht $\mu(X)$ anstatt $p(A)$ und $\mu_{s_n}(X)$ anstatt $h_n(A)$. Ebenso bedeutend ist der *zentrale Grenzwertsatz*, demzufolge die Verteilung der Stichprobenmittelwerte einer *beliebigen* Verteilung über X für wachsendes n gegen eine *Normalverteilung* mit Mittelwert $\mu(X)$ und Streuung $\sigma(X)/\sqrt{n}$ konvergiert (Bauer 1978, § 51; Bortz 1985, 121; Lauth/ Sareiter 2002, 267). Der zentrale Grenzwertsatz rechtfertigt es, die Verteilung der Stichprobenmittelwerte einer *beliebig* verteilten Zufallsvariable X für hinreichend hohe n (n ≥ 30) durch eine Normalverteilung zu approximieren.[56] Dies erklärt die zentrale Bedeutung der Normalverteilung für die Methoden der Test- und Inferenzstatistik: Die Gaußsche Normalverteilung erweist sich damit als die mathematische Form der Verteilung von *Zufallsfehlern* bzw. zufälligen Abweichungen von einem zentralen Parameter.

Dies erklärt zugleich, warum die Wahrscheinlichkeitsverteilung von Größenmerkmalen oft einer Normalverteilung folgt: dies ist immer dann der Fall, wenn der Wert von X das Resultat einer für alle Individuen der Population gemeinsamen Tendenz ist, die von vielen zufällig gestreuten Störfaktoren überlagert wird. *Zweigipfelige* Verteilungen entstehen andererseits, wenn die Population aus zwei bzgl. des Merkmals X heterogenen Teilgruppen besteht, z. B. aus vielen Leichtgewichtigen, vielen Schwergewichtigen und wenig Mittelgewichtigen. Wie erläutert konvergiert selbst für solch heterogene Populationen die Verteilung der Stichprobenmittelwerte gegen eine Normalverteilung.

Mit den Rechengesetzen für Erwartungswerte kann man auch den Erwartungswert der Stichprobenvarianz berechnen, der einer *linksschiefen* χ^2-Verteilung gehorcht. Der Modalwert dieser Verteilung liegt links vom Erwartungswert. Der Erwartungswert der Stichprobenvarianz v_{s_n} berechnet sich als

(8-15) $E(v_{s_n}(X)) = v(X) - v_{\mu_n}(X) = v(X) \cdot (n-1)/n$,

d. h. als Varianz minus Varianz des Stichprobenmittelwertes (ein Beweis findet sich in Bortz 1985, 808). Das Resultat liegt daran, dass in Stichproben zugleich Varianz und Mittelwert von den Populationsparametern abweichen und in einer Stichprobe mit abweichendem Mittelwert die durchschnittliche Varianz etwas kleiner ist als die Populationsvarianz. Die Stichprobenstreuung ist daher kein erwartungstreuer Schätzer der Populationsstreuung. Dagegen ist die *korrigierte Stichprobenstreuung*

(8-16) $\sigma_{s_n}^{korr}(X) = \sigma_{s_n}(X) \cdot \sqrt{n/(n-1)}$

ein erwartungstreuer Schätzer der Populationsstreuung. Diese korrigierte Stichprobenstreuung verwendet man, um die Streuung einer Population zu schätzen. Damit sind für gegebene Stichproben die in Kap. 8.1-3 erläuterten Akzeptanzintervalle, Konfidenzintervalle und signifikanten Differenzen berechenbar. Wir illustrieren dies durch zwei Beispiele:

Beispiel 1 (diskretes Merkmal aus Kap. 8.1, Akzeptanz- und Konfidenzintervall): Die Hypothese H betreffend die K-Häufigkeit in der A-Population (kranke Bäume an Autobahnen) lautete p(K|A) = µ(K|A) = 0,8. Wir zogen eine 100-elementige Stichprobe. Die Streuung der Stichprobenhäufigkeiten $\sigma_{\mu_{100}}$ (mit p $=_{def}$ p(K|A)) ist $\sqrt{p \cdot (1-p)}/\sqrt{n} = \sqrt{0,8 \cdot 0,2}/\sqrt{100}$ = 0,04 (gerundet). Wir sehen in der Tabelle der standardisierten Normalverteilung nach, bei welchem z-Wert von –∞ her kommend gerade 2,5 % der kumulativen Wahrscheinlichkeit erreicht wird: dies ist der Fall bei z=–1,96. Aus Symmetriegründen liegen rechts vom Wert z=+1,96 ebenfalls 2,5 % der kumulativen Wahrscheinlichkeit. Das symmetrische 95 %-Intervall der standardisierten Normalverteilung erstreckt sich daher von z = –1,96 bis z= +1,96. Nach Umkehrung der z-Transformation in (8-13) liegt das 95 %ige Akzeptanzintervall zwischen µ–1,96·σ und µ+1,96·σ, also im Intervall 0,8±1,96 · 0,040, d. h. zwischen 0,72 und 0,88, oder 72 und 88 K-Individuen aus 100 A-Individuen. Das tatsächliche Stichprobenergebnis betrug $\mu_{s_{100}}(K)$ = 0,75, weshalb die Hypothese schwach bestätigt war und wir als Konfidenzintervall 0,67 ≤ p(K|A) ≤ 0,83 erhielten.

Beispiel 2 (kontinuierliches Merkmal, Akzeptanz- und Konfidenzintervall): Die Hypothese H über das quantitative Merkmal X besage µ(X) = 15: das durchschnittliche Alter der ersten Liebschaft von Mädchen beträgt 15 Jahre. Wir ziehen eine 25-elementige Mädchenstichprobe. Die korrigierte Streuung $\sigma_{s_n}^{korr}$ dieser Stichprobe betrage 2,5; damit schätzen wir die Populationsstreuung. Analog wie oben erhalten wir damit folgende symmetrische 95 %-Intervallgrenzen:

$\mu(X) \pm 1,96 \cdot \sigma_{s_n}^{korr}/\sqrt{n} = 15 \pm 1,96 \cdot 2,5/\sqrt{25} = 15 \pm 1$ (gerundet).

Das Akzeptanzintervall der Hypothese liegt also im Stichprobenmittelwertsintervall [14, 16]. Würde unser Stichprobenergebnis $\mu_{s_{25}}(X)$ = 14 betragen, so wäre unsere Hypothese gerade noch schwach bestätigt bzw. nicht zurückzuweisen und unser Konfidenzintervall für die Hypothese läge zwischen 13 und 15.

8.6 Wahrscheinlichkeitsverteilungen und statistische Methoden

In diesem Beispiel haben wir die Normalverteilung verwendet, obwohl die Stichprobe eher klein ist. Sehen wir in der t-Verteilung mit n–1 = 24 Freiheitsgraden nach, so lesen wir den Wert 2,064 statt 1,96 nach; das Akzeptanzintervall wird dadurch geringfügig größer.

Zur Prüfung auf signifikante Unterschiede zweier *unabhängig* gezogener Stichproben s_n und s_m verwendet man den sogenannten *t-Test* für unabhängige Stichproben (was nicht bedeutet, dass immer die t-Verteilung heranzuziehen ist). Dabei besitzt die eine Stichprobe das Antecedensmerkmal A und die andere nicht. Man bildet die Differenz der beiden vorgefundenen Stichprobenmittelwerte, $\Delta = \mu_{s_n} - \mu_{s_m}$. Die Wahrscheinlichkeitsverteilung der Stichprobenmittelwertsdifferenz Δ ist unter der Annahme der Nullhypothese ($\mu(X_K|A) = \mu(X_K)$) eine Normalverteilung mit dem Mittelwert 0 und der Streuung $\sigma(\Delta) = \sigma(X) \cdot \sqrt{(1/n) + (1/m)}$ (Beweis in Bortz 1985, 166ff). Die unbekannte Populationsvarianz $\sigma(X)$ schätzen wir durch die beiden korrigierten Stichprobenvarianzen wie folgt:

$$\sigma_{\text{schätz}}(X)^2 = v_{\text{schätz}}(X) = ((n-1) \cdot v_{s_n}^{\text{korr}}(X) + (m-1) \cdot v_{s_m}^{\text{korr}}(X))/n+m-2.$$

Die Grenzen der 95 %-signifikanten Mittelwertsdifferenz ergibt sich daraus durch Multiplikation der entsprechenden Intervallgrenzen der z-Verteilung, ±1,96, mit der geschätzten Streuung der Stichprobendifferenz Δ:

$$\Delta_{\text{sign}}(X) = \pm 1{,}96 \cdot \sigma_{\text{schätz}}(X) \cdot \sqrt{(1/n) + (1/m)}.$$

Beispiel 1 (Fortsetzung, signifikante Differenz): Unsere erste 100-elementige A-Stichprobe enthielt 75 Ks. Wir nahmen eine 100-elementige ¬A-Stichprobe, in der wir 60 Ks fanden. Wir berechnen die geschätzte Populationsvarianz aus den beiden Stichprobenvarianzen, die für die Binomialverteilung gegeben sind als $p \cdot (1-p)$, wie folgt:

$\sigma^2(K)_{\text{schätz}} = (99 \cdot 0{,}75 \cdot 0{,}25 + 99 \cdot 0{,}6 \cdot 0{,}4)/198 = 0{,}21$ (gerundet). Somit
$\Delta_{\text{sign}} = 1{,}96 \cdot \sqrt{0{,}21} \cdot \sqrt{2/100} = \pm 0{,}13$ (gerundet).

Die vorgefundene Differenz von 15 war somit signifikant. Der zu dieser Differenz gehörende z-Wert berechnet sich zu

$z_{\text{sign}} = 0{,}15 / \sqrt{0{,}21} \cdot \sqrt{2/100} = \pm 2{,}31.$

Links und rechts von z = ±2,31 liegen (gerundet) jeweils 1 % der z-Verteilung; die vorgefundene Differenz ist also bei einem Koeffizienten von 2 % *gerade noch* signifikant.

Beispiel 2 (Fortsetzung, signifikante Differenz): Wir ziehen eine 30-elementige Stichprobe von Jungen mit korrigierter Streuung 3 (also Varianz 9). Die korrigierte Streuung der Mädchenstichprobe betrug 2,5 (Varianz 6,25). Für die geschätzte Streuung aus beiden Stichproben erhalten wir

$\sigma^2_{\text{schätz}} = (24 \cdot 6{,}25 + 29 \cdot 9)/53 = 7{,}75$. Dies gibt für die signifikante Differenz
$\Delta_{\text{sign}} = 1{,}96 \cdot \sqrt{7{,}75} \cdot \sqrt{1/25 + 1/30} = 1{,}96 \cdot 2{,}78 \cdot 0{,}27 = \pm 1{,}47$ (gerundet).

Eine Mittelwertsdifferenz von mindestens 1,47 Jahren der ersten Liebschaft von Mädchen und Jungen wäre also signifikant. Wäre das mittlere Alter der ersten Liebschaft in unserer Jungenstichprobe beispielsweise 16,7 Jahre, so wäre der Unterschied zur Mädchenstichprobe signifikant, und der zur Differenz von 1,7 Jahren gehörende z-Wert beträgt

$z_{\text{sign}} = 1{,}7 \,/\, 2{,}78 \cdot 0{,}27 = \pm 2{,}26$

was auf der z-Verteilung ±1,2 % abschneidet. Der Unterschied wäre also bei einem Koeffizienten von 2,4 % gerade noch signifikant.

Ein Vergleich von *gepaarten Stichproben* liegt vor, wenn man an den Individuen aus ein- und derselben Stichprobe zwei verschiedene Messungen durchführt, z. B. die Messung einer Zufallsvariable X vor und nach einer Behandlung mit einem Faktor A. In diesem Fall wird in einem sogenannten *gepaarten t-Test* die Variable der Differenzen $\Delta_i(a) =_{\text{def}} X_1(a_i) - X_2(a_i)$ für alle Stichprobenmitglieder a_i gebildet und auf signifikante Abweichung von der Zufallsstreuung überprüft (Bortz 1985, 170f). Es gibt eine Vielfalt weiterer statistischer Verfahren, die analog funktionieren.

Bedeutend für die Erforschung von Abhängigkeiten ist die Betrachtung der *gemeinsamen* Wahrscheinlichkeitsverteilung d(r,q) zweier Zufallsvariablen X:D→ℝ und Y:D→ℝ über demselben Stichprobenraum D. Dabei steht d(r,q) abkürzend für $d(X(x)=r \wedge Y(x)=q)$, also für die Wahrscheinlichkeitsdichte, dass X den Wert r und Y den Wert q einnimmt. Ein Beispiel wäre die gemeinsame Verteilung von Gewicht und IQ der Personen einer Population. Zwei solche Zufallsvariablen X, Y heißen (probabilistisch) *unabhängig* wenn sie für *alle* ihre möglichen Werteausprägungen unkorreliert sind, sodass für die gemeinsame Dichtefunktion gilt: $d(r,q) = d(r) \cdot d(q)$ für alle $r,q \in \mathbb{R}$ (Bauer 1978, § 31).

Zwei Variablen X und Y heißen andererseits *unkorreliert* wenn ihre sogenannte *Kovarianz* null beträgt, die wie folgt definiert ist:

(8-17) *Kovarianz:* cov(X,Y) $=_{def}$ E((X−E(X))·(Y−E(Y))) =
$\int_{-\infty}^{+\infty} \int_{-\infty}^{+\infty} (r-\mu_X) \cdot (q-\mu_Y) \cdot d(r,q) \, dq \, dr$.

Die Kovarianz cov(X,Y) ist ein Maß für die gemeinsame Abweichung der Zufallsvariablen X und Y vom jeweiligen Mittelwert; sie ist umso höher, je mehr Objekte mit überdurchschnittlich hohem X-Wert auch dazu tendieren, einen überdurchschnittlich hohen Y-Wert zu besitzen, und umgekehrt. Dividiert man die Kovarianz cov(X,Y) durch das Produkt beider Streuungen σ(X) und σ(Y), so erhält man ein grundlegendes Korrelationsmaß für intervallskalierte Variablen, die *Produkt-Moment-Korrelation* r(X,Y), deren Werte zwischen −1 und +1 variieren (Bortz 1985, 251). Man beachte, dass r(X,Y) die Stärke eines *linearen* Zusammenhanges misst; sind X und Y nichtlinear korreliert, so ergibt r(X,Y) einen geringeren Zusammenhang, als er tatsächlich besteht (Clauß/Ebner 1977, 116). Für binäre Merkmale nimmt die Kovarianz die anfangs von Kap. 8 erläuterte Form cov(X_F, X_G) = p(Fx∧Gx)−p(Fx)·p(Gx) an.

Probabilistische Unabhängigkeit impliziert Unkorreliertheit, aber nicht umgekehrt (Bauer 1978, 154f, Def. 32.2; Lauth/Sareiter 2002, 259). Nur für einzelne Variablen*werte* und für *binäre* Variablen fallen probabilistische Unabhängigkeit und Unkorreliertheit zusammen. Für mehr-als-zweiwertige Variablen ist ihre (Un-)Korreliertheit eine *gemittelte* Eigenschaft über sämtliche Werte. Es kann sein, dass die Variablen X, Y bei hohen Werten positiv und bei niedrigen Werten negativ korreliert sind, und sich beide Effekte in der Aufsummierung auf null kompensieren. In Korrelationen können somit Informationen über probabilistische Abhängigkeiten verloren gehen; nur wenn die Abhängigkeiten linearer Natur sind, ist dies ausgeschlossen.

8.7 Fehlerquellen in der Statistik: Repräsentativität, kausale Interpretation und individueller Fall

Die drei hauptsächlichen Fehlerquellen in der Anwendung statistischer Methoden sind (i) mangelnde Repräsentativität und Vergleichbarkeit der Stichproben, (ii) vorschnelle kausale Interpretation und (iii) Übersehen von Besonderheiten des individuellen Anwendungsfalls. Diesen Fehlerquellen wenden wir uns nun näher zu.

8.7.1 Repräsentativität

In die Überprüfung einer statistischen Hypothese p(K|A) = r ≠ p(K|¬A), oder Korr(K,A) = r, gehen drei Voraussetzungen ein: 1.) Die A-Stichprobe soll möglichst repräsentativ sein, 2.) es muss eine A-Kontrollstichprobe existieren und auch diese soll möglichst repräsentativ sein, sowie 3.) A-Stichprobe und A-Kontrollstichprobe sollen in den von A kausal unabhängigen Merkmalen möglichst vergleichbar sein.

Beispiele für Fehlerquellen der Repräsentativität:

a) Man macht eine Telefonblitzumfrage zu einem politischen Thema auf dem Festnetztelefon. Damit erreicht man jedoch nicht die ausschließlichen Handy-Telefonierer in der jungen Generation. Die Stichprobe ist nicht repräsentativ.

b) Eine Soziologin schickt zur Erhebung der Hausarbeitsbelastung von Frauen Fragebögen aus. 20% der Fragebögen werden zurückgeschickt. Welche Frauen füllen den Fragebogen aus und schicken ihn zurück? Womöglich die bildungsmäßig gehobeneren, engagierteren – und sicherlich eher die, die arbeitsmäßig weniger belastet sind. Die Stichprobe ist nicht repräsentativ.

c) *Weglassen von negativen Fällen:* Ein sehr drastischer Repräsentativitätsfehler wird begangen, wenn die gegen die eigene Theorie sprechenden Fälle aus der Stichprobe einfach weggelassen werden.

Beispiele für Fehlerquellen der Kontrollgruppe:

d) *Fehlende Kontrollgruppe:* In nichtwissenschaftlichen Erfahrungsauswertungen fehlt häufig überhaupt ein Vergleich mit einer Kontrollgruppe. Wenn z. B. über esoterische Heilpraktiken berichtet wird, dass bei einigen Personen die Krankheit nach Anwendung der ‚Handauflegemethode' spürbar nachließ, so sagt dies wenig aus, da man nicht weiß, (i) ob das Nachlassen der Krankheit nicht auch *ohne* das Handauflegen, durch normale Gesundung oder durch andere verordnete Praktiken (z. B. gesündere Nahrung) zustande gekommen wäre, sowie (ii) ob nicht ein *Placebo*-Effekt im Spiel war (der starke Glaube an die Heilungskraft kann u. U. die Gesundung beschleunigen). All dies kann nur durch geeignete Kontrollgruppenvergleiche ausgeschlossen werden.

f) *Fehlende Vergleichbarkeit mit der Kontrollgruppe:* Bei der Prüfung der Wirkung pharmazeutischer Medikamente sind Kontrollgruppen heutzutage durchgängige Praxis. Es werden sogenannte *Doppelblindtests* durchgeführt, worin die eine zufällig ausgewählte Hälfte der Versuchspersonen ein echtes Medikament und die andere Hälfte eine Pseudo-Pille bekommt, und weder die Patienten noch die Versuchsdurchführer wissen, welche Pillen echt und welche Pillen Placebos sind. Alle Arten von Verzerrungen der Vergleichbarkeit von Merkmalsgruppe und Kontrollgruppe werden dadurch modulo Zufallsfehlern ausgeschlossen.

Grundsätzlich sei bemerkt, dass die Vergleichbarkeit beider Stichproben bei einer bloßen Stichproben*entnahme*methode (auch *Quasiexperiment* genannt) nur bezüglich jener Merkmale gewährleistet werden kann, die von A *statistisch unabhängig* sind; auf diesem Problem beruhen die im nächsten Abschnitt erläuterten nichtkausalen Korrelationen. Eine Vergleichbarkeit beider Stichproben bezüglich aller von A *kausal unabhängigen* Merkmale ist nur durch ein *randomisiertes Experiment* erreichbar. In diesem Fall können durch das experimentell eingeführte Antecedensmerkmal immer noch falsche „versteckte" Variablen in die Stichprobe eingeschleust werden, die zu einer Verzerrung der Vergleichbarkeit führen. Ein Beispiel: Eine neue Unterrichtsmethode sollte mit einer herkömmlichen Methode verglichen werden und die mit der neuen Methode unterrichtete Schülergruppe schnitt in einem anschließenden Leistungstest besser ab als die mit der herkömmlichen Methode unterrichtete. Doch waren die Lehrer der neuen Unterrichtsmethode vielleicht nur viel eher motiviert, gut zu unterrichten, als die nach der herkömmlichen Methode unterrichtenden Lehrer? Und: wussten die Schüler vom Experiment, und wenn ja, waren sie dadurch unterschiedlich motiviert? Alle diese Möglichkeiten würden zu Verzerrungen der Vergleichbarkeit führen und falsche Signifikanzhypothesen zur Folge haben.

8.7.2 Korrelation und Kausalität

Eine statistische Korrelation zwischen zwei Merkmalen A und B kann zu *Voraussagezwecken* verwendet werden. Jedoch kann man daraus nicht unmittelbar auf einen *Kausalzusammenhang* zwischen A und B schließen, aus zwei Gründen: *erstens*, weil die Korrelation durch versteckte Variablen bewirkt worden sein kann, und *zweitens*, weil Korrelationen symmetrisch sind und nicht über die Richtung der Kausalbeziehung Aufschluss geben.

Der Haupttyp von *versteckten Variablen* sind *gemeinsame Ursachen*. Die Situation ist in Abb. 8-5 graphisch dargestellt.

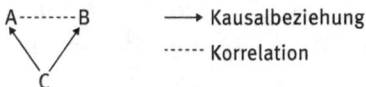

Abb. 8-5: *C ist gemeinsame Ursache von A und B.*

Das Zustandekommen der Korrelation zwischen den Wirkungen A und B lässt sich informell so erklären: Weil Korrelationen symmetrisch sind, erhöht das Eintreten der Wirkung A auch die Wahrscheinlichkeit, dass die Ursache C eingetreten ist; C erhöht aber zugleich Bs Eintrittswahrscheinlichkeit (unabhängig von A). Daraus folgt wahrscheinlichkeitstheoretisch, dass A auch Bs Eintrittswahrscheinlichkeit erhöht. Hier zwei Beispiele:

(8-18) Zwischen dem jähen Fall des Barometers (A) und dem baldigen Aufkommen eines Sturms (B) besteht eine hohe Korrelation (Grünbaum 1972, 309).

Da das Aufkommen des Sturms zeitlich *nach* dem Barometerfall eintritt, könnte man meinen, der Barometerfall wäre die Ursache des herannahenden Sturmes. Dies ist natürlich Unsinn: tatsächlich sind beide Ereignisse die gemeinsame Wirkung eines dritten Ereignisses C, nämlich des jähen Druckabfalls in der Atmosphäre.

(8-19) Zwischen dem Grad der positiven Einstellung zur Firma (A) und der psychischen Gesundheit von Arbeitern (B) wurde eine hohe positive Korrelation gemessen.

Heißt dies, dass jene Arbeiter, die ständig über die Firma nörgeln, dies deshalb tun, weil sie psychische Probleme haben, die sie auf die Firma schieben, während die Firma unschuldig ist? Die statistische Analyse versteckter Variablen zeigte ein anderes Bild. Es stellte sich nämlich heraus, dass beide Eigenschaften eine gemeinsame Wirkung der versteckten Ursache der *Belastung am Arbeitsplatz* (C) waren: die Arbeiter mit den schlechten Arbeitsbedingungen klagten mehr über die Firma und zugleich litt ihre psychische Gesundheit durch die fortwährende Belastung. Das Beispiel stammt von Lazarsfeld (s. Mayntz et al. 1974, 200f) und bezieht sich auf eine in den 1950er Jahren durchgeführte Untersuchung.

Bekannt ist auch der Statistik-Kalauer über die Mär vom Storch, der die Kinder bringt. Tatsächlich besteht zwischen der Häufigkeit von Störchen und der von Neugeborenen eine positive Korrelation. Diese Scheinkausalität besitzt als gemeinsame Ursache die Variable *Landregion versus städtische Region*: auf dem Land werden mehr Kinder geboren, und dort gibt es auch mehr Störche.

Es gibt eine bekannte Methode, um Scheinkausalität statistisch aufzudecken, die auf Reichenbach (1956, 159) zurückgeht. Wenn die Korrelation zwischen A und B auf eine gemeinsame Ursache C zurückzuführen ist, muss die Korrelation zwischen A und B bei *festgehaltenen Werten* der Variable C verschwinden: Wenn man also nur Individuen betrachtet, die das C-Merkmal besitzen, dann erhöht das zusätzliche Vorliegen von B nicht mehr die Wahrscheinlichkeit von A; und analog, wenn man nur Individuen betrachtet, die das Merkmal C nicht besitzen. Im Beispiel (8-19): wenn man nur die Arbeiter unter guten Arbeitsbedingungen untersucht, dann sollte die Korrelation zwischen Einstellung zur Firma und psychischer Gesundheit verschwinden; und dasselbe sollte passieren, wenn man nur Arbeiter unter schlechten Arbeitsbedingungen untersucht. Diese Prognose wurde in der Tat bestätigt.

Basierend auf dieser Überlegung machte Reichenbach folgenden Vorschlag, wie man gemeinsame Ursachen durch rein statistische Bedingungen charakterisieren kann, die man die Bedingungen der *Abschirmung* nennt (man erinnere sich, dass P(A∧B) >(=) P(A) · P(B) mit P(A|B) >(=) P(A) äquivalent ist, sofern P(B) > 0):

(Satz 8-4) *Reichenbach-Bedingungen für „C ist gemeinsame Ursache für A und B"*:
(1) p(A∧B|C) = p(A|C)·p(B|C)
(2) p(A∧B|¬C) = p(A|¬C)·p(B|¬C) $\Big\}$ C und ¬C schirmen A von B ab

(3) p(A∧C) > p(A)·p(C)
(4) p(B∧C) > p(B)·p(C) $\Big\}$ C ist sowohl für A wie für B positiv relevant

Aus (1)-(4) folgt (5): p(A|B) > p(A), d. h. B korreliert positiv mit A.[57]

Die Reichenbachschen Bedingungen involvieren einige Probleme (z. B. das Problem der Unterscheidung von gemeinsamen Ursachen und Mittlerursachen), auf die wir hier nicht näher eingehen können (s. Schurz 2013b, Kap. 4.4, 6.7). Dennoch sind Reichenbachs Bedingungen in der statistischen Praxis enorm nützlich, da sie Kausalhypothesen bestätigen oder widerlegen können. Die Bedingungen erklären auch, warum in *randomisierten Experimenten* Scheinkausalität modulo Zufallsfehlern aufgedeckt werden kann. In einem solchen Experiment wird eine Stichprobe von Individuen *zufällig* in zwei Stichproben *aufgeteilt*, und erst *danach* wird der einen (experimentellen) Gruppe der Faktor A durch externen Eingriff aufgeprägt, während in der Kontrollgruppe der Faktor A nicht oder nur zufälligerweise manchmal realisiert ist. Anschließend wird die bedingte Häufigkeit von B in der experimentellen Gruppe, $h_e(B) = h_e(B:A)$, mit der bedingten Häufigkeit $h_k(B)$ in der Kontrollgruppe verglichen. Alle restlichen Faktoren (C, D,...), die nicht zur kausalen *Wirkung* von A gehören, sind nun in der experimentellen Gruppe und der Kontrollgruppe modulo Zufallsfehlern statistisch *gleich* verteilt, denn die Aufteilung erfolgte zufällig. Durch den experimentellen Eingriff wird somit der Ereignistyp A von allen anderen Variablen, die nicht zur kausalen *Wirkung* von A gehören, kausal entkoppelt – man nennt diesen Eingriff auch eine *kausale Intervention* (s. Pearl 2000, 23; Woodward 2004). Sollte die Korrelation zwischen A und B in der Population auf *irgendeine* (möglicherweise unbekannte) gemeinsame Ursache C zurückzuführen sein, dann kann es im randomisierten Experiment zu *keiner* Korrelation zwischen A und B mehr kommen.

Man zeigt dies wie folgt. Wenn es in der Population eine gemeinsame Ursache C für A und B gäbe, welche immer diese sei, dann muss aufgrund der Reichenbach-Bedingungen (Satz 8-4)(3,4)) gelten:

(i) $h_e(B|C) \approx h_k(B|C)$ und $h_e(B|\neg C) \approx h_k(B|\neg C)$,

denn bei festgehaltenem C-Wert übt A keinen kausalen Einfluss auf B aus (mit $\approx$ für „ungefähr gleich, modulo Zufallsfehler"). Weil C keine Wirkung von A ist (nur umgekehrt), muss C in experimenteller und Kontrollgruppe modulo Zufallsfehler gleich häufig sein, d. h. es gilt

(ii) $h_e(C) \approx h_k(C)$ und $h_e(\neg C) \approx h_k(\neg C)$.

Aufgrund des Multiplikationsgesetzes (TB4 von Satz 3-3) gilt:
(iii) $h_e(B) = h_e(B|C) \cdot h_e(C) + h_e(B|\neg C) \cdot h_e(\neg C)$
(iv) $h_k(B) = h_k(B|C) \cdot h_k(C) + h_k(B|\neg C) \cdot h_k(\neg C)$

Durch Einsetzen der ungefähren Gleichheiten (i) und (ii) in die Gleichungen (iii) und (iv) resultiert $h_e(B) \approx h_k(B)$.

Ein randomisiertes Experiment kann (im Gegensatz zu einer statistischen Erhebung) also zeigen, dass modulo Zufallsfehler von B nach A eine Kausalbeziehung führt. Das zeigt jedoch noch nicht, ob es sich um eine direkte oder indirekte Kausalbeziehung handelt. Intervenierende Variablen, d. h. durch den Stimulus A *miteingeschleuste* Variablen C, können durch ein Experiment nicht bzw. nur aufgrund zusätzlicher Hintergrundannahmen ausgeschlossen werden.

Selbst wenn man weiß, dass außer A und B *keine* weiteren versteckten Variablen mehr im Spiel sind, kann man aus dem Vorliegen einer hohen Korrelation zwischen A und B nicht direkt eine Kausalhypothese gewinnen, weil durch die Korrelation noch nicht die *Kausalrichtung* festgelegt ist – es ist also noch nicht festgelegt, was als Ursache und was als Wirkung anzusehen ist. Korrelationen sind symmetrisch: Wenn also zwischen zwei Merkmalen A und B eine positive Korrelation besteht, ohne dass diese auf den kausalen Einfluss von dritten Variablen zurückzuführen ist, dann gibt es drei Möglichkeiten: entweder A ist eine Ursache von B, oder B ist eine Ursache von A, oder aber drittens, A und B wirken in Form einer kausalen Rückkopplung wechselseitig aufeinander ein und verstärken sich (s. Abb. 8-6).

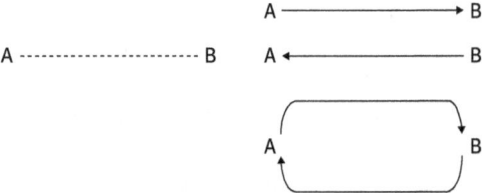

Abb. 8-6: *Wie verläuft die Kausalrichtung?*

Hier einige Beispiele, die aus tatsächlichen Untersuchungen stammen:

(8-20) Die Höhe des IQ und die Höhe des sozialen Status sind positiv korreliert.

Die entscheidende Frage lautet: was ist hier Ursache, was Wirkung? Ist der IQ ein Produkt der Erziehung und Bildung, die vom Status abhängt? Oder denkt der Verfechter der Korrelation an eine genetische Elite? Offenbar hängt die weltanschauliche Relevanz dieser Korrelation von der Hypothese über die Kausalrichtung ab, die man keinesfalls schon aus der Korrelation herauslesen kann.

(8-21) Aggressive Personen sehen gerne aggressive Filme.

Dies ist ein bekanntes Resultat. Die wichtige Frage aber lautet: Werden Personen durch aggressive Filme aggressiv? Oder sehen aggressive Personen gerne aggressive Filme, weil sie sich dabei kompensatorisch abreagieren? Wieder hängt die normativ-politische Relevanz von der Kausalrichtung ab: im ersten Fall sollte man dem Sehen aggressiver Filme entgegenwirken, im zweiten Fall sollte man es tolerieren oder gar fördern.

Man ist bei solchen Beispielen schnell geneigt, eine Korrelation in *der* Richtung herauszulesen, die der *eigenen* Auffassung entspricht. Echte wissenschaftliche Haltung kann nur in Zurückhaltung bzgl. der Kausalrichtung bestehen, sofern man nicht zusätzliche Gründe für die Kausalrichtung anführt. Solche Gründe können z. B. aus naturwissenschaftlichem Hintergrundwissen über Kausal*mechanismen* resultieren. Im Fall von Beziehungen zwischen zeitlich getrennten Ereignissen muss das frühere Ereignis die Ursache des späteren sein, denn Kausalbeziehungen sind zeitlich *vorwärtsgerichtet*. Schwieriger wird es bei zeitlich nicht lokalisierten Dispositionsmerkmalen wie in den Beispielen (8-20,21). Es gilt hier durch experimentelle Eingriffe herauszufinden, was die unabhängige und was die abhängige Variable ist, bzw. ob eine Rückkopplung vorliegt.

Die Kritik von fragwürdigen Kausalinterpretationen hat auch eine *medienkritische* Komponente. In den Medien werden statistische Korrelationen häufig vor-

schnell als Kausalbefunde mit ‚Sensationswert' gedeutet. Hier einige *Beispiele:*
(1.) Langes Stillen senkt das Brustkrebsrisiko der Frau (Österreichische Krone 23.7.2002). Besteht ein Kausalzusammenhang? Oder ist es nur so, dass Frauen mit genetisch bedingt leistungsfähigeren Brüsten länger stillen können und zugleich ein geringeres Brustkrebsrisiko besitzen? (2.) Vor einigen Jahren wurde berichtet: häufiger Hautkontakt korreliert mit einem stärkeren Immunsystem. Es fragt sich: Liegt ein direkter Kausalzusammenhang vor, oder sind bloß gesündere Menschen mit stärkerem Immunsystem durchschnittlich lustbetonter? (3.) Frauen, die viel joggen, haben eine geringere Knochendichte (Salzburger Nachrichten 3.2.2003). Sollte häufiges Joggen wirklich zum Abbau der Knochendichte führen? Oder ist es bloß so, dass Menschen mit genetisch bedingt geringerer Knochendichte meistens auch eine bessere Veranlagung zur Lauffähigkeit besitzen und daher häufiger laufen? (4.) Männer, die viel Schokolade essen, sind sanfter und sozial umgänglicher (Bayrisches Fernsehen 27.2.2003). Sollte es wirklich einen Kausalzusammenhang geben, und wenn ja, in welche Richtung? Oder sollte nicht eher eine gemeinsame Ursache, evtl. ein genetisch bedingter Charaktertyp, wirksam sein? Sollte man so dumm sein und aus dieser Korrelation die Empfehlung ableiten, Männer sollten mehr Schokolade essen – was den Cholesterinspiegel erhöht und ihre Lebenserwartung senkt?

Die Liste ließe sich fortführen. Selbstverständlich können Kausalinterpretationen von Korrelationen auch äußerst *seriös* sein. Es gibt aufwendige Methoden, um näher zu prüfen, ob und in welcher Richtung ein Kausalzusammenhang vorliegt – z. B. durch zeitliche *Längsschnittstudien*. Die meisten Untersuchungen basieren aber auf Querschnittstudien, und oft wird daraus ungerechtfertigt auf eine Kausalbeziehung geschlossen, die nicht selten Politiker veranlasst, Maßnahmen zu ergreifen, die etwas ganz anderes bewirken, als was sie sich davon erhoffen.

8.7.3 Die Anwendung statistischer Hypothesen auf den Einzelfall

Aus der Nichtmonotonie bedingter Wahrscheinlichkeiten (Abb. 3-2) ergibt sich im Vergleich zu strikten Hypothesen ein entscheidender Unterschied für die Anwendung statistischer Hypothesen zum Zweck der Prognose oder Erklärung von Einzelfällen. Die Konklusion Ka eines deduktiven Schlusses mit wahren Prämissen $\forall x(Ax \rightarrow Kx)$ und Aa darf man jederzeit *abspalten* – man kann von der Wahrheit der Prämissen auf die Wahrheit der Konklusion schließen, ohne sich darum kümmern zu müssen, was *sonst* noch wahr ist. Aus den Prämissen $p(Kx|Ax) = 90\%$ und Aa eines induktiv-statistischen Spezialisierungsschlusses darf jedoch nur dann mit subjektiver Glaubenswahrscheinlichkeit von 0,9 auf Ka geschlossen werden, wenn die in Def. 2-3 erläuterte Bedingung der engsten Referenzklasse gewährleistet ist: d. h., die Antecedensinformation A muss die gesamte statistisch für K relevante Information über das fragliche Individuum a umfassen. Denn auch wenn p(Kx|Ax) hoch ist, kann p(Kx|Ax∧A*x) niedrig sein, und wenn sowohl A als auch A* auf das fragliche Individuum a zutreffen, dann darf nur das engere Prädikat A∧A* als Antecedensprädikat einer Prognose über das Individuum a herangezogen werden. Beispielsweise heilt Penicillin (A) bei den allermeisten Menschen eine schwere Erkältung (K), aber bei Menschen, die gegenüber Penicillin allergisch sind (A*), hätte eine Penicillintherapie fatale Folgen.

Dieser Zusammenhang hat für die *Anwendungspraxis* drastische Konsequenzen. Wenn z. B. statistische Untersuchungen ergeben, dass eine Unterrichtsmethode in 80 % aller Fälle Vorteile bringt, und wir wenden dieses Wissen dann auf den Schüler Peter an, so müssen wir genau prüfen, ob es nicht spezifischere Informationen gibt, die den Wahrscheinlichkeitswert dieses statistischen Gesetzes unterlaufen. Es könnte z. B. sein, dass die neue Unterrichtsmethode nur visuellen Lerntypen Vorteile bringt, zu denen insgesamt 80 % aller Schüler zählen, dass aber Peter zufällig ein auditiver Lerntyp ist, der in die restlichen 20 % fällt. Die Anwendung des Gesetzes auf Peter wäre dann illegitim und würde ihm praktisch nicht Nutzen, sondern Schaden bringen. In diesem Sinn seien alle *Anwender* davor gewarnt, statistische Befunde vorschnell auf die von ihnen betreuten Einzelfälle anzuwenden, ohne zuvor gründlich zu prüfen, ob es weitere relevante Merkmale ihrer Einzelfälle gibt, welche die Wahrscheinlichkeit verändern und ein ganz anderes Bild liefern. Wenn z. B. eine statistische Studie ergibt, dass Landkinder im Schnitt glücklicher sind als Stadtkinder und weniger nervöse Störungen aufweisen, so wäre dem Stadtelternpaar Meier trotzdem nicht einfach zu raten, auf das Land zu ziehen, auch wenn sie es sich finanziell leisten können, ohne genau zu prüfen, welche weiteren Folgen mit einem solchen Umzug auf das Land im speziellen Einzelfall ihrer Kinder verbunden wären. Es könnte z. B. sein, dass ihre Kinder dadurch derart nachhaltig aus ihrem sozialen Freundeskreis herausgerissen werden, dass ihnen der Umzug aufs Land trotz idyllischer Umgebung mehr schadet als nutzt. Insbesondere seien Politiker davor gewarnt, statistische Mehrheitsbefunde vorschnell in Form eines für alle Menschen bindenden Gesetzes umzuwandeln.

9 Bayes-Statistik und Bayesianismus

9.1 Die Likelihood-Intuition

Statistisch definiert sind nur die Wahrscheinlichkeiten unserer Erfahrungen bzw. Stichprobenresultate E unter Annahme der Wahrheit einer statistischen Populationshypothese H; wir schreiben für diese Wahrscheinlichkeit $p_H(E)$.[58] Die Wahrscheinlichkeiten unserer Hypothesen H, gegeben unsere Erfahrungen E, sind dagegen epistemischer Natur (s. Kap. 8.5). Die Methoden der Inferenz- und Teststatistik beruhen auf folgender Grundintuition, die ich die *Likelihood-Intuition* nenne (und die allgemeiner ist als die „Likelihood-Methode", s. unten). Dieser Intuition zufolge ist die inverse Wahrscheinlichkeit $p_H(E)$ das Basiskriterium für die Plausibilität und den Bestätigungsgrad der Hypothese H bei gegebenem E und für die Auswahl einer Hypothese unter mehreren Alternativhypothesen.

Im einfachsten Beispiel ist $p_H(E)$ die Wahrscheinlichkeit der Stichprobenhäufigkeit E $=_{def}$ „$h_n(Fx)=k$" unter Voraussetzung der Populationshypothese H $=_{def}$ „$p(Fx) = r$", die gemäß der Binomialformel $p(h_n(Fx) = \frac{k}{n}) = \binom{n}{k} \cdot p^k \cdot (1-p)^{n-k}$ berechnet wird. Man nennt $p_H(E)$ wie erwähnt auch das Likelihood, doch hier ist begriffliche Präzision geboten, denn die Terminologien sind unterschiedlich: Einige Autoren nennen $p_H(E)$ das Likelihood von E gegeben H (dieser Sprechweise zufolge sind Likelihoods Wahrscheinlichkeiten); andere Autoren sprechen vom Likelihood von H gegeben E (dieser Sprechweise gemäß sind Likelihoods *inverse* Wahrscheinlichkeiten). Wir folgen hier der letzteren Sprechweise und nennen $p_H(E)$ das Likelihood von H gegeben E. Überdies müssen wir sorgfältig zwischen dem statistischen *Likelihood* $p_H(E)$ und dem *epistemischen* Likelihood P(E|H) unterscheiden, auf das wir im nächsten Abschnitt zu sprechen kommen.

Es gibt zwei unterschiedliche Varianten der Likelihood-Intuition:

(i) *Methode der Likelihood-Maximierung:* Gemäß dieser auf Fisher (1956) und Hacking (1965) zurückgehenden Methode ist die Stützung oder Bestätigung einer Hypothese H durch ein Stichprobenresultat E umso höher, je höher das Likelihood $p_H(E)$ von H gegeben E ist. Wenn man also zwischen konkurrierenden Hypothesen im Lichte einer gegebenen Evidenz auszuwählen hat, wählt man die Hypothese mit dem höchsten Likelihood. In der Situation der Inferenzstatistik geht man von einem Stichprobenresultat θ_s über den Wert eines statistischen Parameters θ in der gefundenen Stichprobe s aus – üblicherweise ist θ_s der Stichprobenmittelwert $\mu_s(X)$ einer Variable X; es könnte sich aber auch um die Stichprobenvarianz $v_s(X)$ handeln. Man vermutet jene Hypothese über das wahre θ in der Grundgesamtheit als die plausibelste, für die das Stichprobenresultat θ_s mit dem *Modalwert* zusammenfällt, also dem wahrscheinlichsten θ_s-Wert, gegeben H (vgl. Stegmüller 1973b, 84ff, 111; Hays/Winkler 1970, 318).

(ii) *Methode der Likelihood-Erwartung:* Diese Methode sieht die Stützung einer Hypothese H durch ein Stichprobenresultat θ_s als umso höher an, je näher der beobachtete Stichprobenwert θ_s des Parameters θ dem *Mittelwert* bzw. Erwartungswert $\mu(\theta_s)$ von θ_s kommt, gegeben H. Die Methode wird in der auf Fisher (1925) und Neyman (1937) zurückgehenden inferenzstatistischen Schätzungstheorie verwendet, die auf *erwartungstreuen Schätzern* beruht (vgl. Bortz 1985, 124ff; Howson/Urbach 1996, Kap. 10). Auch diese Methode beruht auf der Likelihood-Intuition, insofern der Mittelwert von θ_s auf der Verteilung der Likelihoods aller möglichen θ_s-Werte gegeben H beruht: $\mu(\theta_s) = \int_{-\infty}^{+\infty} \theta_s \cdot d_H(\theta_s) \, d\theta_s$. In der Situation der Inferenzstatistik vermutet man jene Hypothese als die plausibelste, für die das Stichprobenresultat θ_s mit dem Mittelwert von θ_s zusammenfällt.

Die beiden Methoden (i) und (ii) werden oft als konkurrierend gegenübergestellt. Unsere Pointe ist es dagegen, die Gemeinsamkeiten beider Methoden herauszuarbeiten. Beide Methoden beruhen auf der Likelihood-Intuition. Was noch wichtiger ist: für alle symmetrisch-eingipfeligen Wahrscheinlichkeitsverteilungen, und somit auch für alle Normalverteilungen, liefern die beiden Methoden dasselbe Resultat, denn für diese Verteilungen fallen Modalwert und Mittelwert zusammen. Und für all diese Verteilungen fällt das Hauptresultat beider Methoden mit dem Resultat des schon erwähnten induktiven Generalisierungsschlusses zusammen, der den gefundenen Stichprobenmittelwert hypothetisch auf die Population überträgt. Die Likelihood-Intuition entpuppt sich damit als das grundlegende *induktive* Prinzip der statistischen Inferenz- und Testtheorie.

Für asymmetrische Verteilungen, wie z. B. die linksschiefe Verteilung der Stichprobenvarianzen, liefern die beiden Methoden unterschiedliche Resultate, über deren intuitive Bevorzugung kein allgemeiner Konsens besteht. Es sei aber betont, dass dieses Problem nur für Schlüsse auf *Punkthypothesen* besteht, die „wagemutig" einen präzisen Wert des Populationsparameters behaupten, nicht jedoch für die vorsichtigeren *Konfidenzintervallhypothesen*, die ein symmetrisches Intervall von akzeptablen Hypothesen angeben und in der Situation der Inferenzstatistik zu bevorzugen sind. Diese Konfidenzintervalle sind selbst für asymmetrische Verteilungen eindeutig bestimmt. Man erinnere sich, dass das Konfidenzintervall definiert ist als das Intervall jener Punkthypothesen H_r: = „$\theta = r$", für die der beobachtete Stichprobenwert in ihrem Akzeptanzintervall liegt, das seinerseits definiert ist als das 95%-Intervall von möglichen Stichprobenresultaten θ_s mit dem höchsten durchschnittlichen Likelihood $p_H(\theta_s)$ (vgl. Jaynes 1976, 197). Dies zeigt uns, dass auch die Methode der Akzeptanzintervalle auf der Likelihood-Intuition basiert; nur dass man in diesem Fall nicht nur das aktuale, sondern das durchschnittliche Likelihood maximiert. Weil die Akzeptanzintervalle eindeutig bestimmt sind, sind auch die Konfidenzintervalle eindeutig festlegt, auch für asymmetrische Verteilungen.

Dass Akzeptanzintervalle für die meisten Verteilungen (selbst wenn asymmetrisch oder mehrgipfelig) eindeutig bestimmt sind, sieht man in Abb. 9-1. Betrachten wir die drei Flächen unter den zwei Verteilungskurven in Abb. 9-1; links symmetrisch und rechts asymmetrisch. Sie machen jeweils 70 % der Gesamtfläche aus und sind somit gleich groß (wegen der besseren Sichtbarkeit betrachten wir 70 % statt 95 % Intervalle). Die Durchschnittshöhe dieser Intervalle berechnet man, indem man die (jeweils gleich große) Fläche durch ihre Länge dividiert: die maximale Durchschnittshöhe besitzt somit die Fläche mit dem *kürzesten* 70 %-Intervall. Somit fällt das 70 %-Intervall aller wahrscheinlichster Hypothesen mit dem kürzesten 70 %-Intervall zusammen. Offenbar ist dieses kürzeste 70 %-Intervall in den Verteilungen in Abb. 9-1 eindeutig bestimmt: verschiebt man es nach links oder rechts, so muss es länger werden, da die Verteilungskurve an den Intervallgrenzen nach außen hin abfällt.[59]

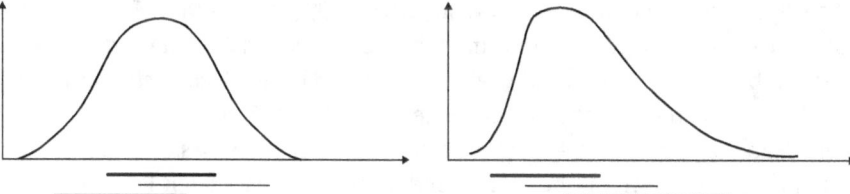

Abb. 9-1: *Kürzestes 70 % Intervall* (fett) and zwei längere 70 % Intervalle (nicht-fett) in einer symmetrischen (links) und einer asymmetrischen (rechts) Wahrscheinlichkeitsverteilung.

Die Fisherschen Intervallmethoden sind statistische Standardpraxis. Von Bayesianern wurden mehrere Einwände gegen diese Methoden vorgebracht, zu denen es jedoch gute Verteidigungen gibt. Beispielsweise wird argumentiert, dass es viele verschiedene 95 %-Intervalle gebe und es willkürlich sei, welches unter diesen man als 95 %-Akzeptanzintervall auswähle (s. Howson/Urbach 1996, 201). Doch dies ist inkorrekt, denn wie wir gerade sahen, wird als Akzeptanzintervall das 95 %-Intervall von Stichproben mit dem durchschnittlich *höchsten* Likelihood gewählt, und dieses ist gerade das kürzeste 95 %-Intervall. Das Kriterium des *kürzesten* Akzeptanzintervalls ist in der Statistik weit verbreitet (vgl. Hays/Winkler 1970, 330). Leider ist die von Statistikern gegebene Begründung dieses Kriteriums oft mangelhaft, weshalb Howson und Urbach bezweifeln, dass dieses Kriterium eine haltbare Begründung besitzt. Doch wie wir sahen, besitzt dieses Kriterium die beste Begründung, die man sich vorstellen kann, denn die Wahl des kürzesten Akzeptanzintervalls maximiert das durchschnittliche Likelihood der Hypothese in Bezug auf die im Intervall liegenden Stichprobenresultate.

Ein anderer Einwand moniert, dass man andere Akzeptanzintervalle erhielte, wenn man als Testparameter die Wahrscheinlichkeit von *individuell angeordneten* Stichprobenbeschreibungen anstelle von Häufigkeits- oder Mittelwertsbeschreibungen benutzt. Im Falle eines binären Merkmals hätte man dann, anstelle von Beschreibungen der Form „10 von 50 Individuen waren Fs", lange Beschreibungslisten der Form „Individuum 1 war ein F, Individuum 2 war kein F, Individuum 3 war ein F, usw.", deren Wahrscheinlichkeit gegeben H man als Hypothesenlikelihood verwenden würde. Carnap sprach im ersten Fall von Strukturbeschreibungen und im letzteren von Zustandsbeschreibungen (1950, 71). Behauptet die Hypothese eine Gleichverteilung, d. h. $p_H(F) = 0{,}5$, so liefert dieser Stichprobenparameter das Ergebnis, dass jede Zustandsbeschreibung dieselbe Wahrscheinlichkeit besitzt (nämlich $0{,}5^n$ für n-elementige Stichproben), was zum absurden Resultat führen würde, dass die Wahl von 95%-Intervallen willkürlich wäre und somit aus keinem möglichen Stichprobenergebnis ein Rückschluss auf die Plausibilität von H gezogen werden könnte (vgl. Howson/Urbach 1996, 189). – Diese Beobachtung ist zwar richtig, doch ist die Information über die *Anordnung der Individuen* in Stichproben mit gleichen Häufigkeitseigenschaften statistisch *irrelevant* für die Häufigkeit bzw. den Mittelwert eines gegebenen Parameters in der Grundgesamtheit. Man sollte nur solche Stichprobeneigenschaften als *bestätigungsrelevant* für eine Hypothese H ansehen, die von dem von H behaupteten Parameterwert probabilistisch *abhängen*. Seidenfeld (1979) präzisierte diese Idee wie folgt: Der Testparameter soll nicht nur *hinreichend sein*, also alle für H bestätigungsrelevanten Informationen der Stichprobe enthalten, sondern auch *minimal hinreichend* sein, also keine für H irrelevanten Informationen enthalten. Howson und Urbach (1996, 191) wendeten gegen Seidenfelds Kriterium ein, dass die Hinzufügung irrelevanter Information keinen Unterschied machen sollte – doch dies ist nicht der Fall, wenn es um Akzeptanzintervalle geht, da diese durch Hinzufügung irrelevanter Information beliebig verzerrt, gedehnt oder gestreckt werden können.

Ein weiterer Einwand von Howson und Urbach (1996, 186) besagt, dass statistische Methoden *sprachabhängig* sein können: ihr Resultat kann davon abhängen, wie und wie fein die Ergebnisse eines Zufallsexperiments klassifiziert werden. Howson und Urbach beschreiben einen Fall, in dem sich das Resultat eines χ^2-Tests zur Überprüfung der Regularität eines Würfels ändert, wenn die feinste Partitionierung {1,2,3,4,5,6} zu {1v2, 3v4, 5v6} vergröbert wird: eine zuvor signifikante Abweichung von der Gleichverteilung in einer Stichprobe kann nach der Vergröberung insignifikant werden. – Diese Art von Sprachabhängigkeit ist ein generelles Problem aller induktiven (probabilistischen oder nicht-probabilistischen) Methoden und daher nicht sonderlich überraschend. Wir werden in

Kap. 9.3 sehen, dass die Methoden der Bayesianischen Statistik in noch größerem Umfang sprachabhängig sind, da sie sich auf die Annahme des sprachabhängigen Indifferenzprinzips stützen. Glücklicherweise folgt aus der Sprachabhängigkeit nicht subjektive Beliebigkeit, denn es gibt Kriterien, die es zumindest in gewissen (nicht in allen) Fällen ermöglichen, aus konkurrierenden Sprachsystemen rational auszuwählen (vgl. Schurz 2013b, Kap. 5.11.3). Beispielsweise ist generell ein feineres immer einem gröberen Sprachsystem vorzuziehen. Dies gilt insbesondere für das obige Beispiel von Howson und Urbach: Man kann zeigen, dass zwar durch eine Vergröberung, aber nicht durch eine Verfeinerung der Beschreibung erkannte signifikante Unterschiede verloren gehen können; durch Verfeinerungen können höchstens neue signifikante Unterschiede aufgedeckt werden.

Eine bekannte Erweiterung von Fishers Testmethode ist die Methode von Neyman and Pearson, die neben der ,Nullhypothese', z. B. $\mu = 0{,}1$, auch eine ,Alternativhypothese' voraussetzt, z. B. $\mu = 0{,}2$ (Hays/Winkler 1970, 401ff; Howson/Urbach 1996, 195f). Der Irrtum der Zurückweisung einer wahren Nullhypothese (d. h. Akzeptanz der falschen Alternativhypothese) wird auch der *α-Fehler* genannt, der Irrtum der Akzeptanz einer falschen Nullhypothese (Zurückweisung der wahren Alternativhypothese) der *β-Fehler*. Fishers Zurückweisungskoeffizient von 5 % ist nichts anderes als die Wahrscheinlichkeit des α-Fehlers. Neyman and Pearson schlugen vor, man sollte unter allen Zurückweisungsintervallen mit 5 % α-Fehler jenes wählen, das den β-Fehler minimiert. Das Problem der Neyman-Pearsonschen Methode liegt darin, dass sie nur funktioniert, wenn es sich bei der Null- und Alternativhypothese um Punkthypothesen handelt, sodass man den β-Fehler mithilfe der Stichprobenverteilung unter Annahme der Alternativhypothese berechnen kann. Ist die Alternativhypothese ein Hypothesenintervall, wie im Anwendungsfall der Fisherschen Testmethoden, dann ist die Neyman-Pearson-Methode nicht anwendbar. Neyman-Pearson schlugen jedoch eine Erweiterung ihrer Methode in Form eines sogenannten UMPU-Tests vor („uniformely most powerful and unbiased"; s. Howson/Urbach 1996, 216-8). Ein UMPU-Test wählt jenes 95 %-Akzeptanzintervall für die Nullhypothese, welches den β-Irrtum für alle alternativen Punkthypothesen minimiert und zugleich die minimale Rationalitätsbedingung gewährleistet, dass die Zurückweisungswahrscheinlichkeit der Nullhypothese im Falle ihrer Wahrheit kleiner ist als im Falle ihrer Falschheit.[60] Das so gewählte Akzeptanzintervall koinzidiert nachweislich mit dem kürzesten 95 %-Akzeptanzintervall; die Anwendung der Neyman-Pearson-Methode auf Intervallhypothesen führt somit wieder zur Fisherschen Überprüfungsmethode zurück.

9.2 Bayesianische Rechtfertigung der Likelihood-Intuition

Die statistischen Test- und Inferenzmethoden sind zusammenfassend gut begründet, *vorausgesetzt* man akzeptiert die *Likelihood-Intuition*. Das philosophische Problem der statistischen Methoden sitzt tiefer und betrifft die *Rechtfertigung* der Likelihood-Intuition: *Warum sollte* die inverse Wahrscheinlichkeit $p_H(E)$ als Maß der Plausibilität der Hypothese H bei gegebener Evidenz E herangezogen werden? Innerhalb der statistischen Theorie gibt es auf diese Frage keine Antwort. Denn die Plausibilität der Hypothese H gegeben Evidenz E ist eine subjektiv-epistemische Wahrscheinlichkeit $P(H|E)$, über welche die statistische Theorie keine Aussagen macht.

Die epistemische Wahrscheinlichkeitstheorie besitzt jedoch eine Antwort auf die Frage, wie die Likelihood-Intuition zu rechtfertigen ist. Die Grundlage dieser Antwort liefern das Bayessche Theorem (Satz 3-3, TB5) sowie das statistische Koordinationsprinzip StK (Def. 7-2), welches die epistemische Wahrscheinlichkeit $P(E|H)$ mit dem statistischen Likelihood $p_H(E)$ identifiziert. Das StK zusammen mit dem Bayes-Theorem ergibt:

(9-1) $\quad P(H|E) = P(E|H) \cdot P(H)/P(E)$ (gemäß der Bayes-Regel)
$\qquad\qquad\quad = p_H(E) \cdot P(H)/P(E)$ (gemäß dem StK).

In Worten: Der Glaubensgrad der statistischen Hypothese H, gegeben das Stichprobenresultat E, ist gleich der statistischen Wahrscheinlichkeit von E unter der Annahme von H, multipliziert mit dem Verhältnis der Ausgangswahrscheinlichkeit von H und Ausgangswahrscheinlichkeit von E.

Wir nennen „$p_H(E)$" das *statistische Likelihood* und „$P(E|H)$" das *epistemische Likelihood* von H gegeben E. Streng genommen müssen wir im statistischen Fall $p_H(E(x))$ schreiben, da es sich bei $p_H(E(x))$ um den Häufigkeitsgrenzwert einer Eigenschaft E(–) von *variablen* Stichproben x (in einer unendlichen Sequenz solcher Stichproben) handelt, während wir im epistemischen Fall $P(E(a)|H)$ zu schreiben haben, da es sich um das Vorliegen der Eigenschaft E in einer individuellen und de facto gezogenen Stichprobe a handelt.

Es ist ein Charakteristikum der Bayesianischen Statistik, dass immer gewisse Ausgangswahrscheinlichkeiten (oder „Priors") von *Hypothesen* angenommen werden müssen. Diese Ausgangswahrscheinlichkeiten bilden ein irreduzibles und unvermeidlich subjektives Element des Bayesianismus, da sie die Glaubensgrade des Subjekts im Zustand der Unwissenheit wiedergeben. Die Gleichung (9-1) enthält zudem die Ausgangswahrscheinlichkeit des Erfahrungsdatums $P(E)$ – diese Ausgangswahrscheinlichkeit kann jedoch eliminiert werden. Die einfachste Möglichkeit, $P(E)$ zu eliminieren, besteht darin, sich auf *komparative*

9.2 Bayesianische Rechtfertigung der Likelihood-Intuition — 139

Hypothesenbewertungen zu beschränken. Seien H_1, H_2 zwei konkurrierende statistische Hypothesen, dann ist das Verhältnis ihrer *Endwahrscheinlichkeiten* in Bezug auf die gegebene Evidenz (ihrer „Posteriors") allein durch das Verhältnis ihrer Likelihoods und ihrer Priors bestimmt, denn P(E) kürzt sich dabei heraus:

$$(9\text{-}2) \quad \frac{P(H_1|E)}{P(H_2|E)} = \frac{P(E|H_1)}{P(E|H_2)} \cdot \frac{P(H_1)}{P(H_2)}.$$

Im speziellen Fall, wo die verglichenen Hypothesen dieselbe Ausgangswahrscheinlichkeit besitzen, $P(H_1) = P(H_2)$, koinzidiert das Verhältnis ihrer Endwahrscheinlichkeiten mit dem Verhältnis ihrer Likelihoods, der sogenannten „Likelihood-Ratio", $P(E|H_1)/P(E|H_2)$. Allgemeiner gesprochen impliziert Gleichung (9-2), dass ein maximales Likelihood unter gegebenen Alternativhypothesen $H_1,...,H_n$ genau dann ein Indikator der subjektiv wahrscheinlichsten Hypothese ist, wenn diese Hypothesen dieselbe Ausgangswahrscheinlichkeit besitzen. Man nennt die Annahme gleicher Ausgangswahrscheinlichkeiten für konkurrierende Hypothesen auch das *Indifferenzprinzip*: in Ermangelung weiteren Wissens werden konkurrierende Möglichkeiten als gleichwahrscheinlich angenommen. Zusammen mit Gleichung (9-2) liefert das Indifferenzprinzip somit folgende Rechtfertigung der Likelihood-Intuition:

> (Satz 9-1) *Bayesianische Rechtfertigung der Likelihood-Intuition:* Unter Voraussetzung des Indifferenzprinzips ist die Höhe des Likelihoods von H gegeben E ein Indikator für die epistemische Wahrscheinlichkeit von H gegeben E.

Strebt man eine numerischen Berechnung von Hypothesenwahrscheinlichkeiten an, dann kann man die Ausgangswahrscheinlichkeit von E eliminieren, indem man eine Partition (d.h. eine Menge von sich gegenseitig ausschließenden und insgesamt erschöpfenden) Hypothesen vorgibt. Geht es dabei um die statistische Wahrscheinlichkeit p(Fx) eines binären Merkmals Fx, so besteht diese Partition aus allen Hypothesen H_r der Form „p(Fx) = r" mit $r \in [0,1]$. In diesem Fall nimmt man eine subjektive *Ausgangsdichteverteilung* $D(H_r)$ über all diesen Hypothesen an. Alternativ kann man von einer diskreten Partition alternativer Hypothesen $\{H_1,...,H_n\}$ ausgehen, z.B. durch Rundung bzw. Intervallbildung, oder aufgrund von Hintergrundwissen. Damit berechnet man die Ausgangswahrscheinlichkeit von E wie folgt (vgl. Hays/Winkler 1970, 233ff, 461):[61]

$$(9\text{-}3) \quad P(E) = \int_0^1 p_{H_r}(E) \cdot D(H_r)\,dr. \quad \text{Diskreter Fall: } P(E) = \sum_{i=1}^{n} p_{H_i}(E) \cdot P(H_i).$$

Mittels Gl. (9-1) folgt daraus:

(Satz 9-2) *Endwahrscheinlichkeitsverteilung:*

$$D(H_q|E) = p_{H_q}(E) \cdot D(H_q) / \int_0^1 p_{H_r}(E) \cdot D(H_r)\, dr\,. \qquad (q \in [0,1])$$

Diskreter Fall: $P(H_q|E) = p_{H_q}(E) \cdot P(H_q) / \sum_{i=1}^{n} p_{H_i}(E) \cdot P(H_i)$ \hfill $(1 \leq q \leq n)$

In Worten: Die Endwahrscheinlichkeit einer Hypothese H gegeben eine Evidenz E ist gegeben als ihre Ausgangswahrscheinlichkeit multipliziert mit ihrem Likelihood gegeben E geteilt durch die mithilfe des StK (Satz 7-2) berechneten epistemischen Wahrscheinlichkeit von E.

Die Berechnung der epistemischen Endwahrscheinlichkeiten von Hypothesen mittels ihrer statistischen Likelihoods und Ausgangswahrscheinlichkeiten ist der zentrale Schritt, mit dem die bayesianische Statistik über die gewöhnliche Statistik hinausgeht. Ist die Ausgangsverteilung $D(H_r)$ eine Gleichverteilung, so hat die Endverteilung $D(H_r|E)$ ihr Maximum genau bei jener Hypothese H_r, deren behauptete Populationswahrscheinlichkeit r mit der von E berichteten Stichprobenhäufigkeit übereinstimmt. Auf diese Weise erhalten wir erneut die besprochene Rechtfertigung der Likelihood-Intuition mithilfe des Indifferenzprinzips.

9.3 Objektiver Bayesianismus und Indifferenzprinzip: Induktives Schließen I

Der objektive Bayesianer unterscheidet sich vom subjektiven Bayesianer insbesondere dadurch, dass er das Indifferenzprinzip annimmt und auf diese Weise intersubjektive bzw. ‚objektive' Ausgangswahrscheinlichkeiten von Hypothesen gewinnen will.[62] Diesem Prinzip zufolge ist die Ausgangsdichteverteilung $D(H_r)$ *uniform* bzw. eine Gleichverteilung, was (aufgrund der Normierungsbedingung $\int_0^1 D(r)dr = 1$) impliziert, dass $D(r) = 1$ für alle $r \in [0,1]$ gilt. Daraus und aus Satz 9-2 folgt unmittelbar, dass die Enddichte von H_r ihr Maximum genau an jenem r-Wert besitzt, der das Likelihood $p_{H_r}(E)$ maximiert (denn $D(H_r)$ und das Integral sind unabhängig von der Wahl von r). Noch wichtiger, wir können nun endlich *numerische* Werte der Endwahrscheinlichkeit von Hypothesen berechnen, was objektiven Bayesianern ein wichtiges Anliegen ist. Betrachten wir erneut alle möglichen Hypothesen hinsichtlich der statistischen Wahrscheinlichkeit eines binären Merkmals F: $H_r =_{def}$ „$p(F) = r$" (für $r \in [0,1]$). Es stehe $Fa_n^k =_{def} Fa_{i_1} \wedge \ldots \wedge F_{i_k} \wedge \neg Fa_{i_{k+1}} \wedge \ldots \wedge \neg Fa_{i_n}$ ($1 \leq k \leq n$) für die vollständige Zustandsbeschreibung einer n-elementigen Stichprobe von k Fs und (n−k) ¬Fs. Gegeben statistische Unabhängigkeit, berechnet sich der Häufigkeitsgrenzwert jeder solchen Zustandsbeschreibung als $p(Fa_n^k)$ = $r^k \cdot (1-r)^{(n-k)}$, mit $r =_{def} p(F)$ als der unbekannten statistischen Wahrscheinlichkeit von F. Integrieren wir diesen Ausdruck mithilfe der Gleichverteilung $D(r) = 1$

9.3 Objektiver Bayesianismus und Indifferenzprinzip: Induktives Schließen I — **141**

nach r, dann erhält man nach weiteren Umformungen folgende Resultate (Beweis Anhang 10.3.14):[63]

(Satz 9-3) *Konsequenzen des Indifferenzprinzips* (zusammen mit dem StK bzw. (9-3), für ein binäres Merkmal F):

(a) $P(Fa_n^k) = \dfrac{1}{\binom{n}{k} \cdot (n+1)}$

(b) $P(h_n(F) = \tfrac{k}{n}) = \dfrac{1}{n+1}$

(b) in Worten: Alle (n+1) möglichen Häufigkeiten von Fs unter n Fällen (k = 0, 1,...,n) besitzen dieselbe Ausgangswahrscheinlichkeit 1/(n+1).

(c) $P(Fa_{n+1} \mid h_n(F) = \tfrac{k}{n}) = P(Fa_{n+1} \mid Fa_n^k) = \dfrac{k+1}{n+2}$ (Folgeregel von Laplace)

(c) in Worten: Mit einer Wahrscheinlichkeit von (k+1)/(n+2) besitzt der nächste Fall die Eigenschaft F, gegeben unter n bisher beobachteten Fällen befanden sich k Fs.

(d) $D(p(Fx){=}r \mid h_n(F){=}\tfrac{k}{n}) = (n+1) \cdot \binom{n}{k} \cdot r^k \cdot (1-r)^{(n-k)}$.

Es gibt n über k mögliche Zustandsbeschreibungen der Form Fa_n^k, deren Disjunktion mit der Aussage $h_n(F) = \tfrac{k}{n}$ äquivalent ist. Daher ist Aussage (b) von Satz 9-3 eine direkte Folge von (a) und besagt, dass die aus dem Indifferenzprinzip resultierende Ausgangsverteilung über allen möglichen Stichprobenhäufigkeiten ebenfalls eine Gleichverteilung ist. Aussage (c) ist Laplace' berühmte Folgeregel („rule of succession"), die ein starkes Induktionsprinzip enthält. Für die Folgeregel ist es gleichgültig (wie aus der linken Gleichheit hervorgeht), ob man als Antecedens nur die Häufigkeitsangabe des Merkmals F (also eine Strukturbeschreibung) oder eine komplette Zustandsbeschreibung von k aus n Fs verwendet. Man erhält (c) aber nur dann, wenn es sich um ein binäres Merkmal handelt, also die Gleichverteilungsannahme über {F,¬F} angenommen wird. Ist F ein Merkmal eines mehr-als-2-fach gestuften Attributs (wie z.B. Unter-, Mittel- und Oberschicht), so gilt stattdessen Carnaps c*-Regel (9-6) (s. unten), deren Resultat von der logischen „Weite" des Merkmals F abhängt. Die Laplacesche Folgeregel ist somit sprachabhängig.

Aussage (d) teilt uns die Endwahrscheinlichkeitsverteilung über den möglichen Hypothesen der Form p(Fx)=r mit, gegeben dass k von n Individuen der Stichprobe Fs waren. Im Gegensatz zur Binomialverteilung ist nun r die Variable; k und n sind die Konstanten. Es handelt sich dabei um eine sogenannte β-Verteilung (und zwar um die Verteilung β_{n+2}^{k+1}). Sie besitzt ihr Maximum dort, wo auch das Likelihood sein Maximum besitzt, nämlich über der Stichprobenhäufigkeit k/n. Ihr Mittelwert liegt bei (k+1)/(n+2); die Verteilung ist daher linksschief (bzw. rechtsschief), wenn p(F) < 1/2 (bzw. > 1/2) gilt. Die β-Verteilung wird, ebenso wie die Likelihoodverteilung in Abb. 3-3, mit zunehmendem n immer steilgipfeliger. β-Verteilungen sind ein wichtiges Werkzeug der Bayes-Statistik (Hays/Winkler 1970, 233ff).

Diese Resultate von Satz 9-3 erscheinen großartig, doch leider steht das Indifferenzprinzip auf schwachen Beinen. Seine Ergebnisse sind nämlich *stark* sprachabhängig (vgl. Gillies 2000, 37-48). Man betrachte als Beispiel eine uniforme Ausgangsverteilung über den unbekannten Frequenzwerten (μ) einer bestimmten Art von elektromagnetischer Strahlung (z. B. das von Natrium emittierte Licht). Die Wellenlänge (λ) einer Strahlung ist identisch mit der Lichtgeschwindigkeit (c) geteilt durch die Strahlungsfrequenz, $\lambda = c/\mu$. Transformiert man nun eine Gleichverteilung über den Frequenzen $\mu \in [0, \mu_{max}]$ in eine Verteilung über den Wellenlängen λ, so erhält man keine gleichverteilte, sondern eine negativ-exponentiell abnehmende Verteilung, wie in Abb. 9-2 dargestellt.

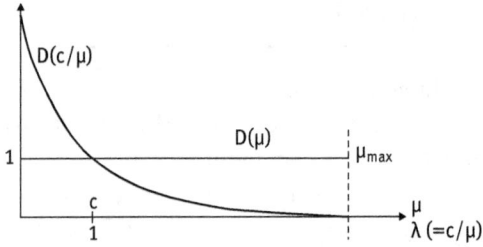

Abb. 9-2: *Sprachabhängigkeit von Gleichverteilungen.* Eine uniforme Dichteverteilung über μ (Frequenz) führt zu einer nicht-uniformen Verteilung über λ (Wellenlänge).

Ähnliche ‚Paradoxien' des Indifferenzprinzips wurden bereits von Keynes (1921, Kap. 4) diskutiert. Keynes war ein Befürworter des Indifferenzprinzips; er schlug eine Verbesserung desselben vor, die für unser Gegenbeispiel jedoch nicht greift (Gillies 2000, 43f; Howson und Urbach 1996, 61). Die weithin akzeptierte Schlussfolgerung aus dem erläuterten Sachverhalt ist folgende: *Keine Ausgangsverteilung ist vorurteilsfrei bzw. informationslos*, auch nicht die Gleichverteilung. Diese Schlussfolgerung wird durch folgende Überlegungen weiter gestützt:

(1.) Betrachten wir (ähnlich wie am Ende von Kap. 9.1) statt allen möglichen Häufigkeitshypothesen alle möglichen (vollständig angeordneten) Zustandsbeschreibungen der Grundgesamtheit[64], oder semantisch die Menge aller möglichen Modelle. Ist die Wahrscheinlichkeitsverteilung nun eine Gleichverteilung nicht über den Häufigkeitshypothesen, sondern über diesen Zustandsbeschreibungen, dann wird induktives Lernen durch Erfahrung unmöglich und es ergibt sich das Resultat $P(Fa_{n+1} | \pm Fa_1 \wedge ... \wedge \pm Fa_n) = 1/2$ für jede mögliche Zustandsbeschreibung $\pm Fa_1 \wedge ... \wedge \pm Fa_n$ einer n-elementigen Stichprobe („$\pm$" für „unnegiert" oder „negiert"). Denn es gibt genau halb so viele Zustandsbeschreibungen, die Fa_{n+1} und $\pm Fa_1 \wedge ... \wedge \pm Fa_n$ verifizieren, als solche die nur $\pm Fa_1 \wedge ... \wedge \pm Fa_n$ verifizieren. Dem lässt sich (wie schon in Kap. 9.1) entgegen halten, dass die *Anordnung* von Individuen bei gleichen Häufigkeiten für die induktive Ermittlung statistischer Wahrscheinlichkeiten irrelevant ist. Dieser Einwand ist richtig, doch er zeigt zugleich, dass die Annahme einer Gleichverteilung über den Häufigkeitsgrenzwerten statt über den Zustandsbeschreibungen nicht voraussetzungsfrei ist, sondern starke induktive Annahmen macht.

(2.) Ist die Ausgangsverteilung über allen statistischen Punkthypothesen eines binären Merkmals eine *kontinuierliche* und ansonsten beliebige (nicht unbedingt uniforme) Funktion, dann ist die epistemische Ausgangswahrscheinlichkeit $P(H_r)$ jeder Punkthypothese H_r (wie im Zusammenhang mit Def. 6-2 erläutert) *null*. Daher ist für eine kontinuierliche P-Funktion auch die Ausgangswahrscheinlichkeit jeder strikten Allhypothese, $P(\forall x Fx)$, gleich null, was (wie wir wissen) eine Revision durch Erfahrung verunmöglicht. Eine kontinuierliche Ausgangsverteilung impliziert daher einen extremen Bias gegen strikte Allhypothesen. Umgekehrt kann das Integral über einem Punkt nur dann einen Wert größer Null annehmen, wenn die Dichte über diesem Punkt unendlich groß ist. Um $P(\forall x Fx) > 0$ zu erhalten, müsste also die Wahrscheinlichkeitsdichte über der Punkthypothese $p(Fx)=1$ unendlich groß sein, was bedeutet, dass nun die Dichteverteilung einen extremen Bias in Bezug auf die Punkthypothese $p(Fx)=1$ enthielte (s. Earman 1992, 87-94). Die unvermeidliche Konsequenz daraus ist, dass keine Ausgangsverteilung in jeder Hinsicht vorurteils- bzw. biasfrei sein kann.[65]

Das Problem der Nullwahrscheinlichkeit universeller Hypothesen wurde schon von Carnap und Popper erkannt. Carnap (1950, 571f) umschiffte das Problem mithilfe seiner Methode der Instanzenbestätigung („instance confirmation"): demnach wird der Bestätigungsgrad von $\forall x Fx$ gegeben $Fa_1,...,Fa_n$ mit der Wahrscheinlichkeit des singulären Voraussageschlusses, $P(Fa_{n+1}|Fa_1 \wedge ... \wedge Fa_n)$, identifiziert. Popper dagegen zog aus dem Nullwahrscheinlichkeitsproblem in (1935/2002, neuer Anhang vii*) den ungerechtfertigten Schluss, dass induktivprobabilistische Bestätigung unmöglich sei. Aufbauend auf R. Jeffrey (1983) zeigte Earman (1992, 91f), dass eine Ausgangswahrscheinlichkeit $P(\forall x Fx)$ größer null nur möglich ist unter folgender Annahme:

(9-4) *Induktiver Gehalt von „$P(\forall Fx)>0$"*: $P(\forall x Fx) > 0$ setzt voraus, dass die bedingten Wahrscheinlichkeiten $P(Fa_{n+1}|Fa_1 \wedge ... \wedge Fa_n)$ für $n \to \infty$ *rapide* gegen 1 streben. Hinreichend hierfür ist, dass P σ-additiv ist und es eine Konstante $c < 1$ und ein $k \in \mathbb{N}$ gibt, sodass für alle $\forall n \geq k$ gilt: $P(\neg Fa_{n+1}|Fa_1 \wedge ... \wedge Fa_n)/P(\neg Fa_n|Fa_1 \wedge ... \wedge Fa_{n-1}) < c$ (Beweis Anhang 10.3.15).

Setzt man beispielsweise den Wert von $P(Fa_{n+1}|Fa_1 \wedge ... \wedge Fa_n)$ mittels der Laplaceschen Folgeregel als $(n+1)/(n+2)$ in (Satz 9-3c) ein, dann konvergiert $P(Fa_{n+1}|Fa_1 \wedge ... \wedge Fa_n)$ für $n \to \infty$ zwar gegen 1, aber nicht schnell genug, um $P(\forall x Fx)=0$ zu verhindern.[66] Die Bedingung $P(\forall x Fx) > 0$ verlangt somit noch stärkere induktive Annahmen als die Laplacesche Folgeregel.

Carnaps „logische Wahrscheinlichkeitstheorie" ist dadurch gekennzeichnet, dass zu den Prinzipien der Regularität und Vertauschbarkeit das Indifferenzprinzip hinzukommt. Dabei entwickelte Carnap (1950) sein Wahrscheinlichkeitsfeld über der Algebra einer monadischen (einstelligen) Prädikatenlogik mit endlich vielen Grundprädikaten $F_1,...,F_n$ und endlich vielen Standardnamen für Individuen $a_1,...,a_N$; den Fall unendlich vieler Individuen bezog er durch die Grenzwertbetrachtung $N \to \infty$ mit ein. In einer solchen Sprache gibt es $\mu =_{def} 2^n$ viele *Zustandsprädikate* oder „Q-Prädikate", die die Form $Q_j x =_{def} \pm F_1 x \wedge ... \wedge \pm F_n x$ besitzen („$\pm$" für „unnegiert" oder „negiert"). Eine *Zustandsbeschreibung* im Sinne Carnaps gibt für jedes Individuum an, zu welchem Q-Prädikat es gehört, und hat daher die Form $Q_{j_1} a_1 \wedge ... \wedge Q_{j_N} a_N$; es gibt $\mu^N = 2^{n \cdot N}$ solcher Zustandsbeschreibungen. In (1971) ließ Carnap auch mehr-als-zwei-wertige *Prädikatfamilien* zu, das sind Mengen von disjunkten und exhaustiven Merkmalen $\mathcal{M}_1 = \{M_{1,1},...,M_{1,n}\}$, z. B. die Familie der Farbprädikate.[67]

Carnap nahm die Gleichverteilung zunächst über den Zustandsprädikaten an („Symmetrie von P bzgl. Q-Prädikaten"): $P(Q_j a_i) = 1/\mu$ für alle j und i. Die P-Verteilung über den Häufigkeiten solcher Q-Prädikate ließ er offen; er nahm jedoch das Axiom der Voraussageirrelevanz hinzu, demzufolge die bedingte Wahrscheinlichkeit eines (möglicherweise komplexen) Merkmals M für ein neues Individuum a_{n+1}, gegeben eine Zustandsbeschreibung von n Individuen mit k Ms, nur vom Zutreffen von M auf diese n Individuen abhängt, aber nicht von anderen Merkmalen: $P(Ma_{n+1}|Q_{j_1} a_1 \wedge ... \wedge Q_{j_n} a_n) = P(Ma_{n+1}|Ma_n^k)$. Darüber hinaus sollte $P(Ma_{n+1}|Ma_n^k)$ nicht von der speziellen Wahl des Prädikats M abhängen, sondern nur von k und n und von der logischen Weite des Merkmals M, w_M/μ; dabei ist w_M die Anzahl der M verifizierenden Q-Prädikate. Weitere Axiome des Carnapschen Systems erwiesen sich als entbehrlich, weil sie aus den anderen Axiomen folgten, sodass wir uns hier auf diese beiden Carnapschen Zusatzaxiome beschränken können.[68]

Carnap zeigt, dass das resultierende System immer noch ein *Kontinuum* von möglichen induktiven Systemen zulässt, denen zufolge die bedingte Wahrscheinlichkeit $P(Ma_{n+1}|Ma_n^k)$ ein *gewichtetes Mittel* zwischen der beobachteten Stichprobenhäufigkeit von M, $h_n(Mx)=k/n$, und der logischen Weite des Merkmals w_M/μ ist (vgl. Carnap 1959, 218):

(9-5) *Carnaps λ-Kontinuum:* $P(Ma_{n+1}|Ma_n^k) = \frac{k}{n} \cdot \frac{n}{n+\lambda} + \frac{w_M}{\mu} \cdot \frac{\lambda}{n+\lambda} = \frac{k + \lambda \cdot (w_M/\mu)}{n+\lambda}$ mit $\lambda \in [0,\infty)$.

(k/n) ist der empirische und (w_M/μ) der ‚logische' Wahrscheinlichkeitsfaktor. Das Verhältnis des Parameters $\lambda \in [0,\infty)$ zur Stichprobengröße n bestimmt das Gewicht des logischen Wahrscheinlichkeitsfaktors. Ist $\lambda=0$, dann erhalten wir die unverfälschte Induktionsregel oder „straight rule", die wie erläutert den statistisch-induktiven Verfahren zugrunde liegt. Ist $\lambda = \infty$, dann wird die Wahrscheinlichkeitsverteilung erfahrungsunabhängig und bewegt sich nicht von der Gleichverteilung weg. Solange λ endlich ist, setzt sich für große Stichprobenumfänge ($n \gg \lambda$) der empirische Faktor durch, sodass Carnaps induktive Wahrscheinlichkeiten auf lange Sicht ($n \to \infty$) zum selben Resultat führen wie die induktive „straight rule"; doch auf kurze Sicht können sie stark davon abweichen. Carnaps präferiertes System, das c*-System, setzt $\lambda=\mu$, was zu einer Gleichverteilung über den Strukturbeschreibungen bzw. statistischen Häufigkeitshypothesen führt, mit den in Satz (9-3) angeführten Konsequenzen für binäre Merkmale. Für n-fach gestufte bzw. komplexe Merkmale M erhält man

(9-6) *Carnaps c*-Regel:* $P(Ma_{n+1}|Ma_n^k) = (k+w_M)/(n+\mu)$.

Im Spezialfall binärer Merkmale, d. h. $w_M = 1$ und $\mu = 2$, gelangt man damit wieder zur Laplaceschen Folgeregel in Satz 9-3(c), (k+1)/(n+2).[69]

Anhand Carnaps c*-Regel kann abschließend die Problematik ‚logischer' Wahrscheinlichkeiten aufgezeigt werden. Es fragt sich, warum man überhaupt den ‚logischen' Faktor in die Schätzung empirischer Häufigkeiten mit einfließen lassen sollte. Angenommen wir haben 10 männliche Eingeborene eines Stammes beobachtet, die *alle* rot tätowiert waren. In einem Sprachsystem mit dem binären Grundprädikat „(nicht) tätowiert" und einem angenommen 6-wertigen Farbattribut (rot, grün, blau, gelb, weiß, schwarz) ergeben sich damit 12 mögliche Zustandsprädikate. Carnaps c*-System zufolge sollten wir die induktive Wahrscheinlichkeit, dass der nächste männliche Eingeborene auch rot tätowiert ist, nicht als annähernd 1 einschätzen (so wie gemäß der induktiven „straight rule"), sondern als 10+1/10+12 = 11/22 = 1/2. Das erscheint merkwürdig. Carnap (1950, 227f, 569) verteidigt sein System mit dem Hinweis, dass bei sehr kleinen Stichprobenumfängen eine Mischung von beobachteter Häufigkeit mit Laplacescher Gleichverteilung sinnvoll wäre. Dem ist zu entgegnen, dass man sich bei *zu* kleinen Stichprobenumfängen, statt mithilfe von sprachabhängigen und letztlich willkürlichen Gleichverteilungsannahmen zu „raten", besser des Urteils enthalten und die Stichprobe vergrößern sollte. Weitere Argumente, die die Vorzüge der induktiven straight rule gegenüber Mischungen derselben mit apriori-Wahrscheinlichkeiten darlegen, wurden von Salmon (1974) und Rescher (1987, 115ff) vorgebracht.

Hintikka (1965) schlug ein induktives System vor, in dem (anders als bei Carnap) universellen Hypothesen über unendlich viele Individuen eine Wahrscheinlichkeit größer null zugeordnet wird. Dabei wird allen möglichen und vollständigen strikt-quantifizierten Hypothesen einer monadischen Prädikatenlogik die gleiche Ausgangswahrscheinlichkeit gegeben. Diese Hypothesen haben die Form

(9-7) $\exists x Q_{i_1} x \wedge ... \wedge \exists x Q_{i_k} x \wedge \forall x(Q_{i_1} x \vee ... \vee Q_{i_k} x)$ für $\{i_1,...,i_k\} \subseteq \{1,...,\mu\}$.

In Worten: Von den µ möglichen Q-Prädikaten sind die-und-die Q-Prädikate und *nur* diese realisiert (d. h. die Disjunktion derselben trifft auf alle Individuen zu).

Man nennt Aussagen der Form (9-7) auch monadische Konstituenten (Niiniluoto 1987, 51f). Je kleiner k, desto größer ist der Grad an Gesetzesmäßigkeit in der vom Konstituenten beschriebenen Welt. Hintikka (1966) erweiterte dieses System durch den Einbau statistischer Häufigkeitsschlüsse in Form eines zweidimensionalen Kontinuums. Wie schließlich Jamison (1970) zeigte, sind sowohl Carnaps wie Hintikkas induktive Systeme Spezialfälle eines allgemeinen Bayesianischen Ansatzes, in dem gewisse Möglichkeitsräume von Hypothesen mit gewissen Ausgangsverteilungen angenommen werden.

9.4 Hypothesenwahrscheinlichkeiten ohne Indifferenzprinzip?

Die bisherige Erörterung belässt jene, die sich vom Bayesianismus eine funktionierende Rechtfertigung des statistischen Likelihoodprinzips und damit eine Rechtfertigung induktiven Schließens erhofft haben, in einer Art Dilemma. Auf der einen Seite kann das Likelihood anscheinend nur mithilfe des Indifferenzprinzips bayesianisch begründet werden; andererseits ist das Indifferenzprinzip selbst starken Problemen ausgesetzt. Es wäre also höchst wünschenswert, das Likelihood-Prinzip und den Induktionsschluss von einem hohen Likelihood auf eine hohe Hypothesenwahrscheinlichkeit durch eine schwächere Annahme zu rechtfertigen, z. B. nur durch Vertauschbarkeit bzw. das StK, oder gar durch noch schwächere Annahmen. Im sogenannten *Symmetrieargument* von Williams (1947), Stove (1986) und anderen (vgl. Vickers 2010, §7) – jüngst von Williamson (2013) elegant ausgearbeitet – wird eben dies versucht. Wir präsentieren hier eine kritische Diskussion dieses Argumentes.

Die (statistische) Wahrscheinlichkeit, dass die Häufigkeit h_n eines Merkmals in einer hinreichend großen Stichprobe nahe an der statistischen Wahrscheinlichkeit p liegt, ist gemäß dem Gesetz der großen Zahlen sehr hoch, und dies folgt aus den Basisaxiomen der Wahrscheinlichkeit allein. Hier setzt das Symmetrieargument an: wenn h_n nahe bei p liegt, liegt p nahe bei h_n; wir haben dieses analytisch gültige Symmetrieargument in Kap. 8.2 bei der Berechnung von Konfidenzintervallen angewandt. Ergo, so lautet die Schlussfolgerung des Argumentes, liegt die (hypothetische) statistische Wahrscheinlichkeit p nahe an *dieser* Stichprobenhäufigkeit h_n mit dem *aktual* beobachteten Wert k/n. Wie mehrere Autoren argumentiert haben, enthält dieses Argument zwei Hauptfehler. Bevor wir sie herausarbeiten, sei das Argument logisch einfach rekonstruiert.

Im Folgenden steht $h(F:x^n)$ für die Häufigkeit des binären Merkmals F in einer *variablen* n-elementigen Stichprobe x^n, und $h(F:s^n)$ für die Häufigkeit von F in einer *bestimmten* n-elementigen Stichprobe. Weiters steht p(F) für die unbekannte statistische Wahrscheinlichkeit von F in der Grundgesamtheit. Mithilfe der besprochenen Akzeptanzintervallmethoden können wir ein von n abhängiges Akzeptanzintervall $\pm a_n$ berechnen, sodass mit hoher, sagen wir 95%iger Wahrscheinlichkeit $h(F:x^n)$ in [r$\pm a_n$] liegt, also

(9-8) Wahrscheinlichkeit($h(F:x^n) \in [p(F) \pm a_n]$) = 0,95.

Das Williams-Stove Argument in seiner ursprünglichen Form schließt daraus per Symmetrie

(9-9) Wahrscheinlichkeit($p(F) \in [h(F:x^n) \pm a_n]$) = 0,95,

und weiter, unter Zuhilfenahme des sicheren Beobachtungswissens $h(F:s^n) = q$, auf

(9-10) Wahrscheinlichkeit($p(F) \in [q \pm a_n]$) = 0,95.
In Worten: Die Wahrscheinlichkeit, dass Fs wahre statistische Wahrscheinlichkeit um nicht mehr als „a" vom gefundenen Stichprobenwert q abweicht, beträgt 95%.

Die Vertreter des Williams-Stove Argumentes argumentieren zudem, dass sich diese „Herleitung" allein aus dem Basisaxiomen der Wahrscheinlichkeit ergebe. Wäre somit eine induktive Hypothesenwahrscheinlichkeit „aus dem nichts" gewonnen?

Dies ist nicht der Fall. Der erste Fehler des Argumentes liegt darin, dass nicht zwischen statistischer und epistemischer Wahrscheinlichkeit unterschieden wird. Die Wahrscheinlichkeit in (9-8) und (9-9) ist eine statistische Wahrscheinlichkeit, wobei die Variable x^n über beliebige Zufallsstichproben der Größe n läuft. Wir müssen hierfür also schreiben:

(9-8*) $p(h(F:x^n) \in [p(F) \pm a_n]) = 0{,}95$, und
(9-9*) $p(p(F) \in [h(F:x^n) \pm a_n]) = 0{,}95$.

Nur sofern diese statistische Wahrscheinlichkeit eingesetzt wird, folgen (9-8*) und (9-9*) aus den Basisaxiomen für p. (9-9*) ist aber etwas anderes als das, was die Vertreter des Argumentes (9-9) bezwecken. (9-9*) besagt dasselbe wie (9-8*): dass in einer Zufallsfolge von n-elementigen Stichproben die Häufigkeit jener Stichproben x^n, deren F-Häufigkeit nicht mehr als a von p(F) abweicht, 95 % beträgt. In diesem Sinn haben Heys/Winkler (1970, 328) und Howson/Urbach (1996, 239f) gegen das Willams-Stove Argument eingewandt, dass die Wahrscheinlichkeit in (9-9*) trotz der symmetrischen Inversion immer noch *eine statistische* Wahrscheinlichkeit von Stichproben geblieben ist, aber keine Hypothesenwahrscheinlichkeit in Bezug auf eine individuelle Stichprobe, denn solche Hypothesenwahrscheinlichkeiten sind nicht statistischer, sondern epistemischer Natur.

Der entscheidende Schritt, der beim Übergang vom (9-8) nach (9-9) im ursprünglichen Williams-Stove Argument übersprungen wird, ist die Übertragung der statistischen Wahrscheinlichkeit auf den Einzelfall, unsere aktuell beobachtete Stichprobe s^n, gemäß dem statistischen Koordinationsprinzip (StK) für Stichprobenhäufigkeiten (Def. 7-2)(c). Wir benötigen also folgenden Zwischenschritt:

(9-9a*) $P(p(F) \in [h(F:s^n) \pm a_n]) = 0{,}95$ (mithilfe des StK).

Damit ist gezeigt, dass die ursprüngliche Intention von Williams und Stove, mit dem Argument eine zirkelfreie „deduktive" Rechtfertigung der Reliabilität induktiven Schließens herbeizuführen, nicht funktioniert. Denn das StK für Stichproben bzw. der induktive Spezialisierungsschluss enthält, wie wir wissen, die induktive Annahme, dass die aktual beobachtete Stichprobe repräsentativ ist für die Grundgesamtheit, sodass man von der statistischen Tendenz in der Grundgesamtheit auf die Stichprobe schließen kann. Dabei ist es wichtig, sich daran zu erinnern (Kap. 4.4), dass nicht nur der induktive Generalisierungs-, sondern auch der induktive Spezialisierungsschluss eine induktive Uniformitätsannahme macht.

In seiner überarbeiteten Fassung des Symmetrieargumentes vermeidet Williamson (2013, 304-308) diesen ersten Fehler des Argumentes, sondern macht von Anfang an deutlich, dass es neben den Basisaxiomen auf einer Anwendung des StKs beruht. Es fragt sich, ob das Argument nach dieser Bereinigung korrekt ist. Wäre dem so, so hätte das Argument immer noch einen hohen Wert für den objektiven Bayesianismus. Denn dann würde das Argument zeigen, dass man epistemische Hypothesenwahrscheinlichkeiten allein mithilfe statistischer Likelihoods und dem StK erhält, ganz *ohne* das problematische Indifferenzprinzip oder andere bevorzugte Ausgangswahrscheinlichkeiten; dieser Punkt wird auch von Williamson (2013, 310) selbst hervorgehoben. Hier kommt nun der aus meiner Sicht zweite Hauptfehler des Argumentes ins Spiel. Die Anwendung des StK in (9-9*) ist korrekt, insofern hier noch angenommen wird, dass der Agent *nichts* über die individuelle Stichprobe s^n weiß, außer dass sie aus der Population mit unbekanntem aber konstantem Häufigkeitsgrenzwert p(F) stammt. In diesem Fall gibt der Agent über die Stichprobe eine vernünftige Prognose ab. Anders wird es, wenn der Agent bereits über Erfahrungen über diese Stichprobe verfügt, und insbesondere wenn er ihre Merkmalshäufigkeit kennt. Erinnern wir uns an die Formulierung des StK in Def. 7-2: das StK ist nur dann uneingeschränkt sinnvoll, solange man noch keine Erfahrungen über jene Individuen besitzt, auf die das StK angewandt wird. Andernfalls können Inkohärenzen und sogar Widersprüche entstehen. Aber genau dies wird im letzten Schritt des Argumentes gemacht, in dem das zusätzliche sichere Beobachtungswissen, demzufolge die Stichprobenhäufigkeit $h(F:s^n) = q$ beträgt, hinzugefügt wird. Die fehlenden Schritte müssen so eingefügt werden:

(9-10*) $P(p(F) \in [h(F:s^n) \pm a_n] \mid h(F:s^n) = q) = 0{,}95$ (aus (9-9a*))
(9-11*) $P(h(F:s^n)=q) = 1$ (Annahme)
(9-12*) Aus (9-10*)+(9-11*) folgt wahrscheinlichkeitstheoretisch:
    $P(p(F) \in [q \pm a_n]) = 0{,}95$.

Aus der unvollständigen Herleitung (9-8,9,10) ist damit die vollständige Herleitung (9-8*,9*,9a*,10*,11*,12*) geworden.

Wir zeigen nun, dass Schritt (9-10*) nicht allgemein zulässig ist, sondern nur dann, wenn die Ausgangsverteilung über den Hypothesen eine annähernde Gleichverteilung ist. Bereits Maher (1996, 426) wies darauf hin, dass der Schritt von (9-9*) nach (9-10*) nicht zulässig ist, wenn gewisse Hypothesen viel wahrscheinlicher sind als andere, sodass die gezogene Stichprobe ein „Ausreißer" bzw. Ausnahmefall zu sein scheint. In diesem Fall kann die Information $h(s^n)=q$ die Wahrscheinlichkeit der Behauptung $p \in [q \pm a_n]$ weit unter den Wert 0,95 senken. Angenommen wir sind davon überzeugt, dass eine Münze annähernd fair ist ($P(p=1/2)$ ist hoch). Die statistische Wahrscheinlichkeit, dass unter 100 Würfen die Häufigkeit von Kopf nicht mehr als 8 % von der wahren Wahrscheinlichkeit abweicht, beträgt 95 % (s. Kap. 8.1). Gemäß dem Symmetrieargument sollten wir also im Grad 95 % glauben, dass die statistische Wahrscheinlichkeit von Kopf um nicht mehr als 8 % von der Kopf-Häufigkeit in der nächsten Stichprobe abweicht. Wenn wir nun aber mit Erstaunen beobachten, dass die Münze nur 30 von 100 mal auf Kopf fiel, sollten wir dann ebenfalls im Grade 95 % glauben, dass die Münze einen Bias von ungefähr 30 % Kopf-Wahrscheinlichkeit besitzt? Gemäß dem Williamsonschen Symmetrieargument müsste man dies ebenfalls tun. Oder sollte man nicht eher folgern, dass diese Wurfserie ein unwahrscheinlicher und nicht-repräsentativer Ausreißer war? Nur wenn unsere Ausgangsverteilung eine annähernde Gleichverteilung ist, also die Münze ebenso gut einen beliebigen Bias haben könnte, führt uns das beobachtete Resultat zwanglos dazu, gemäß der Maximum-Likelihood Methode die Kopfwahrscheinlichkeit im Konfidenzintervall [0,3 ± 0,08] zu vermuten.[70]

Dass aus dem Argumentationsschritt (9-10*), sofern dieser für beliebige Erfahrungsdaten $h(F{:}s^n) =_{def} q \in [0,1]$ gelten soll, eine Gleichverteilung der Ausgangsverteilung folgt, kann auch direkt bewiesen werden:

(Satz 9-4): Angenommen die Endwahrscheinlichkeit erfüllt für alle möglichen Stichprobenergebnisse $h(F{:}s^n){=}q \in [0,1]$ die Gleichung (9-10*), $P(p(F) \in [h(F{:}s^n) \pm a_n] \,|\, h(s^n) = q) = 0{,}95$. Dann unterscheidet sich die Ausgangsverteilung $D(p{=}x)$ für wachsende n beliebig wenig von einer Gleichverteilung.

Ein Beweis findet sich im Anhang 10.3.16. Wir illustrieren den Satz an einem einfachen Beispiel. Es gibt angenommen nur zwei epistemisch mögliche Hypothesen H_1: $p(F) \in [q_1 \pm a_n]$ und H_2: $p(F) \in [q_2 \pm a_n]$ mit $q_2 =_{def} (1-q_1)$, $P(H_1) = h_1$ und $P(H_2) = (1-h_1)$. Gemäß Annahme gilt: $P(H_i|h(F{:}s^n) = q_i) = 95\,\%$. Anwendung des Bayes-Theorem ergibt: $P(H_i|h(F{:}s^n){=}q_i) = P(h(F{:}s^n){=}q_i \,|\, H_i) \cdot P(H_i) / \sum_{1 \leq j \leq 2} P(h(F{:}s^n){=}q_i \,|\, H_j) \cdot P(H_j)$. Wir schreiben für die Likelihoods: $P(h(F{:}s^n){=}q_i \,|\, H_i) =_{def} L_i$ für $i \in \{1,2\}$, und $P(h(F{:}s^n){=}q_i \,|\, H_j) =_{def} L_i^*$ für $i \neq j \in \{1,2\}$. Offenbar gilt $L_i > L_i^*$. Wegen unserer Annahme $q_2 = (1-q_1)$ sind die Likelihoods L_1 und L_2 (sowie auch L_1^* und L_2^*) identisch. Also setzen wir $L_i{=}L$ und $L_i^*{=}L^*$ und erhalten: $P(H_i \,|h(s^n){=}q_i) = L \cdot h_i / (L \cdot h_i + L^* \cdot (1-h_i))$, für $i \in \{1,2\}$. Dieser Wert kann aber wegen $L > L^*$ nur dann für $i = 1$ und $i = 2$ übereinstimmen, wenn $h_1 = h_2$ gilt, wenn also die Wahrscheinlichkeit über den Hypothesen gleichverteilt ist.

Wir kommen zum Ergebnis, dass die Begründung des Likelihoodprinzips und die Berechnung von Hypothesenwahrscheinlichkeiten allein aufgrund des StK nicht möglich ist, ohne eine Gleichverteilung der Ausgangswahrscheinlichkeiten anzunehmen. In diesem Sinn haben auch Williams und Stove in einer Erwiderung auf Maher repliziert, die Ausgangswahrscheinlichkeiten sollen durch das Indifferenzprinzip fixiert werden (s. Vickers 2010, § 7). Damit sind wir erneut beim Ergebnis des letzten Abschnitts angelangt. Dennoch haben wir etwas gewonnen, nämlich einen neuen Weg, um das Indifferenzprinzip zu rechtfertigen. Wenn wir nämlich die Annahme (9-10*), die Anwendung des StK konditionalisiert auf beliebige Stichprobenergebnisse, als primitive Intuition in Ermangelung weiteren Wissens akzeptieren, so *folgt* daraus mithilfe von Satz 9-4 das Indifferenzprinzip. Das Problem der Sprachabhängigkeit des Indifferenzprinzips wird dadurch freilich nicht gelöst; zu seiner Lösung benötigt man unabhängige Argumente, um gewisse Systeme von Grundbegriffen anderen vorzuziehen (s. dazu Kap. 9.7).

Wenn wir das Indifferenzprinzips verwenden, um das StK auch in Gegenwart spezifischer Evidenzen rechtfertigen zu können, ist allerdings nicht mehr garantiert, dass die enthaltene epistemische Wahrscheinlichkeit im Sinne von Satz 7-1(b) mit der statistischen übereinstimmt. Liegt beispielsweise die Grundgesamtheitshäufigkeit bei p(Fx) = 0,8 und beobachteten wir einen abweichenden Stichprobenwert von h_{100}(Fx) = 0,2, so würden wir mit epistemischer Wahrscheinlichkeit P = 0,95 schließen, dass p(Fx) im Intervall 0,2±0,08 liegt (s. Kap. 8.1). Somit schließen wir weiter, dass die Häufigkeit der nächste Stichprobe mit P = 95 % im Intervall 0,2±0,16 liegt. Doch dies stimmt nicht mehr mit der Häufigkeit auf lange Sicht überein, denn tatsächlich liegt die Häufigkeit künftiger 100-elementiger Stichproben mit p = 95 % im Intervall 0,8±0,08.

9.5 Subjektiver Bayesianismus und Konvergenz subjektiver Glaubensgrade: Induktives Schließen II

Die meisten gegenwärtigen Vertreter des Bayesianismus sehen das Indifferenzprinzip aufgrund der geschilderten Probleme nicht als sakrosankt an. Sie schließen sich stattdessen der Sichtweise des subjektiven (bzw. nicht-objektiven) Bayesianismus an, demzufolge es keine objektiven Regeln für die Wahl einer bevorzugten Ausgangsverteilung gibt. Subjektive Bayesianer versuchen stattdessen zu zeigen, dass die Resultate induktiven Lernens aus Erfahrung *unabhängig* sind von der Wahl der Ausgangsverteilung, wenn man nur lange genug lernt.

Gegeben sei wieder eine Ausgangsverteilung D(H_r) über den möglichen statistischen Hypothesen $H_r =_{def}$ „p(Fx)=r" über ein binäres Merkmal F, die diesmal aber nicht indifferent sein muss, sondern beliebig sein kann. Dann berechnet sich die Endverteilung D(H_r|E) in Bezug auf eine Evidenz gemäß der Gleichung in Satz 9-2 (und der Berechnung des Integrals, was nicht immer einfach ist). Diese Prozedur wird Bayessches *Updaten* oder Aktualisieren von Glaubensgraden genannt. Sie funktioniert in einfacher Weise für die erwähnten β-Verteilungen (Hays/Winkler 1970, 461f) oder für Normalverteilungen (Howson/Urbach 1996, 354ff). Man kann darüber hinaus zeigen, dass unabhängig von der speziellen Form der Ausgangsverteilung die Konditionalisierung dieser Verteilung auf eine beobachtete Stichprobenhäufigkeit eine Verschiebung der Wahrscheinlichkeitsmasse in Richtung der Stichprobenhäufigkeit bewirkt. Dabei konzentriert sich die Verteilung mit zunehmendem Stichprobenumfang über dem Stichprobenresultat und erzeugt dort (abhängig von der Anfangsverteilung) einen immer höher und steiler werdenden Gipfel. Einzige Voraussetzung für diese Verteilungskonvergenz ist, dass die Ausgangsverteilung *undogmatisch* ist in Bezug auf die wahre Populationshäufigkeit p(Fx) = r. Darunter versteht man, dass die Wahrscheinlichkeitsdichtefunktion an der Stelle r positiv und stetig ist, was impliziert, dass das Integral über jedes noch so kleine positive Intervall um r herum positiv ist (de Finetti 1974, Abschn. XI.4.5).

Konvergenzresultate dieser Art nennt man auch das „Auswaschen von Priors" (Earman 1992, 141ff). Bayesianer sehen darin eine zentrale Errungenschaft des Bayesianismus, da damit auch ohne Indifferenzprinzip eine Intersubjektivität der epistemischen Endwahrscheinlichkeiten auf lange Sicht impliziert bzw. zumindest nahegelegt wird. Im Folgenden erläutern wir einige Konvergenzresultate dieser Art, wobei wir einen abzählbar unendlichen Individuenbereich mit Standardnamen $a_1, a_2,...$ annehmen.

Zunächst können wir zwischen *kontinuierlichen* Konvergenzresultaten unterscheiden, die für jede Erfahrungszunahme bzw. Stichprobenvergrößerung eine wenn auch nur kleine Verschiebung des Glaubensgrades in Richtung der objektiven Wahrscheinlichkeit implizieren, und *einfachen* Konvergenzresultaten, die nur etwas für den Grenzwert, d. h. für n→∞ besagen. Satz 7-4 über uniformes Lernen aus Erfahrung (den wir in Satz 9-5(a) verallgemeinern) sowie die erläuterten Zusammenhänge über das Updaten von Ausgangsverteilungen sind Beispiele für kontinuierliche Konvergenzresulte.

(Satz 9-5) *Kontinuierliche Konvergenz für induktive Voraussagen* (dabei ist [r] die ganzzahlige Rundung der reellen Zahl r):
(a) $P(Fa_{n+1}| h_n(F)=(k+1)/n) > P(Fa_{n+1}|h_n(F) = k/n)$.
In Worten: Die Wahrscheinlichkeit, ein neues F zu finden, steigt für jede Stichprobengröße n mit der Häufigkeit der Fs in der Stichprobe kontinuierlich an.
Voraussetzung: P ist vertauschbar und in Bezug auf keinen Wert $r \in [0,1]$ dogmatisch.
(b) $\lim_{n\to\infty} P(Fa_{n+1}| h_n(F)=[r \cdot n]/n) = r$.
In Worten: Die Wahrscheinlichkeit, ein neues F zu finden, konvergiert mit wachsender Stichprobengröße gegen die Häufigkeit von F in der Stichprobe.
Voraussetzung: P ist vertauschbar und in Bezug auf r nicht dogmatisch.

9.5 Subjektiver Bayesianismus und Konvergenz subjektiver Glaubensgrade — 153

Zum Beweis von Satz (9-5)(a) siehe die Erläuterungen zu Satz 7-4; und zum Beweis von Satz 9-5 (b) s. Anhang 10.3.17. Der Beweis des nächsten Satzes 9-6 findet sich in Anhang 10.3.18.

(Satz 9-6) *Kontinuierliche Konvergenz für induktive Generalisierungen* (dabei steht „H_r" für „p(F) = r"):
(a) $D(H_r|h_n(F) = [r \cdot n]/n) > D(H_r|h_m(F) = [r \cdot m]/m)$ für n > m.
In Worten: Die Wahrscheinlichkeitsdichte der gemäß der Maximum-Likelihood-Methode zu bevorzugenden Hypothese H_r, gegeben eine bestimmte Stichprobenhäufigkeit, nimmt mit zunehmendem n kontinuierlich zu.
(b) $E_D(H_x|h_n(F) = [r \cdot n]/n) - r < E_D(H_x|h_n(F) = [r \cdot m]/m) - r$ für n > m.
In Worten: Der Erwartungswert der statistischen Wahrscheinlichkeit, gebildet mit der Wahrscheinlichkeitsdichteverteilung über dem Hypothesenraum, gegeben eine bestimmte Stichprobenhäufigkeit, nähert sich mit zunehmender Stichprobengröße kontinuierlich der Stichprobenhäufigkeit an.
Voraussetzug für (a)+(b): P ist vertauschbar und in Bezug auf r nicht dogmatisch.

Kontinuierliche Konvergenz besagt (sowohl im Voraussage- wie im Generalisierungsfall) dass sich die Endwahrscheinlichkeit mit zunehmender Erfahrung *kontinuierlich* bzw. monoton den objektiven statistischen Wahrscheinlichkeiten nähert. Jede Erfahrungszunahme n → n+1 bewirkt eine kleine inkrementelle Glaubensgradveränderung in Richtung der objektiv-statistischen Wahrscheinlichkeit (ebendies besagen Sätze 9-5(a) und 9-6(a,b)). Zentrale Voraussetzungen für kontinuierliche Konvergenz sind Vertauschbarkeit und Undogmatizität (bzw. ‚Regularität'), geeignet expliziert für Dichtefunktionen. Der Vorteil kontinuierlicher Konvergenz besteht darin, dass man bereits „zu Lebzeiten", an allen Zeitpunkten n, eine solche Wahrscheinlichkeitsveränderung registriert, und nicht erst, wenn n gegen Unendlich geht und „wir schon alle tot sind" (wie Keynes zu sagen pflegte). Diesen Vorteil besitzt kontinuierliche Konvergenz gegenüber „Konvergenz im Unendlichen", die für endliche Wesen unerfahrbar ist.

Dennoch besitzt auch kontinuierliche Konvergenz eine Schwäche: Sie liegt darin, dass die schrittweise Glaubensgradänderung durch eine hinreichend „extreme" Ausgangsverteilung *beliebig klein* gemacht werden kann, sodass die durch neue Erfahrung bewirkte Wahrscheinlichkeitsveränderung zwar stattfindet, aber *zu klein* ist, um „zu Lebzeiten" eine wesentliche Änderung gegenüber unseren anfänglichen Vorurteilen bewirken zu können. Dies wird durch folgenden Satz präzisiert:

> (Satz 9-7) *Endliche Unbelehrbarkeit vorurteilslastiger Ausgangswahrscheinlichkeiten:* Sei H eine wahre Hypothese über einem unendlichen Individuenbereich mit Standardnamen $\{a_i : i \in \mathbb{N}\}$, dann gibt es für jede beliebig lange Konjunktion von Erfahrungssätzen $E =_{\text{def}} E_1, ..., E_n$, die zusammen H beliebig stark stützen ($1 \geq P(E|H) > P(E)$) und mit dem Gegenteil von H logisch konsistent sind, eine nichtdogmatische jedoch hinreichend vorurteilslastige Ausgangsverteilung P (i. e. $P(H) \notin \{0,1\}$), sodass $P(\neg H|E) > P(H|E)$.

Weil der Beweis so einfach und lehrreich ist, erläutern wir ihn im Haupttext. Gemäß dem Theorem von Bayes gilt $P(H|E) = P(E|H) \cdot P(H)/P(E)$; und ebenso für „¬H" anstelle von „H". Mit $P(H) =_{\text{def}} h$ gilt also $P(\neg H|E) > P(H|E)$ g. d. w. $P(E|\neg H) \cdot (1-h) > P(E|H) \cdot h$ g. d. w. $P(E|\neg H) > h \cdot (P(E|H) - P(E|\neg H))$. Da $P(E|H)$ maximal 1 beträgt, ist dies sicher der Fall, wenn $P(E|\neg H) > h \cdot (1-P(E|\neg H))$ und somit wenn (*) h kleiner ist als der Quotient $P(E|\neg H)/(1-P(E|\neg H))$. Da E mit ¬H logisch konsistent ist, kann $P(E|\neg H)$ und damit $P(E|\neg H)/(1-P(E|\neg H))$ größer Null gewählt werden, weshalb Bedingung (*) durch eine hinreichend kleine Ausgangswahrscheinlichkeit h immer erfüllt werden kann. Um ein konkretes Beispiel zu geben: Ein Bayesianer muss nur hinreichend stark an einen allgütigen Gott glauben, so dass ihn keine noch so umfassende Erfahrung des Leides in der Welt von seinem ursprünglichen Glauben abbringen kann (nach dem Muster der Parodie auf Leibniz, dem „Dr. Pangloss" in Voltaires *Candide*).

Der lediglich mit Vertauschbarkeit und Undogmatizität ausgestattete Bayesianismus ist daher nicht in der Lage, Irrationalität für endlich lange Zeitspannen zu verhindern, sofern keine unabhängigen Rationalitätskriterien für Ausgangswahrscheinlichkeiten vorliegen. Bayesianer sind hier in einer Zwickmühle, denn das einzige solche Kriterium scheint das Indifferenzprinzip des objektiven Bayesianismus zu sein, von dem sich subjektive Bayesianer aufgrund der Kritik im letzten Abschnitt losgelöst haben.

Noch *schwächer* als kontinuierliche Konvergenzresultate sind einfache Konvergenzresultate. Sie lassen es zu, dass die Konvergenz erst nach einem beliebig *späten* Folgeglied bzw. Zeitpunkt a_n in der Sequenz von beobachteten Individuen (a_i) eintritt. Einfache Konvergenzresultate garantieren nicht, dass wir zu Lebzeiten überhaupt irgendeine, wenn auch sehr kleine, Änderung der Glaubensgrade in Richtung objektive Häufigkeit bzw. Wahrheit feststellen können. Dementsprechend sind die Voraussetzungen für einfache Konvergenzresultate schwächer. Sie benötigen statt der Vertauschbarkeit nur mehr die σ-Additivität des Wahrscheinlichkeitsmaßes P. Satz (9-8) präsentiert die wichtigsten einfachen Konvergenzresultate. Sein Resultat (a) besitzt eine beeindruckende Anwendungsbreite und wurde 1982 von Gaifman und Snir bewiesen. $H(\mathscr{L})$ besteht dabei aus allen möglichen Hypothesen, die in einer Sprache $\mathscr{L}$ formulierbar sind, in der die Theorie der

Arithmetik ausgedrückt werden kann, ausgestattet mit Standardnamen für einen abzählbar-unendlichen Individuenbereich. Die Sequenz $(\pm_w A_i : i \in \mathbb{N})$ bestehe aus *allen* Basissätzen (unnegierten oder negierten Atomsätzen) von $\mathscr{L}$, die in dem möglichen Modell (bzw. der „Welt") w für $\mathscr{L}$ wahr sind. Zum Beweis von Satz 9-8 s. Anhang 10.3.19.

(Satz 9-8) *Einfache Konvergenzresultate:*
(a) *Gaifman/Snir-Konvergenz:* Für alle Hypothesen H in H($\mathscr{L}$) besitzt die Menge der möglichen Welten ($\mathscr{L}$-Modelle) w, in denen $\lim_{n\to\infty} P(H|\pm_w A_1 \wedge ... \wedge \pm_w A_n)$ mit Hs Wahrheitswert in w überstimmt, die Wahrscheinlichkeit P = 1.
In Worten: Mit P-Sicherheit konvergiert die Endwahrscheinlichkeit einer Hypothese in einer Welt gegen den Wahrheitswert der Hypothese in dieser Welt, konditional zu einer unendlich anwachsenden Datensequenz, die die vollständige Information über die Welt enthält.[71]
(b) *Spezialfall von (a):* $\lim_{n\to\infty} P(p(Fx)=r \mid h_n(F) = [r \cdot n]/n) = 1$, sofern $P(p(Fx)=r) > 0$.
In Worten: Die Wahrscheinlichkeit einer Hypothese der Form „p(Fx)=r" mit positiver Ausgangswahrscheinlichkeit konvergiert gegen 1, gegeben eine unendlich anwachsende Stichprobe mit einer F-Häufigkeit von annähernd r (gerundet auf eine durch n teilbare Zahl).
Voraussetzung für (a)+(b): σ-Additivität von P.
(c) *Konvergenz für strikte Voraussagen:* $\lim_{n\to\infty} P(Fa_{n+1}|Fa_1 \wedge ... \wedge Fa_n) = 1$.
In Worten: Die Wahrscheinlichkeit, dass der nächste Fall ein F ist, geht gegen 1 angesichts von unendlich anwachsende bisherigen Fällen, die alle F waren.
Voraussetzung: $P(\forall x Fx) > 0$.
(d) *Konvergenz für strikte Generalisierungen:* $\lim_{n\to\infty} P(\forall x Fx|Fa_1 \wedge ... \wedge Fa_n) = 1$.
In Worten: Die Wahrscheinlichkeit, dass alle Individuen Fs sind, geht gegen 1 angesichts von unendlich anwachsenden bisherigen Fällen, die alle F waren.
Voraussetzung: $P(\forall x Fx) > 0$ und σ-Additivität von P.

Abgesehen davon, dass es nur etwas über Konvergenz im Unendlichen aussagt, beruht das Gaifman/Snir-Theorem auf zwei weiteren Restriktionen. (1.) Es gilt nicht, wenn H *theoretische* Begriffe enthält, die nicht in der Datensequenz enthalten sind, sodass die Datensequenz die Extension von Hs Begriffen nicht festlegt. In diesem Fall ist die Datensequenz nicht vollständig bzw. umfasst nicht alle Basissätze der Sprache (vgl. Fn. 71). (2.) Die Gaifman/Snirsche Wahrheitskonvergenz gilt nur für eine Untermenge möglicher Welten. Die Menge von Welten, in denen die Konvergenz nicht eintritt, hat zwar die Glaubenswahrscheinlichkeit 0, kann aber immer noch überabzählbar viele Welten enthalten. Die Wahrheitskonvergenz der Glaubensfunktion P ist daher nur aus der Eigensicht von P sicher, was

Earman (1992, 148) den „selbst-gratulierenden Erfolg der Bayesschen Methode" nennt.

Resultat (b) ist eine Konsequenz des Gaifman-Snir-Resultates. Sowohl (a) wie (b) setzen die σ-Additivität voraus, die wie in Kap. 3.4 ausgeführt einer schwachen induktiven Annahme gleichkommt. Die Konvergenzresultate (c) und (d) sind andererseits eine einfache Folge der Bedingung $P(\forall xFx) > 0$, die wie in (9-4) gezeigt, eine vergleichsweise starke induktive Annahme ausdrückt. Anders als (c) erfordert Satz (d) zusätzlich die σ-Additivität.

9.6 Unabhängig übereinstimmende Evidenzen

Ein praktisch nützliches Konvergenzresultat erhält man für Situationen, in denen eine Hypothese von vielen wechselseitig voneinander unabhängigen Evidenzen übereinstimmend gestützt wird. Solche Situationen sind für den wissenschaftlichen Fortschritt charakteristisch, der sich dadurch auszeichnet, dass wir Theorien vertrauen, weil sie durch viele Evidenzen unabhängig voneinander bestätigt wurden. Im Bayesianischen Rahmen kann dieser Intuition eine präzise Grundlage gegeben werden.

Unterschiedliche Evidenzen für dieselbe Hypothese verhalten sich zueinander wie Wirkungen derselben Ursache: Sie sind prima facie probabilistisch voneinander abhängig, doch ihre probabilistische Abhängigkeit verschwindet, wenn man sie auf die gemeinsame Ursache konditionalisiert (s. Kap. 8.7). Die wechselseitige Unabhängigkeit zweier Evidenzen muss also konditional auf die Wahrheit der jeweiligen Hypothese verstanden werden: $P(E_1|H \wedge E_2) = p(E_1|H)$, d. h. E_2 trägt über die Wahrheit der Hypothese H hinaus nichts zur Wahrscheinlichkeitserhöhung von E_1 bei. Wenn wir beispielsweise zwei unsichere und unabhängige Schwangerschaftstests vor uns haben, dann erhöht ein positives Ergebnis des ersten Tests die Wahrscheinlichkeit einer Schwangerschaft und damit die Wahrscheinlichkeit eines positiven Befundes des zweiten Tests, aber wenn man nur Schwangere betrachtet, erhöht der positive erste Befund nicht mehr die Wahrscheinlichkeit eines positiven zweiten Befundes; d. h. die Irrtumssicherheit des zweiten Testes ist unabhängig vom ersten Test. Damit können wir die Begriffe der unabhängigen und favorisierenden Evidenzen wie folgt definieren:

9.6 Unabhängig übereinstimmende Evidenzen

(Def. 9-1) *Unabhängig übereinstimmende Evidenzen*
(a) Die Evidenzen $E_1,...,E_n$ heißen wechselseitig *unabhängig* in Bezug auf eine Partition von möglichen Hypothesen $\{H_1,...,H_m\}$ g. d. w. für alle $k \in \{1,...,n-1\}$ und $j \in \{1,...,m\}$ gilt: $P(E_{k+1}|E_1 \wedge ... \wedge E_k \wedge H_j) = P(E_{k+1}|H_j)$.
Anmerkung: Dies impliziert $P(E_1 \wedge ... \wedge E_n|H_j) = \Pi_{1 \leq i \leq n} P(E_i|H_j)$.
(b) Die Evidenzen $E_1,...,E_n$ *favorisieren übereinstimmend* eine Hypothese H_k einer Hypothesenpartition $\{H_1,...,H_m\}$ im Ausmaß $\delta > 0$ g. d. w. für jedes $i \in \{1,...,n\}$ und $r \in \{1,...,m\}$ mit $r \neq k$ gilt: $P(E_i|H_k) \geq P(E_i|H_r) + \delta$.

Das Vorliegen von vielen unsicheren aber unabhängig übereinstimmenden Tests für einen (z. B. medizinischen) Befund ist ein typischer Anwendungsfall. Ein anderer Anwendungsfall sind unabhängige Evidenzen für Hypothesen der biologischen Evolutionstheorie (Schurz 2011, Kap. 3.5). Mithilfe der beiden Annahmen in Def. 9-1 kann man folgendes kontinuierliches Konvergenzresultat beweisen (Anhang 10.3.20):

(Satz 9-9): *Unabhängig übereinstimmende Evidenzen*
Ist $\{H_1,...,H_k\}$ eine Partition von konkurrierenden Hypothesen und ist $\{E_1,...,E_n\}$ (i) eine Menge von in Bezug auf die Partition unabhängigen Evidenzen, die (ii) übereinstimmend die Hypothese H_k im Ausmaß $\delta > 0$ favorisieren, dann gilt:
(a) $P(H_k|E_1 \wedge ... \wedge E_n) \geq \dfrac{h}{h + (1-h) \cdot (1-\delta)^n}$, wobei h abkürzend für $P(H_k)$ steht, und
(b) $\lim_{n \to \infty} P(H_k|E_1 \wedge ... \wedge E_n) = 1$.

Der Faktor $(1-\delta)^n$ strebt für $n \to \infty$ kontinuierlich gegen Null, weshalb die Aussage (a) von Satz 9-9 garantiert, dass die Endwahrscheinlichkeit von H mit jeder neu hinzukommenden unabhängigen favorisierenden Evidenz steigt und für $n \to \infty$ gegen 1 strebt, was die Aussage von Behauptung (b) des Satzes ist. Satz 9-9 garantiert natürlich nicht, dass die favorisierte Hypothese H_k auch die wahre Hypothese der Partition ist. Wenn die Evidenzen übereinstimmend für eine falsche Hypothese sprechen, wird dadurch die Endwahrscheinlichkeit der falschen Hypothese erhöht. Aber das Eintreten übereinstimmender Evidenzen für H ist extrem unwahrscheinlich, wenn H falsch ist, und ungleich wahrscheinlicher, wenn H wahr ist – das Verhältnis beider ist das Likelihoodverhältnis, das kleiner ist als $(1-\delta)^n$ zu 1 (s. Anhang 10.3.20).

In jenem Anwendungsfall, in dem die Evidenzen E_i die zustimmenden Urteile vieler unabhängiger Zeugen im Hinblick auf die Wahrheit eines Sachverhalts H repräsentieren, ist Satz 9-9 nichts anderes als eine Version des *Condorcetschen Jury-Theorems*. Wechselseitige Unabhängigkeit bedeutet hier, dass die Zeugen unabhängig voneinander zu ihrem Urteil gelangten. In diesem Kontext besagt

Satz 9-9, dass die Übereinstimmung vieler unabhängiger Experten mit einem wenn auch geringem Bias zugunsten der wahren Hypothese dieser Hypothese einen sehr hohen (und für n→∞ gegen 1 strebenden) Bestätigungsgrad verleiht. Condorcets Jury-Theorem wurde zumeist nur für eine binäre Partition von Hypothesen {H,¬H} demonstriert (vgl. Bovens and Hartmann 2003, Abschn. 5.2). In diesen Fall impliziert die Bedingung (b) von Def. 9-1 $P(E_i|H_k) > P(E_i|\neg H_k)$ und somit $P(E_i|H_k) > 1/2$ für alle $i \in \{1,...,n\}$. Wir beweisen Satz 9-9 für den allgemeineren Fall von beliebig-fachen Hypothesenpartitionen. Für mehr als 2-fache Partitionen kann $P(E_i|H_k)$ wesentlich kleiner als 1/2 sein, solange nur E_i H_k gegenüber den H_j (j≠k) im Sinne von Def. 9-1(b) favorisiert.

Da Satz 9-9 unabhängig von speziellen Annahmen wie Vertauschbarkeit (etc.) gilt, wird man sich fragen, worin denn die induktiven Voraussetzungen dieses Satzes enthalten sind. Sie sind in Bedingung (ii), der übereinstimmenden Favorisierung der Evidenzen für die Hypothese H_k enthalten, d. h. die Hypothese H_k besitzt unter ihren Konkurrenten das größte Likelihood. Man erinnere sich: im Falle statistischer Hypothesen hatten wir die Likelihood-Wahrscheinlichkeiten aus dem statistischen Koordinationsprinzip bzw. der damit äquivalenten Vertauschbarkeit gewonnen, was beides induktive Annahmen sind. Im Fall strikter Allsätze, welche die Evidenzen logisch implizieren, werden wir im nächsten Abschnitt sehen, dass ohne induktive Annahmen mithilfe des „höheren Likelihoods" nicht zwischen induktiven und anti-induktiven („Goodman-artigen") Generalisierungen unterschieden werden kann. Die Favorisierungsbedingung (ii) kann also nicht induktive gegenüber anti-induktiven Generalisierungen bevorzugen. Wir müssen anti-induktive Hypothesen von vornherein aus der Partition ausschließen, um Satz 9-9 auf strikte Generalisierungen anzuwenden – z. B. weil ihre Ausgangswahrscheinlichkeit aufgrund unseres induktiven P-Maßes von vornherein gering ist. Satz 9-9 kann also induktives Schließen nicht voraussetzungsfrei rechtfertigen; er ist aber für die Anwendungspraxis enorm nützlich, in der man Induktionsprinzipien unproblematisch annimmt und über ein reiches induktiv erworbenes Hintergrundwissen verfügt.

9.7 Probabilistische Rechtfertigung des induktiven Schließens? Die Goodman-Paradoxie

In den Kapiteln 9.3 und 9.5 haben wir die wichtigsten Arten von probabilistisch-induktivem Schließen präzisiert und ihre Voraussetzungen expliziert. Der dualistische Wahrscheinlichkeitsansatz hat sich hervorragend dazu geeignet. Zugleich haben unsere Überlegungen gezeigt, dass jede (stärkere oder schwächere) induktive Schlussart gewisse (stärkere oder schwächere) induktive Voraussetzungen

an die epistemische Wahrscheinlichkeitsfunktion P machen muss, um gültig zu sein. Als solche induktive Voraussetzungen haben wir – in zunehmender induktiver (nicht unbedingt logischer) Stärke – kennengelernt:
(a) σ-Additivität
(b) Existenz eines Häufigkeitsgrenzwertes mit P=1
(c) Statistisches Koordinationsprinzip
(d) Vertauschbarkeit (äquivalent mit (b) & (c))
(e) Indifferenzprinzip, sowie
(f) Positive Ausgangswahrscheinlichkeit von strikten Allhypothesen.

(a) erlaubt einfache Konvergenz; (d) und (f) erlauben kontinuierliche Konvergenz ((f) für strikte Allsätze), und die Hinzufügung von (e) ermöglicht die Berechnung numerisch-induktiver Endwahrscheinlichkeiten von Hypothesen. (Zudem muss Undogmatizität gewährleistet sein, um Lernen aus Erfahrung zu ermöglichen.)

Abschließend sei darauf hingewiesen, dass *ohne* solche induktive Annahmen über P eine probabilistische Rechtfertigung induktiven Schließens nicht möglich ist. Dies klingt wenig überraschend, muss aber gesagt werden, da einige Bayesianer argumentiert haben, gewisse induktive Schlüsse würden allein aufgrund der Basisaxiome gelten. So argumentierte Howson (1997, 279), die Basisaxiome würden eine schwache induktive Logik implizieren, da aus ihnen folgt, dass eine kontingente Hypothese H, die eine Evidenz logisch impliziert, durch diese Evidenz in ihrer Wahrscheinlichkeit erhöht und damit bayesianisch bestätigt wird, $P(H|E) > P(H)$ (vgl. (9-1) und Satz 9-10). In Kap. 9.9 werden wir jedoch sehen, dass diese Wahrscheinlichkeitserhöhung auf einer bloßen *Gehaltsbeschneidung* des Möglichkeitsraums beruht. Anders gesprochen, E erhöht die Wahrscheinlichkeit von H schon allein deshalb, weil E ein logischer Gehaltsanteil von H ist und E seine eigene Wahrscheinlichkeit auf 1 erhöht ($P(E|E) = 1$). E muß also die Wahrscheinlichkeit keines E-transzendierenden Gehaltsanteils von H erhöhen, um Hs Wahrscheinlichkeit zu erhöhen. Letzteres ist aber erforderlich, um von einer induktiven Bestätigung von H sprechen zu können.

Dies verdeutlicht unter anderem die „berüchtigte" Goodman-Paradoxie. Goodman (1946) hatte gezeigt, dass die Anwendung induktiver Schlüsse auf *alle* Prädikate rational *unmöglich* ist, weil sie in *logische Widersprüche* führt. Seine berühmte Definition (1975, 97ff) des Prädikates „grot" (G*x) lautet wie folgt:

> (Def. 9-2): *(Goodmans Definition von „grot"):* Gegeben ein konstanter in der Zukunft liegender Zeitpunkt t_0, sagen wir das Jahr 3000, so heiße ein Gegenstand x grot (G*) g. d. w. x grün ist, falls er vor t_0 beobachtet wurde (Bxt_0), und andernfalls rot ist.
> *In Formeln:* G*x :$\leftrightarrow$ ((Bx$t_0 \wedge$Gx) $\wedge$ ($\neg$Bxto$\wedge$Rx)).

Gegeben eine Stichprobe {a_i:1≤i≤n} von vor t_0 beobachteten grünen Smaragden (S), so sind alle diese Smaragde auch grot. Genauer gesagt sind die Behauptungen $Sa_i \wedge Ba_it_0 \wedge Ga_i$ und $Sa_i \wedge Ba_it_0 \wedge G^*a_i$ *definitorisch* äquivalent. Wenden wir den induktiven Verallgemeinerungsschluss für „grün" wie für „grot" auf unsere Stichprobe an, so ergeben sich die beiden Allhypothesen H $=_{def}$ „Alle Smaragde sind grün" und H* $=_{def}$ „Alle Smaragde sind grot". H und H* implizieren aber für alle *nicht* vor t_0 untersuchten Smaragde widersprüchliche Prognosen (grün versus rot).

Es gibt zahlreiche alternative Formulierungsmöglichkeiten des Goodman-Prädikates (Schurz 2013b, Kap. 5.10.7). Die in unserem Zusammenhang einfachste Variante stammt von Leblanc (1963) und definiert „grot" in Bezug auf eine Stichprobe {$a_1,...,a_n$} wie folgt:

(9-11) x ist grot g. d. w. x zur beobachteten Stichprobe {$a_1,...,a_n$} gehört und grün ist, oder nicht zu ihr gehört und nicht grün ist.
Formal: G*x $\leftrightarrow_{def}$ (x$\in$ {$a_1,...,a_n$} $\wedge$Gx) $\vee$ (x$\notin$ {$a_1,...,a_n$} $\wedge \neg$Gx) .

Goodmans Prädikat wurde „pathologisch" genannt, weil es nicht induktiv projizierbar ist: denn „grot" induktiv zu projizieren bedeutet ja, eine anti-induktive Generalisierung über den Instanzen des „gesunden" Prädikates „grün" vorzunehmen. Daher kann uniformes induktives Lernen nicht zugleich auf die Prädikate „grün" und „grot" angewandt werden. Induktives Lernen ist gemäß Satz 7-4 jedoch eine Konsequenz von Vertauschbarkeit und Regularität (Undogmatizität). Daher besteht zwischen der Goodman-Paradoxie und der Vertauschbarkeitsannahme für P folgender Zusammenhang: Unter der Voraussetzung der Regularität von P kann das Vertauschbarkeitsprinzip nicht zugleich für ein Prädikat (Gx) und sein Goodmansches Gegenstück (G*x) Geltung besitzen. Denn aus der Vertauschbarkeit für Gx folgt gemäß Satz 7-4: $P(Ga_{n+1}|Ga_1 \wedge ... \wedge Ga_n) > P(Ga_{n+1})$. Sei G*x wie in (9-11) definiert, dann ist für 1≤i≤n Ga_i mit G^*a_i, Ga_{n+1} aber mit $\neg G^*a_{n+1}$ analytisch äquivalent. Durch Anwendung der Vertauschbarkeit auf G* würde daher $P(\neg G^*a_{n+1} | G^*a_1 \wedge ... \wedge G^*a_n) > P(\neg G^*a_{n+1})$ und somit (2) $P(\neg Ga_{n+1}|Ga_1 \wedge ... \wedge Ga_n) > P(\neg Ga_{n+1})$ gelten, im Widerspruch zur Vertauschbarkeitsannahme für Gx. Kutschera (1972, 144) schloss daraus, dass Carnaps Versuch, eine induktive *Logik* im Sinne eines Systems analytischer Postulate zu errichten, als gescheitert angesehen werden muss.

Für den Bayesianischen Bestätigungsbegriff ergibt sich, dass die Stichprobe grüner Smaragde sowohl die induktive Generalisierung (H): „Alle Smaragde sind grün" wie auch die anti-induktive Goodman-Generalisierung (H*) „Alle Smaragde sind ‚grot'" bestätigt. Denn beide Hypothesen implizieren das Erfahrungsdatum E, und somit ist das Likelihood beider Hypothesen 1. Der Unterschied zwischen der Endwahrscheinlichkeit von H gegeben E und der von H* gegeben E hängt *nur* von den Ausgangswahrscheinlichkeiten P(H) und P(H*) ab. Induktive Wahrscheinlichkeitsmaße geben der „uniformen" Hypothese H eine wesentlich höhere Ausgangswahrscheinlichkeit als der Hypothese H*, die einen „anti-induktiven Sprung" prognostiziert, doch nicht-induktive Wahrscheinlichkeitsmaße müssen dies keineswegs tun. Aus demselben Grund kann auch für kein nichtinduktives Wahrscheinlichkeitsmaß ein induktiver Voraussageschluss der Form $P(Fa_{n+1}|Fa_1 \wedge ... \wedge Fa_n) > P(Fa_{n+1})$ gezeigt werden: für ein nicht-induktives P-Maß ist auch $P(Fa_{n+1}|Fa_1 \wedge ... \wedge Fa_n) < P(Fa_{n+1})$ möglich. Dies zeigt erneut, dass die Basisaxiome der Wahrscheinlichkeitstheorie nicht ausreichen, um induktives Schließen zu rechtfertigen – eine Konklusion, die später auch Howson selbst gezogen hat (s. Howson 2000, 133).

Letztlich steht hinter diesen Ergebnissen das berühmte skeptische Argument von David Hume, dem zufolge eine nichtzirkuläre Rechtfertigung der Reliabilität des induktiven Schließens unmöglich ist (Hume 1748, § 4-6). Dabei bedeutet Reliabilität (Verlässlichkeit), dass induktive Schlüsse zumindest mit hoher Wahrscheinlichkeit von wahren Prämissen zu einer wahren Konklusion führen. Induktive Schlüsse sind nur dann reliabel, wenn sich die bisher beobachteten *Ereignishäufigkeiten* auf die Zukunft bzw. auf die nichtbeobachteten Fälle übertragen lassen, was nur dann der Fall ist, wenn unsere Wirklichkeit hinreichend induktiv gleichförmig ist. Letzteres kann aber nur durch induktives Schließen begründet werden. Ein nichtzirkuläres Argument zugunsten der Reliabilität induktiven Schließens ist daher nicht möglich, und diese Einsicht wiederholt sich in allen Arten, induktives Schließen wahrscheinlichkeitstheoretisch zu präzisieren: Jede solche Präzisierung zeigte uns, dass die betreffende Schlussart nur gilt, wenn über die Wahrscheinlichkeitsfunktion P gewisse induktive Annahmen gemacht wurden.

Ein aussichtsreicher Weg, induktives Schließen in nichtzirkulärer Weise zu rechtfertigen, ist die auf Hans Reichenbach (1935, § 80) zurückgehende Rechtfertigungsidee von Induktion als *optimaler Erkenntnismethode*. Dieser Idee zufolge sind Induktionen das Beste, was wir tun können, wenn wir unser Erkenntnisziel, wahre Allaussagen und speziell Voraussagen über die Zukunft zu gewinnen, überhaupt erreichen wollen. Auch gegen Reichenbachs Idee gab es schwerwiegende Einwände (s. Skyrms 1999, § III.4). In Schurz (2008b) wurde jedoch gezeigt, dass für eine bestimmte induktive Methode, nämlich die Methode der *Meta-Induktion*, in der Tat eine nichtzirkuläre Optimalitätsrechtfertigung gegeben werden kann. Durch Analyse von Voraussagespielen wurde dort gezeigt, dass die Methode der gewichteten Meta-Induktion unter allen zugänglichen Methoden eine optimale Voraussagemethode darstellt.

Auch wenn man induktives Schließen als grundlegend gerechtfertigt ansieht, stellt sich immer noch die Frage nach der Lösbarkeit der Goodman-Paradoxie. Viele Vorschläge zu ihrer Lösung erwiesen sich bei näherer Betrachtung als inadäquat (vgl. Kutschera 1972, 145-156). Der m. E. zielführendste Vorschlag stammt von Carnap (1947, 146) und besagt, dass induzierbare Prädikate *qualitativ* sein müssen, d. h. sie dürfen in ihren Definitionen auf keine Individuenkonstanten Bezug nehmen. Prädikate, die dies tun, nannte Carnap *positionale* Prädikate. Goodmans pathologische Prädikate sind mithilfe von Individuenkonstanten (bzw. Zeitkonstanten) definiert und damit positional. Wie im Beweis von Satz 7-1(a) (Anhang 10.3.9) gezeigt wird, führt die Anwendung von Vertauschbarkeitsannahmen für qualitative Prädikate zu keinem Widerspruch. Wie unterhalb von Def. 7-5 argumentiert, liegt der tiefere Grund des Entstehens widersprüchlicher Vertauschbarkeitsannahmen für positionale Prädikate darin, dass die im Definiens der Prädikate auftretenden Individuenkonstanten „versteckt" und damit der Vertauschbarkeit entzogen sind. Beispielsweise müsste gemäß Vertauschung von a_2 mit a_{n+1} $P(Ga_1 \land Ga_2) = P(Ga_1 \land Ga_{n+1})$ und $P(G^*a_1 \land G^*a_2) = P(G^*a_1 \land G^*a_{n+1})$ gelten. Nun ist gemäß Def. (9-11) $G^*a_1 \land G^*a_{n+1}$ definitorisch äquivalent mit $Ga_1 \land \neg Ga_{n+1}$, was wegen der induktiven Natur von P zum Widerspruch führt. Dies gilt aber nicht mehr, wenn auch im Definiens von G^*, in der Menge $\{a_1,...,a_n\}$, a_2 durch a_{n+1} ersetzt wird; in letzterem Fall wäre nämlich $G^*a_1 \land G^*a_{n+1}$ immer noch definitorisch äquivalent mit $Ga_1 \land Ga_{n+1}$ und ein Widerspruch kann nicht auftreten. Ersetzt man also alle definierten Prädikate durch Grundprädikate, führen Vertauschbarkeitsannahmen nicht in Widersprüche.

Damit ist aber noch nicht das vielleicht schwierigste mit der Goodman-Paradoxie verbundene Problem gelöst: das Problem der *Sprachabhängigkeit*. Gegen Carnaps Vorschlag hatte Goodman (1975, 105) ins Feld geführt, dass man mithilfe von wechselseitigen Umdefinitionen von unserer gewöhnlichen Sprache mit „grün" und „rot" als Grundbegriffen zu einer definitorisch *äquivalenten* Sprache übergehen kann, in der „grot" und „rün" als Grundprädikate fungieren. Wir können auf dieses Problem hier nicht weiter eingehen (zu Details s. Schurz 2013b, Kap. 5.11.13). Die Konsequenz des Sprachabhängigkeitsproblems ist, dass man *sprachunabhängige* Kriterien benötigt, um zwischen qualitativen und positionalen Beobachtungsbegriffen zu unterscheiden. Ein dahingehender Ansatz wird in Schurz (ibid.) entwickelt, worin vorgeschlagen wird, zwischen qualitativen und positionalen Beobachtungsbegriffen durch Bezug auf ihre *ostensive Erlernbarkeit* zu unterscheiden.

9.8 Allgemeine Bayesianische Theorien der Bestätigung

In Kap. 9.2-5 haben wir bayesianische Methoden der induktiven Bestätigung statistischer Hypothesen vorgestellt. Im Rahmen der bayesianischen Wissenschaftstheorie wurden darüber hinaus allgemeine Theorien der Bestätigung entwickelt, die auf *alle* Arten von Hypothesen anwendbar sein sollen. Der wichtigste bayesianische Bestätigungsbegriff ist der folgende (vgl. z. B. Howson/Urbach 1996, 117ff):

> (Def. 9-3) *Bayesianische Bestätigung*
> (a) *E bestätigt H* gegeben ein Hintergrundwissen W (relativ zu einer Glaubensfunktion P) g. d. w. $P(H|E \wedge W) > P(H|W)$ gilt.
> *Hinweis:* (a) In praktischen Anwendungen sollte „>" als „signifikant höher" interpretiert werden.
> (b) Den unkonditionalen Bestätigungsbegriff „E bestätigt H (simpliciter)" erhält man, indem man W als leer bzw. logisch wahr annimmt: $P(H|E) > P(H)$.

Bestätigung wird hierbei im *inkrementellen* Sinn, als Wahrscheinlichkeitserhöhung verstanden, und nicht im *absoluten* Sinn als hohe Wahrscheinlichkeit $P(H|E)$. Es sei darauf hingewiesen, dass der in Kap. 9.11 besprochene Begriff der *rationalen Akzeptanz* dagegen hohe Wahrscheinlichkeit einfordert. Angenommen es gilt $P(H) = 0{,}95$ und $P(H|E) = 0{,}9$, dann ist $\neg H$ inkrementell durch E bestätigt (denn $P(\neg H|E) = 0{,}1 > P(\neg H) = 0{,}05$), doch die Hypothese H ist immer noch viel wahrscheinlicher als $\neg H$, gegeben E, und ist daher gegenüber $\neg H$ rational vorzuziehen. Man könnte Bestätigung, statt im inkrementellen auch im absoluten Sinn definieren (s. dazu Carnap 1950, xvi; Huber 2008, 184). Doch gegenwärtige Bayesianer verwenden fast ausschließlich den inkrementellen Bestätigungsbegriff, den wir deshalb auch kurz „Bayes-Bestätigung" nennen. Unterschiedliche *quantitative* bayesianische Bestätigungsmaße wurden entwickelt, z. B. das Differenzmaß $P(H|E \wedge W) - P(H|W)$, (b) das Ratiomaß $P(H|E \wedge W)/P(H|W)$, (c) das modifizierte Ratiomaß $P(H|E \wedge W) - P(H|\neg E \wedge W)$, oder (d) das Produktmaß $P(H \wedge E|W) - P(H|W) \cdot P(E|W)$ (Übersicht in Fitelson 1999). Diese Maße haben unterschiedliche numerische Eigenschaften, sind aber alle ordinal äquivalent mit dem inkrementellen Bestätigungsmaß, d. h. sie liefern positive Bestätigung g. d. w. $P(H|E \wedge W) > P(H|W)$.

Bayes-Bestätigung hat zwei bekannte Eigenschaften. Erstens koinzidiert sie mit Likelihood-Erhöhung:

(9-12) $P(H|E \wedge W) > P(H|W)$ g. d. w. $P(E|H \wedge W) > P(E|W)$.

Zweitens ist die klassische hypothetisch-deduktive Bestätigung ein Spezialfall von Bayes-Bestätigung. D. h. wann immer eine Hypothese H eine Evidenz E logisch impliziert, wird H durch E Bayes-bestätigt, sofern die Ausgangswahrscheinlichkeiten von 0 und 1 verschieden sind (s. Satz 9-10 unten).

Das Bayesianische Bestätigungskonzept ist insbesondere folgenden Problemen ausgesetzt:

(1.) *Das Problem der alten Evidenz:* Wir haben dieses Problem in Kap. 7.5 behandelt. Das Problem hat die Konsequenz, dass der bayesianische Bestätigungsbegriff nur adäquat funktioniert, wenn „P" eine evidenzunabhängige Ausgangswahrscheinlichkeit oder „Stützungswahrscheinlichkeit" darstellt.

(2.) *Die Willkürlichkeit von Likelihoods:* Likelihoods sind nur in zwei Fällen objektiv eindeutig bestimmt. *Erstens*, wenn es sich um *statistische* Hypothesen handelt und P(E|H) gemäß dem StK mit dem statistischen Likelihood $p_H(E)$ identifiziert wird. *Zweitens*, wenn H E logisch impliziert, also Bayes-Bestätigung mit hypothetisch-deduktiver Bestätigung zusammenfällt. In anderen Fällen scheint die Bestimmung des Likelihods P(E|H) wissenschaftlich unterbestimmt zu sein sein. Wie hoch sollten wir beispielsweise das Likelihood der allgemeinen Relativitätstheorie in Bezug auf die gegenwärtige astronomische Datenlage einschätzen? Niemand kann darauf eine nicht-willkürliche Antwort geben.

(3.) *Bayessche Pseudobestätigung*: Der bayesianische Bestätigungsbegriff ist zu schwach, um genuine Bestätigung von Pseudobestätigung zu unterscheiden. Dies wird im nächsten Abschnitt gezeigt.

9.9 Pseudobestätigung durch Gehaltsbeschneidung versus genuine Bestätigung

Dass das bayessche Bestätigungskonzept Pseudobestätigungen zulässt, erkennt man am besten an dem Spezialfall, in dem die Hypothese die Evidenz logisch impliziert:

> (Satz 9-10) *Bayesianische Pseudobestätigung:* Jede (noch so „verrückte") Hypothese H mit positiver Ausgangswahrscheinlichkeit wird durch jede Evidenz E bestätigt, sofern E nur durch H logisch impliziert wird und P(H) > 0 sowie P(E) < 1 gilt.

Satz 9-10 folgt direkt aus dem Bayes-Theorem: P(H|E) = P(E|H)·P(H)/P(E) = 1·P(H)/P(E) > P(H), sofern P(E) < 1 und P(H) > 0. E muss also nicht die Wahrscheinlichkeit jener Gehaltsanteile von H erhöhen, die über E hinausgehen: Um H im bayesschen Sinne zu bestätigen, genügt es, dass E ein Gehaltsanteil von H ist und sich selbst bestätigt. Ken Gemes und John Earman (1992, 98, 242, Fn. 5) nannten diesen Fall eine Bestätigung durch bloße „Gehaltsbeschneidung" („content-cutting"): der Möglichkeitsraum wird durch Konditionalisierung auf E um „¬E" beschnitten, wodurch der relative Anteil von H an diesem Möglichkeitsraum steigt. Die Tatsache, dass Bayes-Bestätigung auch Pseudobestätigungen durch bloße Gehaltsbeschneidung zulässt, ist für drei vieldiskutierte Probleme verantwortlich:

(a) Logische Irrelevanzprobleme wie z. B. das konjunktive Klebeparadox („tacking by conjunction"),
(b) fehlender induktiver Charakter und Goodman-Paradoxie, sowie
(c) Pseudobestätigung durch post-facto Spekulationen.

Der einfachste Fall des konjunktiven Klebeparadoxes liegt vor, wenn eine „verrückte" Hypothese als Konjunktionsglied direkt an die Evidenz „geklebt" wird. Aus Satz 9-10 folgt, dass für jede Evidenz E mit $P(E) \neq 0{,}1$ und jede beliebige Hypothese X mit $P(E \wedge X) \neq 0$ gilt, dass E die Konjunktion $E \wedge X$ bestätigt. Beispielsweise bestätigt die Beobachtung „Gras ist grün" die Konjunktion von „Gras ist grün" mit der Lehre der Zeugen Jehovas (X). Dies ist freilich keine genuine Bestätigung, denn der einzige Gehaltsanteil von $E \wedge X$, der über E hinausgeht, ist X, und E ist probabilistisch irrelevant für X: $P(X|E) = P(X)$. Der Name „tacking by conjunction" wurde von Lakatos (1970, 46) und Glymour (1981, 67) eingeführt. Das Klebeparadox wurde insbesondere im Kontext hypothetisch-deduktiver Bestätigung diskutiert (Gemes 1993, Schurz 1994); Crupi/Trentori (2010) diskutieren es im Kontext der bayesianischen Bestätigungstheorie.

In komplizierteren Fällen wird das Konjunktionsglied nicht an E, sondern an eine E implizierende Hypothese geklebt: Wenn E H bestätigt, weil $H \Vdash E$ (und $P(E) < 1$, $P(H) > 0$) gilt, dann bestätigt E auch die Konjunktion $H \wedge X$ für jede noch so absurde Zusatzhypothese X, sofern nur $P(H \wedge X) > 0$ gilt, denn wenn E aus H folgt, dann folgt E auch aus $H \wedge X$. In diesem Sinne bestätigen die biologischen Fakten nicht nur die Evolutionstheorie, sondern auch die Konjunktion derselben mit der Lehre der Zeugen Jehovas. In diesem Fall liegt eine *partielle* Pseudobestätigung vor: ein E-transzendierendes Konjunktionsglied von $H \wedge X$, nämlich X, wird durch E nicht wahrscheinlicher gemacht.

Wir bezeichnen im Folgenden eine Hypothese nur dann als durch eine Evidenz E *genuin bestätigt*, wenn E auch die Wahrscheinlichkeit von E-transzendierenden Gehaltsanteilen von H erhöht. Ein E-transzendierender Gehaltsanteil von H ist dabei eine solche Konsequenz von H, die nicht von E logisch impliziert wird.

Der Begriff des „Gehaltsanteils" oder „Gehaltselements" muss allerdings geeignet logisch präzisiert werden. Würde man jede beliebige logisch äquivalente

Zerlegung einer Hypothese in Konjunktionsglieder erlauben und diese Konjunktionsglieder als Gehaltselemente zulassen, wäre dieser Begriff dem Einwand von Popper/Miller (1983) ausgesetzt und daher unhaltbar. Dieser Einwand lautet: H ist logisch äquivalent mit (E∨H) ∧ (¬E∨H), und während das erste Konjunktionsglied von E logisch impliziert wird, wird die Wahrscheinlichkeit des zweiten Konjunktionsglied durch E nachweislich gesenkt. – Doch disjunktive Abschwächungen wie E∨H und ¬E∨H dürfen nicht als genuine Gehaltselemente von H zugelassen werden. Unter *Gehaltselementen* verstehe ich im Folgenden *konjunktive unzerlegbare relevante Konsequenzen* einer Hypothese H, d. h. relevante Konsequenzen, die nicht logisch äquivalent in Konjunktionen von noch kürzeren relevanten Konsequenzen umformbar sind. Dabei ist eine relevante Konsequenz einer Hypothese H eine Konsequenz von H, in der kein Prädikat unter Bewahrung der Gültigkeit der Folgerung durch ein beliebiges anderes (gleichstelliges) Prädikat ersetzt werden kann. Der Begriff des *relevanten Gehaltselements* wurde von mir in anderen Arbeiten behandelt und vielfältig angewandt, sodass hier nicht näher darauf eingegangen werden muss (Schurz 1991, Schurz/Weingartner 2010). Hier einige Beispiele von Gehaltselementen:

(9-13) *Beispiele von Gehaltselementen*
Hypothese: *Gehaltselemente:*
p∧q   p, q   (aber nicht p∨q, noch p∧q).
¬(p∨q):   ¬p, ¬q
(p→q) ∧ p: p, q   (aber nicht p→q)
∀x(Fx∨Gx → Hx∧Qx):   ∀x(Fx→Hx), ∀x(Gx→Hx), ∀x(Fx→Qx), ∀x(Gx→Qx), und alle Instanziierungen der vier Allsätze für beliebige Individuenkonstanten.

Unter einem *Gehaltsanteil* verstehe ich im Folgenden eine Konjunktion relevanter Gehaltselemente. Wenn E ein Gehaltsanteil von H ist und H logisch stärker ist als E, dann muss nicht immer ein Gehaltsanteil H* von H existieren, sodass H mit der Konjunktion E∧H* logisch äquivalent ist. Aber es existiert dann nachweislich immer ein Gehaltsanteil H* von H, der E transzendiert, also nicht in E logisch enthalten ist. Darüber hinaus ist die Menge der Gehaltselemente einer Hypothese H nachweislich immer äquivalent mit H, sodass durch die Beschränkung der betrachteten Konsequenzen auf relevante Gehaltselemente keine Information verloren geht (Schurz 2013b, prop. 3.12-1).

Den fehlenden induktiven Charakter des bayesianischen Bestätigungsbegriffs haben wir in Kap. 9.7 kennengelernt. Sei $\{a_1,...,a_n\}$ die Menge aller bisher beobachteten Smaragde; unsere Evidenz E besagt, dass diese allesamt grün waren. Dann bestätigt E sowohl die Hypothese H_1, der zufolge alle Smaragde grün

9.9 Pseudobestätigung durch Gehaltsbeschneidung versus genuine Bestätigung — 167

sind, wie ihr Goodmansches Gegenstück H_2, dem zufolge nur die Smaragde in der Stichprobe $\{a_1,...,a_n\}$ grün sind, und alle anderen nicht grün. Wir können beide Hypothesen wie folgt in Konjunktionen von Gehaltsanteilen zerlegen:

(9-14) $H_1 = E \wedge H_1^*$, mit $H_1^* = \forall x \notin \{a_1,...,a_n\}:(Ex \to Gx)$,
$H_2 = E \wedge H_2^*$, mit $H_2^* = \forall x \notin \{a_1,...,a_n\}:(Ex \to \neg Gx)$.

Der E-transzendierende Gehaltsanteil von H_i ist in beiden Fällen H_1^*. Nur H_1^*, aber nicht H_2^*, wird durch E induktiv bestätigt. Daher wird nur H_1, aber nicht H_2, durch E genuin bestätigt. Dass E H_1^* aber nicht H_2^* induktiv bestätigt, folgt natürlich nicht schon aus den Basisaxiomen der Wahrscheinlichkeit, sondern setzt die Vertauschbarkeit von P für die Grundprädikate von $\mathscr{L}$ (grün und rot) voraus.

Pseudobestätigung durch Gehaltsbeschneidung wird besonders problematisch im Fall von Hypothesen, die *theoretische* Begriffe bzw. *latente* Variablen enthalten, die nicht in der Evidenz enthalten sind und deren Werte beliebig an die Evidenz anpassbar sind. Solche Hypothesen können *post-facto*, also im Nachhinein, an beliebige Beobachtungen angepasst werden und liefern daher die Grundlage von post-facto *Spekulationen* ohne empirische Voraussagekraft bzw. Signifikanz (Schurz 2013b, Kap. 5.10.4). Beispielsweise bestätigt die Tatsache, dass Gras grün ist, die Hypothese, dass dies vom allmächtigen Gott so gewollt war, denn diese Hypothese impliziert logisch E. Mit dem Erklärungsschema „Gott wollte es so" kann man im Nachhinein *alles* erklären, ohne irgendetwas voraussagen zu können. Doch das ändert nichts an der Tatsache der Wahrscheinlichkeitserhöhung der Gotteshypothese durch bloße Gehaltsbeschneidung. Viele andere Hypothesen können analog pseudobestätigt werden, z. B. dass ein Teufel oder ein Spaghetti-Monster[72] bewirkt hat, dass Gras grün ist.

Das Problem von post-facto Bestätigungen tritt nicht nur auf, wenn die Hypothese die Evidenz logisch impliziert, sondern auch, wenn sie diese nur wahrscheinlich macht: z. B. bestätigt die Tatsache, dass Gras grün ist, auch die statistische Hypothese, dass dies von einem Spaghetti-Monster gewollt wurde, dessen Wünsche nicht immer, aber meistens in Erfüllung gehen. Auf diesen Tatsachen aufbauend haben Neokreationisten tatsächlich versucht, mithilfe Bayesianischer Bestätigungsmethoden rationalisierte Versionen des Kreationismus zu rechtfertigen. So argumentiert Swinburne (1979, Kap. 13), dass bestimmte Erfahrungen die Wahrscheinlichkeit der Existenz Gottes erhöhen. Unwin (2003) berechnet die Endwahrscheinlichkeit der Existenz Gottes zu 67 %. Die Standardreplik von Bayesianern auf dieses Problem lautet, wissenschaftliche Erklärungen seien besser bestätigt als religiöse, weil sie eine höhere Ausgangswahrscheinlichkeit hätten als religiöse Erklärungen (Howson/Urbach 1996, 141f; Sober 1993, 31f). Doch diese Replik ist fragwürdig, da Ausgangswahrscheinlichkeiten subjektiver

Natur sind – Kreationisten würden der religiösen Erklärung eine höhere Ausgangswahrscheinlichkeit zuschreiben als der wissenschaftlichen Erklärung, der zufolge Gras grün ist, weil es Chlorophyll enthält. Davon abgesehen scheint die religiöse Erklärung nicht nur „etwas weniger" als die wissenschaftliche Erklärung, sondern *überhaupt* nicht bestätigt zu sein.

Dieser Intuition können wir mithilfe des Begriffs der genuinen Bestätigung gerecht werden. Die charakteristische Eigenschaft obiger post-facto Pseudoerklärungen ist es, dass sie aus dem nachträglichen Fitten einer Rahmenhypothese mit latenten Variablen resultieren. Die Rahmenhypothese ist in unserem Beispiel „Es gibt einen allmächtigen Gott, dessen Wünsche immer in Erfüllung gehen", und die latente Variable ist „Gottes Wünsche". Da die Rahmenhypothese durch Fitten der Variablen, d. h. durch Einsetzen geeigneter Werte, an beliebige Beobachtungen angepasst werden kann, kann auf diese Weise jede mögliche Beobachtung im Nachhinein erklärt werden. Aus genau demselben Grund können Pseudoerklärungen dieser Art niemals erfolgreiche *Voraussagen* abgeben. Viele Wissenschaftstheoretiker haben daher die Bestätigung durch neuartige Voraussagen als zentrales Kriterium genuiner Bestätigung angesehen.[73] Worrall (2006) argumentiert, das Voraussagekriterium sei zu eng: für genuine Bestätigung genüge es, dass die bestätigende Evidenz „ungebraucht" sei, d. h. nicht zur *Konstruktion* der bestätigten Hypothese benutzt wurde. Er schlug daher vor, das Voraussagekriterium der Bestätigung durch das adäquatere Kriterium der *Ungebrauchtheit* („use novelty") zu ersetzen. Eine ungebrauchte Konsequenz einer Hypothese ist eine *potentielle* Voraussage, da sie (weil nicht zur Konstruktion von H verwendet) unter anderen Umständen als Voraussage *hätte* dienen können.

Auch Worralls Ungebrauchtheitskriterium war einer Reihe von Einwänden ausgesetzt (vgl. Howson 1990), auf die hier nicht näher eingegangen werden kann. Schurz (2013b, Kap. 5.10.4; 2013c) entwickelte eine verbesserte *probabilistische* Rekonstruktion der Idee der Ungebrauchtheit mithilfe des erläuterten Begriffs der genuinen Bestätigung in Anwendung auf Hypothesen mit latenten Variablen bzw. Parametern. Im Folgenden steht $\exists xHx$ für die allgemeine Hypothese mit ungefittetem Parameter x, über deren Werte existenzquantifiziert wird; wir nennen $\exists xHx$ auch die *Rahmenhypothese*. E steht für die Evidenz, und Hc für die parameter-gefittete *Spezialisierung* von $\exists xHx$. „$\exists xHx$" besagt, dass es irgendeinen Wert x der Variablen X gibt, sodass Hx gilt, während Hc_E besagt, dass es sich bei diesem Wert um c handelt, wobei der Wert c durch Fitten auf die Evidenz E erhalten wurde. Im Fall des post-facto Kreationismus besagt die ungefittete Hypothese soviel wie „$\exists x$(Gott bewirkte x)", und die parameter-adjustierte Hypothese Hc_E besagt dann „Gott bewirkte E".

Technisch sei angemerkt, dass es sich bei „x" nicht nur um eine Individuenvariable, sondern auch eine Prädikatvariable, um den variablen Wert eines Para-

9.9 Pseudobestätigung durch Gehaltsbeschneidung versus genuine Bestätigung — 169

meters bzw. einer mathematischen Variablen, oder auch um eine ganze Sequenz von solchen Variablen handeln kann. Analog kann die Konstante „c" für eine ganze Sequenz von entsprechenden Konstanten stehen.

Wichtig ist, dass die Rahmenhypothese $\exists xHx$ einen *E-transzendierenden Gehaltsanteil* der gefitteten Hypothese Hc_E darstellt. Typischerweise ist $\exists xHx$ ein konjunktiv unzerlegbares Gehaltselement und oft sogar das einzige E-transzendierende Gehaltselement von Hc_E. Damit können wir unseren Ansatz der genuinen Bestätigung anwenden und fragen, ob die Wahrscheinlichkeit dieses E-transzendierenden Gehaltsanteils durch die Evidenz E erhöht wird. Dies ist in unserem Beispiel nicht der Fall, und zwar genau deshalb, weil die ungefittete Hypothese $\exists xHx$ auf jede mögliche Evidenz E' hätte gleichermaßen gut gefittet werden können. Um dies zu präzisieren, sei $\{E_1,...,E_n\}$ eine Partition möglicher Evidenzen, mit $0 < P(E_i) < 1$ für alle $i \in \{1,...,n\}$. Im Regelfall handelt es sich dabei um die möglichen Resultate von Beobachtungsakten oder Experimenten, die an einer bestimmten Raumzeitstelle durchgeführt werden, z. B. das morgige Wetter oder der Ausgang der Schlacht. Weil die Rahmenhypothese $\exists xHx$ (für „Gott hat irgendetwas bewirkt") auf jede dieser möglichen Evidenzen E_i *gleichermaßen* gut gefittet werden kann, erhöht sie aufgrund dieser Tatsache die Wahrscheinlichkeit von keiner dieser möglichen Evidenzen gegenüber ihrer Ausgangswahrscheinlichkeit. Zwar erhöht die post-facto gefittete Hypothese Hc_{E_i} die Wahrscheinlichkeit von E_i, doch $\exists xHx$ hat an dieser Wahrscheinlichkeitserhöhung *keinen* Anteil. Es gilt also $P(E_i|\exists xHx) = P(E_i)$ und somit $P(\exists xHx|E_i) = P(\exists xHx)$ für alle $i \in \{1,...,n\}$, d. h. keine dieser möglichen Evidenzen erhöht die Wahrscheinlichkeit von $\exists xHx$. Da $\exists xHx$ den E-übersteigenden Gehaltsanteil von Hc repräsentiert, kann keine der möglichen Evidenzen E_i zu einer genuinen Bestätigung von Hc_{E_i} führen.

Wir nennen die gefittete Hypothese Hc_E *unabhängig testbar*, wenn sie ungebrauchte Evidenzen bzw. potentielle Voraussagen E' impliziert, die nicht zum Fitten benutzt wurden. Im Gegensatz zu religiösen Spekulationen sind wissenschaftliche Hypothesen mit latenten Variablen meistens unabhängig testbar. Beispielsweise ist die wissenschaftliche Erklärung der grünen Farbe des Grases durch den grünen Bestandteil Chlorophyll unabhängig testbar, weil es unabhängige Identifikationsmethoden für Chlorophyll gibt. Für Gott gibt es keine solchen unabhängigen Identifikationsmethoden. Freilich können kreationistische Hypothesen so angereichert werden, dass sie unabhängig testbar werden. Doch in „rationalisierten Religionen" wird dies bewusst vermieden, um religiöse Hypothesen vor möglicher empirischer Widerlegung zu schützen.

Wenn die gefittete Hypothese Hc_E gehaltreich genug ist, um ungebrauchte Konsequenzen E' zu generieren, an denen sie unabhängig testbar ist, und wenn diese Konsequenzen tatsächlich eintreten, dann wird durch E' nicht nur die Wahrscheinlichkeit der auf E gefitteten Hypothese Hc_E weiter erhöht, sondern nun auch die Wahrscheinlichkeit der Rahmenhypothese ∃xHx. Denn diese Rahmenhypothese ist *nach* ihrer Passung auf E nicht mehr auf jede beliebige neue Evidenz E' passbar; eine solche Passung tritt nur ein, wenn die beiden Evidenzen E und E' in einer von ∃xHx implizierten gesetzesmäßigen Beziehung zueinander stehen. Die ungefittete Rahmenhypothese ist dann für diesen unabhängigen Bestätigungserfolg durch die potentielle Voraussage E' mitverantwortlich. In diesem Fall ist es plausibel, eine Wahrscheinlichkeitserhöhung von ∃xHx durch E' anzunehmen; es liegt daher eine genuine Bestätigung von Hc_E durch E' vor.

Im nächsten Abschnitt wenden wir diesen Ansatz auf das Problem des *Kurvenfittens* an. Zuvor sei der Begriff der genuinen Bestätigung jedoch präzise definiert. Dieser Begriff besagt, dass der Wahrscheinlichkeitszuwachs von H durch E sich auf die E-transzendierenden Gehaltsanteile von H *überträgt* (eine Andeutung dieser Idee findet sich bei Earman 1992, 106). Diese Idee lässt jedoch zwei Explikationsmöglichkeiten zu. Wir können entweder fordern, dass E *alle* E-transzendierenden Gehaltselemente von H bayesianisch bestätigen muss – in diesem Fall sprechen wir von *vollständiger* genuiner Bestätigung. Oder wir verlangen nur, dass *einige* E-transzendierenden Gehaltselemente von H durch E bestätigt und dann aber vollständig genuin bestätigt werden müssen – in diesem Fall sprechen wir von *partieller* genuiner Bestätigung. Die vollständige Bestätigung von zumindest einigen E-transzendierender Gehaltselemente fordern wir, weil ansonsten der Begriff der partiellen genuinen Bestätigung mit gewöhnlicher Bayes-Bestätigung zusammenfallen würde (für Details s. Schurz 2013c, §§ 4.7-8).

(Def. 9-4) (a) Ein Gehaltselement G einer Hypothese H heißt *E-transzendierend*, wenn G nicht aus E logisch folgt.
(b) H wird durch E *vollständig genuin bestätigt* (relativ zu einer Wahrscheinlichkeitsfunktion P) g. d. w. die Wahrscheinlichkeit von *jedem* E-transzendierenden Gehaltselement G von H durch E erhöht wird ($P(G|E) > P(G)$).
(c) H wird durch E *partiell genuin bestätigt* (relativ zu einer Wahrscheinlichkeitsfunktion P) g. d. w. es mindestens ein E-transzendierendes Gehaltselement G von H gibt, das durch E vollständig genuin bestätigt wird.

Wodurch wird die Übertragung des Wahrscheinlichkeitszuwachses einer Hypothese auf ihre E-transzendierenden Gehaltselemente bestimmt? Die orthodoxe Bayesianische Antwort darauf lautet: sie wird durch das Likelihood dieser Gehaltselemente in Bezug auf E sowie durch die Ausgangswahrscheinlichkeit von E bestimmt. Da die Likelihoods der Gehaltselemente von H jedoch im Regelfall objektiv unterbestimmt sind, ist diese Antwort unzureichend. Wir benötigen rationale Kriterien für die Übertragung des Wahrscheinlichkeitszuwachses auf die Gehaltselemente einer Hypothese. Die Übertragung des Wahrscheinlichkeitszuwachses auf ein Gehaltselement G sollte von der Wichtigkeit von G für die Wahrscheinlichkeitserhöhung von E durch H abhängen. Diese Frage hängt natürlich *auch* von der inhaltlichen Natur der Hypothese in Relation zu unserem Hintergrundwissen ab, weshalb wir keine *hinreichenden* Kriterien für die Übertragung des Wahrscheinlichkeitszuwachses angeben können. Jedoch können wir aufgrund des Gesagten folgende zwei *notwendige* Bedingungen formulieren:

(Satz 9-11) *Notwendige Bedingungen für die Übertragung des Wahrscheinlichkeitszuwachses:*
Wenn H die Wahrscheinlichkeit von E erhöht, dann überträgt sich der resultierende Wahrscheinlichkeitszuwachs von H durch E auf ein E-transzendierendes Gehaltselement G von H ($P(G|E) > P(G)$) *nur dann, wenn:*
(1.) G innerhalb von H benötigt wird, um E wahrscheinlich zu machen, d. h. es gibt keine Konjunktion H* von Gehaltselementen von H, die E mindestens ebenso wahrscheinlich machen ($P(E|H^*) \geq P(E|H)$), aber G nicht logisch enthalten, und
(2.) es nicht der Fall ist, dass G die Form $\exists xHx$ besitzt, H aus dem Fitten des Parameters x auf E resultierte ($H = Hc_E$) und dieser Fittungsprozess mit gleichem Erfolg für jede andere mögliche Evidenz E' hätte durchgeführt werden können.

9.10 Kurvenfitten

Beim Kurvenfitten wird angenommen, dass die Werte zweier (oder mehrerer) reellwertiger Variablen X und Y voneinander probabilistisch abhängen, in Form einer Funktion $Y = f(X)$, zusammen mit einer *Zufallsstreuung* s um den Funktionsgraphen herum. In einem elektrischen Stromkreis ist beispielsweise die Variable der Stromstärke (Y) linear abhängig von der Spannung (X), doch wegen Irregularitäten im Draht und Messfehlern gilt diese Abhängigkeit nicht exakt, sondern wird durch eine Zufallsstreuung überlagert. Es gilt also $Y = f(X) + g(s)$, mit $g(s)$ als Normalverteilungsfunktion mit Mittelwert 0 und Streuung s (Kap. 8.6). Nachdem mathematische Variablen selbst Funktionen der Form $X:D \to \mathbb{R}$ sind, stellt „Y = f(X)+g(s)" eine Abkürzung dar für die Gleichung „$\forall d \in D: Y(d) = f(X(d))+g(s)$" dar – oder *in Worten:* für alle Individuen d in D ist ihr Y-Wert gleich der Funktion f angewandt auf ihren X-Wert plus einer Zufallsstreuung, die im Mittel s beträgt. Die Evidenz E ist gegeben durch eine Menge von m gemessenen Datenpunkten im X-Y-Koordinatensystem, $E = \{(x_1,y_1),...,(x_m,y_m)\}$. Die ungefittete Rahmenhypothese $\exists xHx$ behauptet einen bestimmten *Typ* von funktionaler Abhängigkeit zwischen X und Y, z. B. dass es sich bei f um eine lineare oder eine quadratische Funktion handelt.

Kurvenfitten wird zumeist mit polynomischen Funktionen durchgeführt, da mithilfe geeigneter Polynome beliebige andere Funktionen mit beliebiger Genauigkeit approximiert werden können. Eine (einstellige) polynomische Funktion *des Grades* n hat die Form $Y = c_0 + c_1 \cdot X + c_2 \cdot X^2 + \ldots + c_n \cdot X^n$, mit den c_i als geeignet gewählten reellwertigen Konstanten, den sogenannte „Koeffizienten". Für n = 1 ergibt dies ein lineares, für n=2 ein quadratisches Polynom, usw. Die zugehörigen Rahmenhypothesen $\exists x H_n x$ haben also die Form $\exists p_0,\ldots,p_n, \delta \in \mathbb{R}_+ : Y = p_0 + p_1 \cdot X^1 + \ldots + p_n \cdot X^n + g(\delta)$, mit den $p_0,\ldots,p_n$ als n+1 frei wählbaren Parametern von $\exists x H_n x$, die über positive reelle Zahlen laufen. $\exists x H_n x$ behauptet also, dass Y von X polynomisch im Grade n abhängt, mit unbekannten Koeffizienten und davon abhängiger Zufallsstreuung („x" ist daher eine Abkürzung für die Parametersequenz „$<p_0,\ldots,p_n,\delta>$"). Die gefittete Hypothese $H_n c_E$ ist jene polynomische Kurve des Grades n, die (unter allen n-gradigen polynomischen Kurven) die Datenpunkte E optimal approximiert. Die statistische Standardmethode zur Auffindung des optimalen Polynoms eines gegebenen Grades ist die Methode der Minimierung der Summe der Abweichungsquadrate, kurz *SAQ-Minimierung*. Diese Methode findet unter allen Kurven vom Typ $\exists x H_n x$ jene Kurve, die die Summe der quadrierten Abweichungen der beobachteten Datenpunkte von den durch die Funktion vorausgesagten Datenpunkten, $SAQ = \sum_{i=1}^{m} (Y - f(X_i))^2$, minimiert. Man berechnet diese Werte, indem man die Ableitungen von SAQ nach den Koeffizienten c_i bildet, null setzt, und daraus die c_i bestimmt (s. Bortz 1985, 219-241). Indem die variablen Koeffizienten (p_i) der ungefitteten Kurve durch die so berechneten Koeffizienten (c_i) ersetzt werden, erhält man die optimal gefittete Kurve $H_n c_E$, wobei der Wert der zufälligen Reststreuung (δ) durch die korrigierte Standardabweichung $s = \frac{\sqrt{SAQ}}{m-1}$ der optimalen Kurve gegeben ist.

Die Methode der SAQ-Minimierung berechnet uns die optimale Kurve eines gegebenen Kurventyps, sagt uns aber nicht, mit *welchem* Kurventyp wir die Datenmenge approximieren sollen. Die Auffindung des richtigen Kurventyps bzw. Grads des Polynoms macht das philosophische Hauptproblem des Kurvenfittens aus (vgl. Glymour 1981, Kap. VIII). Das Problem liegt darin, dass *jede Menge von m Datenpunkten durch jede polynomische Funktion* bis auf eine variable Reststreuung s approximiert werden kann. Die Reststreuung wird umso schmäler, je höher der Grad des Polynoms gewählt wird, und nimmt den Wert null an, wenn n+1 ≥ m gilt, d. h. wenn das Polynom mindestens ebenso viele frei wählbare Parameter besitzt wie es Datenpunkte gibt. Als Beispiel betrachte man zunächst nur die *weißen* Datenpunkte und die beiden Kurven, die in Abb. 9-3 eingezeichnet sind, und ignoriere die grauen Punkte. Die beiden Kurven sind das Resultat des Fittens einer linearen versus einer hochgradig-polynomischen Kurve, H_{lin} versus H_{pol}, auf die weißen Datenpunkte. Natürlich approximiert H_{pol} die weißen Datenpunkte besser als H_{lin}, weil H_{pol} mehr frei wählbare Parameter enthält. Doch ist H_{pol} deshalb auch schon besser bestätigt durch E als H_{lin}? *Nein*, denn H_{pol} könnte die Daten ja auch *überfittet* haben, d. h. die Kurve H_{pol} könnte sich an *Zufälligkeiten* der Stichprobe angepasst haben statt an die wahre systematische Abhängigkeit zwischen X und Y (vgl. Hitchcock and Sober 2004).

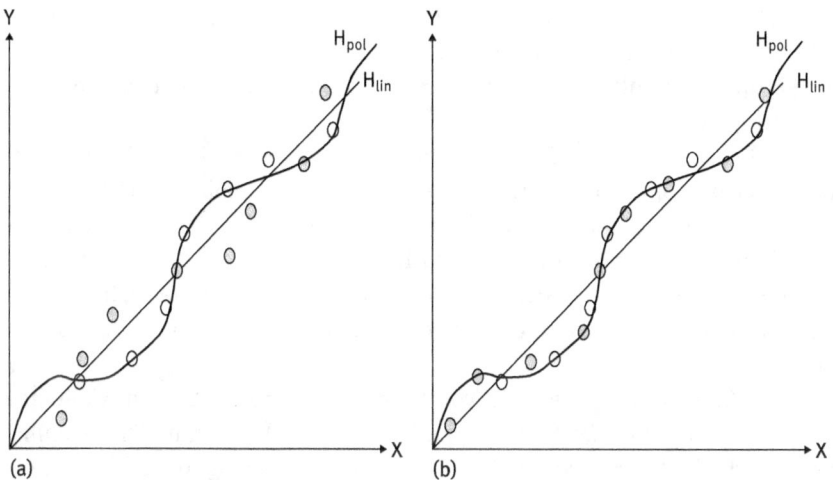

Abb. 9-3: *Kurvenfitten und ungebrauchte Daten.*
Die für das Fitten benutzen Daten (E) sind in weiß, die neuen (ungebrauchten) Daten (E') in grau eingezeichnet. *(a):* Die lineare Kurve wird durch E' bestätigt. *(b):* Die hochgradig polynomische Kurve wird durch E' bestätigt.

Die nur post-facto angewandte Methode der SAQ-Minimierung kann uns also nicht sagen, welches der richtige Kurventyp ist – jedenfalls nicht in dem hier angenommenen Kontext, in dem keine *unabhängige* Information über den wahren Wert der Reststreuung vorliegt.[74] Wie können wir dann zwischen der linearen und der hochgradig polynomischen Kurve rational auswählen? Eine traditionelle Antwort darauf besagt, wir sollten generell die *einfachere* Kurve bevorzugen, also jene, die weniger frei wählbare Parameter besitzt (Schlesinger 1974). Diese Antwort ist allerdings bezweifelbar, denn Einfachheit per se ist ein subjektives Kriterium: warum sollten die objektiven Gesetze unserer Welt immer möglichst einfach sein?

Wir benötigen ein objektives Kriterium, und wir finden es in unserem Ansatz der genuinen Bestätigung durch ungebrauchte Evidenzen. Eine genuine Bestätigung eines bestimmten polynomischen Kurventyps durch post-facto Fitten auf nur eine Datenmenge (ohne unabhängige Information über die Reststreuung) ist nicht möglich. Eine solche genuine Bestätigung kann nur durch *nochmalige* Überprüfung anhand einer *neuen* Datenmenge erzielt werden, die nicht zum Fitten der

Kurve verwendet wurde. Jene Kurve, die durch eine solche unabhängige Datenmenge bestätigt wird, ist in höherem Maß genuin bestätigt und sollte bevorzugt werden. In Abb. 9-3 ist eine solche neue Datenmenge in Form der grauen Datenpunkte eingezeichnet. Im links (a) eingezeichneten Fall konstituieren die neuen Datenpunkte unabhängige Evidenz für die lineare Kurve, denn sie befinden sich vergleichsweise weit entfernt von der geschlängelten polynomischen Kurve, liegen aber innerhalb der zu erwartenden Zufallsabweichung von der linearen Kurve. Im rechts eingezeichneten Fall (b) dagegen liegen die grauen Datenpunkte sehr eng an der geschlängelten polynomischen Kurve und stützen damit die polynomische Kurve.

Man beachte, dass die Rolle der beiden Datenmengen E und E' auch vertauscht werden könnte: E' hätte zum Fitten und E zum unabhängigen Überprüfen verwendet werden können. Die Bestätigung einer Hypothese durch eine Datenmenge hängt also von der prozeduralen Information ab, ob diese Datenmenge zum Fitten benutzt wurde oder nicht. Wir haben dies in unserer Schreibweise „Hc_E" angedeutet, die besagt, dass Hc durch Fitten von $\exists xHx$ auf E gewonnen wurde.

In der Statistik wird die Wahl von Rahmenhypothesen mit frei wählbaren Parametern auch *Modellselektion* („model selection") genannt. Eine wohlbekannte Methode der Modellselektion ist die *Kreuzvalidierung*. Dabei startet man mit einer großen Datenmenge $E = \{(x_i, y_i) : 1 \leq i \leq m\}$, spaltet E zufällig in zwei disjunkte Datenteilmengen E_1 und E_2 auf, fittet die Rahmenhypothese mithilfe von E_1 und überprüft die gefittete Hypothese anhand der Datenmenge E_2. Für jede konkurrierende Hypothese wiederholt man dieses Verfahren mehrere Male und berechnet ihr durchschnittliche Likelihood ($\overline{P(E_2|Hc_{E_1})}$) in Bezug auf die zweite Datenmenge. Das Resultat ist ein hochreliables Maß für genuine Bestätigung. Zwei damit verwandte Methoden sind das Bayessche Informationskriterium (BIK) und das Akaikesche Informationskriterium (AIK). Diese Kriterien basieren auf dem probabilistischen *Erwartungswert* des kreuzvalidierten Bestätigungsmaßes, wobei die für die Berechnung nötigen Streuungen aus dem Resultat des Fittens auf die Datenmenge geschätzt werden (Hitchcock/Sober 2004). Gemäß einem mathematischen Theorem (Shao 1997) konvergiert das Ergebnis einer m-aus-n-Kreuzvalidierung für große n gegen das BIK-Maß, und das Ergebnis einer 1-aus-n Kreuzvalidierung gegen das AIK-Maß. Paulßen (2012, Kap. 8) zeigte jedoch anhand von Computersimulationen, dass für kleine Stichprobenumfänge das Bestätigungsmaß der Kreuzvalidierung weitaus bessere Resultate liefert als das BIK- und das AIK-Kriterium, was erneut die Überlegenheit des Kriteriums der ungebrauchten Evidenz im Kontext des Kurvenfittens demonstriert.

9.11 Wahrscheinlichkeit und Akzeptanz

Welche Beziehung besteht zwischen der epistemischen Wahrscheinlichkeit einer Proposition S (sei es eine Hypothese oder eine empirische Behauptung) und den Kriterien ihrer rationalen Akzeptanz, d. h. dem Glauben, dass die Proposition wahr ist? Inkrementelle Bestätigung von S durch die vorliegende Evidenz E genügt hierfür natürlich nicht: für die Akzeptanz von S muss die Wahrscheinlichkeit $P(S|E)$ nicht nur *erhöht*, sondern hinreichend *hoch* sein. Sie soll einen Wert möglichst nahe bei 1 besitzen, der allerdings aufgrund der niemals ganz ausschließbaren Irrtumsmöglichkeit unter 1 liegen darf, aber über 1/2 liegen muss. Darüber hinaus muss E gemäß dem erwähnten Carnapschen Prinzip der *Gesamtevidenz* die gesamte gegenwärtig bekannte und für S relevante Evidenz enthalten (s. Kap. 7.4). Zusammengefasst kann folgender Zusammenhang zwischen epistemischer Wahrscheinlichkeit und rationaler Akzeptanz bzw. rational begründetem Glauben formuliert werden:

(9-15) *Lockes Akzeptanzregel*: Die Akzeptanz einer Hypothese als wahr ist rational, relativ zu einer gegebenen epistemischen Wahrscheinlichkeitsfunktion P und einer Gesamtevidenz E, g. d. w. $P(S|E) \geq \alpha > 1/2$, wobei es sich bei α um eine kontextuell festgesetzte Akzeptanzschwelle handelt.

Die Regel (9-15) wurde erstmals von John Locke vorgeschlagen und wird daher auch Lockes Regel genannt (Foley 1992; Leitgeb 2013, 1344). Hinter dieser unschuldigen Regel verbergen sich zwei schwierige Probleme, nämlich (a) die Frage nach der Festlegung von α, und (b) das Problem der Abgeschlossenheit unter Konjunktionsbildung.
 Was (a) betrifft, so fragt sich, *wie hoch* bzw. nahe bei 1 die Akzeptanzschwelle α liegen sollte und *welcher Kontext* für die Antwort auf diese Frage maßgebend ist. Wir schlagen vor, zwischen zwei Arten von „Kontexten" und damit einhergehenden Bedeutungen von „rationaler Akzeptanz" zu unterscheiden:
 i) *Praktischer Kontext:* Hier bedeutet die rationale Akzeptanz einer Proposition (bzw. eines Satzes) S, sich auf die Wahrheit von S in bestimmten praktischen Handlungen zu verlassen.
 ii) *Epistemischer Kontext:* In diesem Kontext bedeutet die rationale Akzeptanz von S unsere revidierbare Meinung (bzw. unseren „Glauben" im nichtreligiösen Wortsinn), dass S wahr ist, als Teil unseres kognitiven Bildes von der Welt.
 Im praktischen Kontext hängt die Akzeptanzschwelle von den praktischen *Nutzwerten* unserer Handlungen ab, die ihrerseits von der Wahrheit der fraglichen Proposition S abhängen. Betrachten wir als Beispiel die Voraussage S, dass in den nächsten Tagen *kein* Erdbeben von einer Stärke > 6,5 stattfindet. Wird S akzep-

tiert, dann verbleiben die Menschen in den nächsten Tagen in ihren Häusern, was wenn S wahr ist keinerlei Kosten nach sich zieht, jedoch sehr hohe und eventuell tödliche Kosten k_{hoch}, wenn S falsch ist. Wird stattdessen ¬S akzeptiert, bringt dies in beiden Fällen die vergleichsweise niedrigen Kosten einer Evakuierung, k_{gering}. Der *Erwartungsnutzen* EN und die daraus folgende Akzeptanzschwelle berechnen sich gemäß der in (5-3) erläuterten entscheidungstheoretischen Formel wie in (9-16) dargestellt. Das Beispiel zeigt, dass die praktische Akzeptanzschwelle sehr hoch sein kann, wenn die Kosten eines irrtümlichen Glaubens sehr hoch sind.[75]

(9-16) *Berechnung der praktischen Akzeptanzschwelle:*
Nützlichkeitsmatrix:

Mögliche Handlungen:	Mögliche Umstände:	
	S (kein Erdbeben)	¬S (Erdbeben)
Handle-gemäß-S (evakuiere nicht)	0	$-k_{hoch}$
Handle-gemäß-¬S (evakuiere)	$-k_{gering}$	$-k_{gering}$

Erwartungsnutzen:
EN(Handle-gemäß-S) = $P(S) \cdot 0 - (1-P(S)) \cdot k_{hoch} = k_{hoch} - P(S) \cdot k_{hoch}$.
EN(Handle-gemäß-¬S) = $-P(H) \cdot k_{gering} - (1-P(H)) \cdot k_{gering} = -k_{gering}$.
Rationalitätsmaxime: S als Handlungsgrundlage zu akzeptieren ist genau dann rational, wenn E(Handle-gemäß-S) > E(Handle-gemäß-¬S) gilt.
Dies ist der Fall, wenn $P(H) > (k_{hoch}-k_{gering})/k_{hoch} =_{def} \alpha$. α ist die *praktische Akzeptanzschwelle* für die Akzeptanz von S als Handlungsgrundlage.
Beispiel: Wenn $k_{hoch} = 100 \cdot k_{gering}$, dann resultiert α = 99 %.

Im epistemischen Kontext hängt die rationale Schwelle für die Akzeptanz unsicherer Hypothesen von den rein *epistemischen* (erkenntnisrelevanten) Nutzwerten ab, welche diese Hypothesen im Falle ihrer Wahrheit bzw. Falschheit für uns besitzen (vgl. Levi 1967). Wilholt (2009) zeigt jedoch, dass diese epistemischen Nutzwerte nicht objektiv fixiert sind, sondern ein gewisses Maß an willkürlichen Konventionen involvieren.

Selbst wenn wir annehmen, dass sich die Akzeptanzschwellen in einem gegebenen Kontext rational festlegen lassen, stellt sich immer noch ein zweites Problem. Ein traditionell akzeptiertes Postulat für rationalen Glauben ist, dass dieser unter bekannten logischen Konsequenzen und somit zumindest unter Konjunktionsbildung abgeschlossen sein sollte:

(9-17) *Konjunktionsregel:* Rationale Akzeptanz sollte unter Konjunktionsbildung abgeschlossen sein, d. h. wenn ein rationaler Agent die Propositionen $S_1,...,S_n$ glaubt, sollte er auch deren Konjunktion $S_1 \wedge ... \wedge S_n$ glauben.

Doch die Konjunktionsregel kollidiert mit der Lockeschen Akzeptanzregel und produziert einen Widerspruch. Dies wird durch zwei bekannte Paradoxien, das *Lotterieparadox* von Kyburg (1961) und das *Paradox des Vorwortes* von Makinson (1965) gezeigt.

Im Lotterieparadox geht man von n Lotterielosen mit gleichen Gewinnchancen aus und betrachtet für jedes dieser Lose (mit Nr. i) die Wahrscheinlichkeit, dass es *nicht* den Haupttreffer macht: $P(\neg H_i) = (n-1)/n$ („H" für „Haupttreffer"). Da für hinreichend hohe n der Wert $(n-1)/n$ die Akzeptanzschwelle übersteigt, sollten wir gemäß der Lockeschen Regel für jedes Los die Voraussage $\neg H_i$ akzeptieren, der zufolge es nicht den Haupttreffer machen wird. Aufgrund der Konjunktionsregel folgt daraus, dass wir auch die Konjunktion dieser Voraussagen akzeptieren sollen, also die Aussage (1) $\neg H_1 \wedge ... \wedge \neg H_n$, der zufolge kein Los den Haupttreffer machen wird. Zugleich sind wir uns aber sicher (so nehmen wir an), dass die Lotterie regelkonform abläuft und daher mindestens ein Los den Haupttreffer machen wird, d. h. wir glauben (2) $H_1 \vee ... \vee H_n$, im Widerspruch zu (1). Die Akzeptanz- und die Konjunktionsregel können zusammengenommen also zu widersprüchlichen Glaubensmengen führen, was rational inakzeptabel ist.

Im Paradox des Vorwortes verfügen wir lediglich über eine Menge von vielen hochwahrscheinlichen Propositionen $S_1,...,S_n$, die allesamt die Akzeptanzschwelle passieren und sich wechselseitig nicht (oder nur geringfügig) probabilistisch stützen. Ein Hintergrundwissen wie im Lotterieparadox, demzufolge sich mindestens eine dieser Propositionen irrt, ist hier nicht vorhanden, und es wird auch nicht angenommen, dass sich diese Propositionen wechselseitig schwach negativ unterminieren (so wie im Lotterieparadox, wo für $i \neq j$ $P(\neg H_i | \neg H_j) < P(\neg H_i)$ gilt). Auch unter diesen schwächeren Annahmen führen beide Regeln in einen Konflikt, denn die Wahrscheinlichkeit der Konjunktion $S_1 \wedge ... \wedge S_n$ wird immer kleiner, je länger diese Konjunktion wird. In Makinsons Beispiel des Vorwortes handelt es sich bei S_i um die Behauptung, dass die Seite Nr. i eines langen und sorgfältig korrekturgelesenen Buches fehlerfrei ist. Obwohl der Autor des Buches, nachdem er jede Seite davon korrekturgelesen hat, von jeder Seite überzeugt ist, dass sie fehlerfrei ist, gesteht er in seinem Vorwort dennoch ein, dass sich irgendwo in diesem Buch höchstwahrscheinlich dennoch ein unentdeckter Fehler versteckt haben wird, denn niemand ist perfekt. Formal ausgedrückt, obwohl für alle $i \in \{1,...,n\}$ (1.) $P(S_i) > \alpha$ gilt, erhalten wir aufgrund des Fehlens positiver probabilistischer Abhängigkeiten (2.) $P(S_1 \wedge ... \wedge S_n) \leq P(S_1) \cdot P(S_2) \cdot ... \cdot P(S_n) = \alpha^n$. Nun ist α^n genau dann kleiner als $(1-\alpha)$ ist, wenn n größer ist als $|\log(1-\alpha)|/|\log \alpha|$, was wir annehmen wollen. Somit müsste man aufgrund der Konjunktionsregel $S_1 \wedge ... \wedge S_n$ und gemäß der Lockeschen Akzeptanzregel $\neg(S_1 \wedge ... \wedge S_n)$ akzeptieren, was erneut einen Widerspruch bedeutet. Für $\alpha = 0.95$ beispielsweise muss n mindestens den Wert 59 besitzen, und für $\alpha = 0.99$ den Wert 299, um zum Widerspruch zu führen.

Frühere Autoren (einschließlich Kyburg and Makinson) haben aufgrund dieser Paradoxien die Konjunktionsregel verworfen, und wir halten dies ebenfalls für die richtige Lösung. Spätere Autoren, wie z. B. Lehrer (1975, 303), Douven (2002, 396) oder Leitgeb (2013) versuchten, die Konjunktionsregel aufrechtzuerhalten und stattdessen die Lockesche Akzeptanzregel einzuschränken. Diese Autoren sprechen sich dafür aus, in Situationen des Konfliktes zwischen Akzeptanz- und Konjunktionsregel *skeptisch* zu reagieren, d. h. keine der hochwahrscheinlichen Aussagen als rational zu akzeptieren, auch wenn deren Wahrscheinlichkeit noch so hoch ist. Im Fall des Lotterieparadoxes mag diese Lösung eventuell noch (obwohl auch hier nicht zwingend) plausibel erscheinen, weil es sich um eine reine „Zufallsangelegenheit" handelt und weil sich die Voraussagen gegenseitig negativ unterminieren. Im Fall der Paradoxie des Vorwortes führt dieser Lösungsvorschlag jedoch zur fatalen Konsequenz, dass man überhaupt nicht mehr an wissenschaftliches Wissen glauben könnte, weil dieses genau wie im Paradox des Vorwortes ungeheuer viele voneinander unabhängige Daten und empirische Hypothesen enthält.

Im epistemischen Kontext wissenschaftlicher Hypothesen scheinen wir also die Konjunktionsregel aufzugeben: Wir glauben an die Wahrheit von sehr vielen, gut gestützten und hochwahrscheinlichen Propositionen, und wir halten uns das Bild ihrer Konjunktion – als das aktuelle wissenschaftliche Bild der Beschaffenheit der Welt – vor Augen. Doch wir sind uns zugleich ziemlich sicher, dass sich in diesem Bild irgendwo weitere Fehler verbergen, welche die zukünftige Wissenschaftsentwicklung zutage fördern wird, d. h. wir glauben nicht, dass auch die Konjunktion all dieser Propositionen wahr ist.

Analoges gilt aber auch in *praktischen* Kontexten. Ein Beispiel sind *Versicherungspraktiken*. Angenommen jemand fährt jeden Wochentag mit dem PKW zu seinem Arbeitsplatz. Als gewissenhafter Fahrer hat er sein Auto versichert; ja sogar kaskoversichert. Glaubt er deshalb, dass er an diesem Tag einen Autounfall haben würde? Natürlich nicht: am Morgen jeden Tages glaubt dieser Mensch, dass er an diesem Tag keinen Autounfall haben wird. Doch er schließt daraus keineswegs (per Konjunktionsregel), dass er niemals in den nächsten 10 Jahren einen Autounfall haben wird, sondern lässt dies als epistemische Möglichkeit zu und schließt deshalb eine Autoversicherung ab. Zusammenfassend scheint es also nicht nur in epistemischen, sondern auch in in praktischen Kontexten vernünftig zu sein, im Falle eines Konfliktes die Lockesche Akzeptanzregel beizubehalten und stattdessen die Konjunktionsregel aufzugeben.

10 Logisch-mathematischer Anhang

10.1 Logische Grundlagen

Für ein besseres Verständnis der Wahrscheinlichkeitstheorie ist es nützlich, sich mit elementaren logischen Grundbegriffen vertraut zu machen.

In der *Logik* klassifiziert man Begriffe und Sätze nach ihrer logisch-semantischen Funktion. Abb. 10-1 präsentiert eine Übersicht.

Nichtlogische Begriffe dienen dazu, *etwas in der Welt* zu bezeichnen oder auszudrücken. *Logische* Begriffe haben dagegen nur eine *strukturelle* Funktion.

10.1.1 Nichtlogische Begriffe. Zu den nicht-logischen Begriffen gehören:

10.1.1.1 Singuläre Begriffe bzw. Terme, die immer ein bestimmtes *Individuum* bzw. Einzelding bezeichnen. Sie umfassen Eigennamen wie z. B. „Uwe Seeler", „Düsseldorf", ostensive Terme wie „dieser Mensch dort" oder funktionale Terme wie z. B. „die Mutter von Peter". *Logische Notation:* Primitive singuläre Terme heißen auch *Individuenkonstanten* und werden durch Kleinbuchstaben a, b, ... (oder indiziert a_1, a_2, ...) bezeichnet.

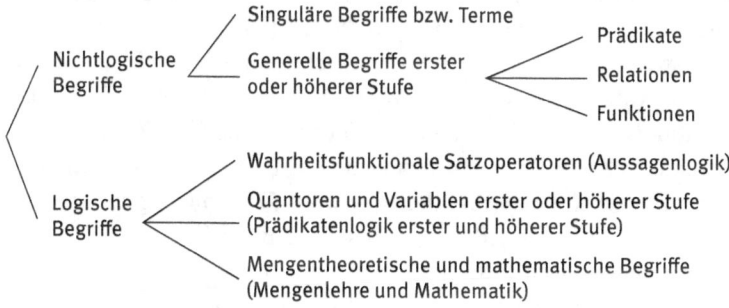

Abb. 10-1: *Logische Begriffsarten.*

10.1.1.2 Generelle Begriffe oder *Prädikate* 1. Stufe werden auf singuläre Terme angewandt; dadurch entsteht ein *atomarer Satz*.

10.1.1.2.1 Einstellige Prädikate (1. Stufe) bezeichnen Merkmale oder Eigenschaften, die auf Individuen zutreffen können oder nicht, wie z. B. „x ist groß" oder „x ist ein Mensch". *Logische Notation:* Einstellige Prädikate werden durch Großbuchstaben F, G, ... (bzw. F_1, F_2,...) bezeichnet. Sie besitzen nur eine Argumentstelle, die man als *Variable* x zum Prädikatbuchstaben hinzu schreibt, z. B. „Fx" für „x ist ein F". Mit „Fx" für „x ist groß", und „a" für „Peter", steht dann „Fa" für den Satz „Peter ist groß".

10.1.1.2.2 *Mehrstellige* Prädikate oder *Relationszeichen* bezeichnen eine Relation zwischen n gegebenen Individuen. *Logische Notation* durch Großbuchstaben R, Q, ... Steht z. B. „Rxy" für die 2-stellige Relation „x ist Bruder von y", „a" für „Peter", und „b" für „Paul", dann steht der atomare Satz „Rab" für „Peter ist Bruder von Paul".

10.1.1.3 *Funktionszeichen* (ein- oder mehrstellig) bezeichnen eine Funktion, die einem oder mehreren gegebenen Individuen ein anderes Individuum eindeutig zuordnet. *Logische Notation* durch die Kleinbuchstaben f, g, ... Steht z. B. „f(x)" für „die Mutter von x", dann bezeichnet „f(a)" die Mutter von a, und „b = f(a)" steht für „b ist die Mutter von a". In der *Mathematik* spielen Funktionen als Operationen über Zahlen eine grundlegende Rolle; z. B. ist die Addition + eine zweistellige Funktion, die je zwei Zahlen x und y ihre Summe +(x,y) zuordnet; dabei schreibt man für „+(x,y)" die infix-Notation „x+y". Alle *quantitativen* (z. B. physikalischen) *Eigenschaften* von Individuen sind ebenfalls als Funktionen darzustellen; z. B. bezeichnet m(a) die *Masse* des Körpers a, usw.

10.1.1.4 *Mathematische Variablen und Skalenarten:* „Mathematische Variablen", die wir in Kap. 8.6 näher kennenlernten, sind etwas anderes als Variablen im logischen Sinne und werden durch die Großbuchstaben X, Y,... bezeichnet. Man versteht darunter Funktionen der Form X:D→W, die den Objekten im Individuenbereich D gewisse Werte eines Wertebereiches W zuordnen. Bei *quantitativen* Variablen besteht W aus den reellen Zahlen ($\mathbb{R}$), verbunden mit einer Einheit. Beispielsweise ordnet die Funktion Gewicht, dargestellt als Variable G jedem Objekt im gewählten Bereich sein Gewicht in kg zu, z. B. G(Josef) = 75 kg. Unter den quantitativen Variablen unterscheidet man zwischen *Verhältnisskalen*, bei denen lediglich die Wahl der Skaleneinheit (z. B. „kg") konventionell festgelegt ist, und *Intervallskalen*, bei denen sowohl die Skaleneinheit wie die Lage des Nullpunktes konventionell festgelegt sind (z. B. die Zeitskala mit 1 Jahr als Einheit und Christi Geburt als Nullpunkt). Während bei Verhältnisskalen Verhältnisse von Größenwerten objektiv festgelegt sind, sind bei Intervallskalen nur mehr die Verhältnisse von Differenzen objektiv festgelegt: das Jahr 2000 n.Chr. ist beispielsweise nicht „doppelt so spät" wie das Jahr 1000 n.Chr., aber von Christi Geburt bis 2000 n.Chr. verging doppelt so viel Zeit wie bis 1000 n. C.

Im Fall von *Ordinalskalen* bestehen die Werte in W aus natürlichen Zahlen, die lediglich eine Rangordnung hinsichtlich des Ausprägungsgrades eines Merkmals ausdrücken, wie z. B. im Fall der Variable „Bestenliste": Teilnehmer → {1,...,20}. Bei *Nominalskalen* schließlich werden durch die Zahlenwerte lediglich disjunkte (nichtüberlappende) Kategorien einer Unterteilung von D kodiert, z. B. „Schichtzugehörigkeit": D → {Unterschicht, Mittelschicht, Oberschicht}. Eine gewöhnliche Eigenschaft „F" kann auch als binäre Variable der Form X_F:D→{F,¬F} aufgefasst werden (näheres zur Skalentheorie s. Krantz et al. 2006 und Schurz 2006, Kap. 3.1.4.3).

***10.1.1.5** Prädikate und Funktionen höherer Stufe* werden auf andere Prädikate oder Sätze angewendet und bilden dadurch Sätze. Ein in unserem Zusammenhang wichtiges Beispiel einer höherstufigen Funktion, die auf Sätze angewendet wird, ist der epistemische Wahrscheinlichkeitsbegriff: „P(A) = r" steht für „der Glaubensgrad von Satz A ist r". Der statistische Wahrscheinlichkeitsbegriff ist dagegen eine höherstufige Funktion, die man auf Prädikate bzw. Mengen anwendet.

10.1.2 Logische Begriffe: Logische Begriffe lassen sich wesentlich feiner als in Abb. 10-1 klassifizieren; Abb. 10-2 enthält nur die für uns wichtigsten Unterscheidungen.

***10.1.2.1** Wahrheitsfunktionale Satzoperatoren* und *Aussagenlogik: Logische Notation:* A, B,... stehen im Folgenden für beliebige Sätze oder Formeln. Die wichtigsten aussagenlogischen Satzoperatoren sind:
- die Negation ¬ (lies: ¬A – *nicht* A),
- die Konjunktion ∧ (lies: A∧B – A *und* B)
- die Disjunktion (das *einschließende* Oder) ∨ (lies: A∨B – A *oder* B *oder beides*).
- die sogenannte ‚materiale' Implikation → (lies: A→B – *wenn* A, *dann* B),
- die ‚materiale' Äquivalenz ↔ (lies: A↔B – A *genau dann wenn* B).

Konvention: „g. d. w." steht im Folgenden kurz für „genau dann, wenn".

Weitere Satzoperatoren sind damit definierbar; z.B. ist das ausschließende *Entweder-Oder* $\dot\vee$ definiert als A$\dot\vee$B :↔ (A∨B) ∧ ¬(A∧B) (A oder B, aber nicht beides).

Die Gesetze dieser Satzoperatoren expliziert die (nichtmodale) *Aussagenlogik*. Die Satzoperatoren heißen *wahrheitsfunktional*, weil der Wahrheits*wert* des komplexen Satzes eindeutig durch die Wahrheitswerte seiner Teilsätze (Argumente) bestimmt ist, und zwar mithilfe der bekannten *Wahrheitstafeln*:

A	¬A		A	B	A∧B	A∨B	A→B	A↔B
w	f		w	w	w	w	w	w
f	w		w	f	f	w	f	f
			f	w	f	w	w	f
			f	f	f	f	w	w

Man beachte: die materiale Implikation A→B wird als wahr definiert g. d. w. A falsch ist oder B wahr ist, d. h. es gilt: A→B :↔ ¬A∨B. Die materiale Implikation ist *schwächer* als das natursprachliche wenn-dann, da ihre Wahrheit keinen inhaltlichen Zusammenhang zwischen A und B voraussetzt.

10.1.2.2 *Quantoren, Individuenvariablen und Prädikatenlogik:*

Quantoren 1. Stufe quantifizieren über Individuen. Die zugehörigen Variablen 1. Stufe heißen *Individuenvariablen*, für die wir x, y,... (bzw. x_1, x_2,...) schreiben. Die beiden wichtigsten Arten von Quantoren sind:
- der *Allquantor* ∀x (lies: ∀xFx – für alle x gilt: Fx), und
- der *Existenzquantor* ∃x: (lies: ∃xFx – für mindestens ein x gilt: Fx).

Der semantische Bereich von Individuen, auf den sich ein Quantor bezieht, heißt sein *Individuenbereich* D, der in der Statistik auch „Grundgesamtheit" oder „Stichprobenraum" genannt wird. So sagt ∀xFx, dass alle Individuen in D Merkmal F haben, und ∃xFx dass es Individuen in D gibt, die Merkmal F haben. Wenn nichts hinzugesagt wird, wählt man als Individuenbereich den universalen Bereich.

Im Ausdruck ∀xFx wird die Individuenvariable „x" durch den Quantor „∀x" *gebunden*. Ausdrücke, deren sämtliche Individuenvariablen, sofern sie überhaupt vorkommen, gebunden sind, nennt man *geschlossene* Formeln oder *Sätze*. So sind die Ausdrücke Fa, Rab, ∀xFx und ∀x∃y(Fx∧Gy) geschlossene Formeln. Der Ausdruck Fx heißt *offene* Formel, weil seine Individuenvariable „x" *frei* ist, d. h. durch keinen Quantor gebunden wird. Durch offene Formeln wie z. B. Fx∧Gx (x ist F und x ist G) werden komplexe generelle Merkmale ausgedrückt.

Analog quantifizieren Quantoren und Variablen 2. (bzw. höherer) Stufe über Merkmale oder Sachverhalte; wir gehen darauf nicht näher ein.

Eine besondere logische Relation ist die *Identität*: x = y steht für „x ist identisch mit y". *Konvention:* „↔$_{def}$" bzw. „=$_{def}$" steht im Folgenden für „*per definitionem* äquivalent" bzw. „*per def.* identisch".

Die Logik der Sätze, die aus singulären Termen, generellen Begriffen 1. Stufe, extensionalen Satzoperatoren und Quantoren 1. Stufe gebildet werden, ist die *Prädikatenlogik 1. Stufe* (Einführung z. B. Klenk 1989, Barwise/Etchemendy 2005).

Die Übersetzung eines natursprachlichen Satzes in einen Satz einer logischen Sprache nennt man *Formalisierung*. Hier einige Beispiele:

Übersetzungen: a – dieses Tier, Rx – x ist ein Rabe, Sx – x ist schwarz.

(a) Dieses Tier ist ein schwarzer Rabe. *Formalisierung*: Ra∧Sa.

(b) Alle Raben sind schwarz. *Formalisierung:* ∀x(Rx → Sx).

(c) Einige Raben sind nicht schwarz. *Formalisierung:* ∃x(Rx ∧ ¬Sx).

Ein Satz der Form $Ra_1...a_n$ (der also keine Teilformeln enthält) heißt auch *Atomsatz*, ein unnegierter oder negierter Atomsatz heißt *Basissatz*.

***10.1.2.3** Mengentheoretische Symbole und Mengenlehre:*
Mengen sind Zusammenfassungen von Individuen zu einem komplexen Individuum namens ‚Menge'. Wir schreiben für Mengen Großbuchstaben, z. B. M, N, ...; in gewissen Kontexten werden wir die Buchstaben A, B, ... zugleich als Mengen oder Formeln interpretieren. Spezifische Notationen:
- {x: Fx} steht für die Menge aller Individuen x, die die Eigenschaft F besitzen.
- $\{a_1,...,a_n\}$ steht für die Menge bestehend aus den Individuen $a_1,...,a_n$.
- $(a_1,...,a_n)$ steht dagegen für die geordnete Folge bestehend aus $a_1,...,a_n$.
- x ∈ M bzw. x∉M steht für x ist ein (bzw. kein) Element der Menge M.

Man beachte: Mengen sind *invariant* unter Vertauschungen und Wiederholungen ihrer Elemente; z. B. gilt {a,b} = {a,a,b} = {b,a} (usw.). Im Gegensatz verlangen *geordnete Folgen* bzw. Sequenzen eine bestimmte Anordnung, welche auch Wiederholungen gestattet: (a,b,b,c) ≠ (a,b,c) ≠ (b,a,c).

Die Mengentheorie wird zur *informellen* Logik bzw. Metalogik gerechnet, denn auch „∈" ist ein logischer Begriff in einem weiteren Sinn. In der typenfreien Mengenlehre werden Prädikationen der Form wie „a ist ein F" (Fa) durch *Elementbeziehungen* „a ist ein Element der Klasse aller Fs" (a∈{x:Fx}) ersetzt. Die Axiome der typenfreien Mengenlehre (nach Zermelo-Fraenkel) sind in der Sprache der Prädikatenlogik 1. Stufe *formulierbar*; sie gehen aber über rein logische Prinzipien hinaus (Einführung z. B. Ebbinghaus 2003).

Weitere wichtige mengentheoretische Begriffe:
- ∅ (leere Menge)
- M ⊆ N (M ist unechte oder echte Teilmenge von N, d. h.: ∀x(x∈M → x∈N)
- M = N (Mengenidentität), definiert als: ↔$_{def}$ (M ⊆ N) ∧ (N ⊆ M)
- M ⊂ N (echte Teilmenge) ↔$_{def}$ (M ⊆ N) ∧ (M ≠ N).
- M∪N (Vereinigung von M und N) =$_{def}$ {x: x∈M ∨ x∈N}
- M∩N (Schnitt von M und N) =$_{def}$ {x: x∈M ∧ x∈N}
- $\bigcup_{i\in\mathbb{N}} X_i$ (bzw. $\bigcap_{i\in\mathbb{N}} X_i$) für die unendliche Vereinigung (bzw. den unendlichen Durchschnitt) aller Mengen X_i mit i aus der Menge der natürlichen Zahlen ℕ.
- M−N (relatives Komplement) =$_{def}$ {x: x∈M ∧ x∉N}
- Pot(M) (Potenzmenge von M) =$_{def}$ {N: N⊆M}, d. h. die Menge aller Teilmengen von M. *Beispiel:* Pot({1,2}) = { ∅, {1}, {2}, {1,2}}.
- M × N (Cartesisches Produkt) =$_{def}$ {(x_1,x_2): x_1∈M ∧ x_2∈N}.
- Analog für $M_1 \times ... \times M_n$ =$_{def}$ {$(x_1,...,x_n)$: $x_i \in M_i$ (1≤i≤n)}. Speziell ist M^n = M × ... × M (n-mal) das n-fache Cartesische Produkt von M, also die Menge aller Folgen von n Elementen aus M.
- |M| für die Kardinalität von M, i. e. die Anzahl von Elementen in M.

R heißt eine *n-stellige Relation* über einem Individuenbereich D g. d. w. (genau dann, wenn) R eine Teilmenge von D^n ist, also $R \subseteq D^n$. Die Elemente von R sind also Folgen von n Elementen von D. R ist eine n-stellige Relation zwischen $D_1,...,D_n$ g. d. w. $R \subseteq D_1 \times ... \times D_n$.

Eine einstellige *Funktion* (Abbildung) f ist eine *rechtseindeutige* zweistellige Relation zwischen zwei Mengen M und N. D. h. für jedes x in M gibt es *genau* ein y in N sodass $(x,y) \in f$. Man schreibt dafür: $f:M \to N$. M heißt der *Argumentbereich* von f, und $W(f) =_{def} \{y \in N: \exists x \in M: f(x) = y\}$ der *Wertebereich* von f. Analog ist eine n-stellige Funktion $f:M_1 \times ... \times M_n \to N$ eine einstellige Funktion von $M_1 \times ... \times M_n$ nach N. Eine Funktion $f:M \to N$ heißt *injektiv* g. d. w. sie linkseindeutig ist ($\forall x,y \in M: x \neq y \to f(x) \neq f(y)$); *surjektiv* g. d. w. $W(f) = N$; und *bijektiv* wenn sie surjektiv und injektiv ist.

10.1.2.4 *Mathematische Begriffe* haben mit logischen Begriffen gemeinsam, dass sie *abstrakt-konzeptuelle* Objekte bzw. Funktionen bezeichnen. Sie können entweder durch *Eigenaxiome* mathematischer Theorien oder durch *mengentheoretische Definitionen* charakterisiert werden. Zu den wichtigsten mathematischen Begriffen gehören (i) die Begriffe für verschiedene Zahlenarten ($\mathbb{N}$ für die Menge der natürlichen und $\mathbb{R}$ für die Menge der reellen Zahlen), sowie (ii) die Funktionsbegriffe, welche Operationen über solchen Zahlen ausdrücken (Addition, Multiplikation, usw.). Insbesondere steht $\sum_{1 \leq i \leq n} x_i$ für die Summe aller Zahlen x_i und $\Pi_{1 \leq i \leq n} x_i$ für das Produkt aller Zahlen x_i, für i von 1 bis n.

10.1.3 Logische Semantik: In der Semantik wird zwischen zwei Arten von semantischen Bezügen unterschieden: jeder Ausdruck hat einerseits eine *Bedeutung* oder *Intension*, und andererseits einen *Gegenstandsbezug* (Referenz) oder *Extension* (vgl. Carnap 1972; Runggaldier 1990). Die Intension eines Begriffs ist das, was jedem kompetenten Sprecher bekannt sein muss, um den Begriff richtig zu *verstehen*. Die Extension eines singulären Terms ist das von ihm bezeichnete Individuum, die Extension eines Prädikates die *Menge* von Individuen, die unter das Prädikat fallen, und analog die Extension eines n-stelligen Relationssymbols die Klasse aller n-Folgen von Individuen, die die Relation erfüllen. Die Intension von Sätzen identifiziert man mit der durch den Satz bezeichneten *Proposition*, und ihre Extension (nach traditioneller Fregescher Auffassung) mit ihrem Wahrheitswert.

In der auf *Alfred Tarski* (1936) zurückgehenden *logischen Semantik* werden sprachlichen Ausdrücken *formale* Gegenstandsbezüge in Form von *extensionalen* (d. h. mengentheoretischen) *Interpretationen* zugeordnet. Konkret definiert man: Eine *Interpretation* einer prädikatenlogischen Sprache $\mathscr{L}$ ist ein Paar (D,I), bestehend aus einem Individuenbereich D und einer Interpretationsfunktion I, die jeder Individuenkonstante a und jeder Individuenvariable x ein Individuum I(a) bzw. I(x) in D zuordnet[76], jedem Prädikat P eine Teilmenge $I(P) \subseteq D$, jedem

n-stelligen Relationszeichen R eine n-stellige Relation $I(R) \subseteq D^n$, und jedem n-stelligen Funktionszeichen f eine n-stellige Funktion $I(f):D^n \rightarrow D$. Die Extensionen und Wahrheitswerte beliebig komplexer singulärer Terme (t_i) und Sätze (A_i) werden darauf aufbauend wie folgt rekursiv definiert; dabei steht „(D,I) |== A" abkürzend für „Interpretation (D,I) macht den Satz A wahr", bzw. – wenn A eine offene Formel ist – „erfüllt die Formel A":
- Für singuläre Terme: $I(f(t_1,...,t_n)) = I(f)(I(t_1),...,I(t_n))$
- Für Atomsätze: (D,I) |== $Rt_1...t_n$ g. d. w. $(I(t_1),...,I(t_n)) \in I(R)$.
- Aussagenlogische Verknüpfungen werden gemäß den Wahrheitstafeln interpretiert, z. B. (D,I) |== A∧B g. d. w. (D,I) |== A *und* (D,I) |== B (usw.).
- Quantoren: (D,I) |== ∀xA[x] g. d. w. für jedes Individuum d∈D gilt: (D, I[x:d]) |== A[x]; dabei ist A[x] eine Formel, welche die Individuenvariable x frei enthält, und die Interpretationsfunktion I[x:d] unterscheidet sich von I nur dadurch, dass sie der Individuenvariablen x das Individuum d zuordnet.

Eine Interpretation (D,I) einer Sprache $\mathscr{L}$ heißt auch ein *Modell* für diese Sprache. Jedes solche Modell bildet eine mittels $\mathscr{L}$ beschreibbare ‚mögliche Welt'. Ein Modell (D,I), das einen Satz A wahr macht, heißt auch ein *Modell* von A. Ein Modell (D,I), in dem jedes Individuum d_i genau eine Individuenkonstante a_i als ihren *Standardnamen* besitzt, d. h. $I(a_i) = d_i$, heißt ein *Standardmodell*. Standardmodelle übernehmen eine wichtige Rolle in der epistemischen Wahrscheinlichkeitstheorie.

Ein Satz heißt A *logisch wahr* (oder L-wahr, oder tautologisch) g. d. w. er von allen möglichen Modellen wahr gemacht wird; wir schreiben hierfür ||– A. Er heißt logisch falsch (oder L-falsch, kontradiktorisch), wenn er in allen möglichen Modellen falsch ist. A∨¬A ist z. B. ein L-wahrer und A∧¬A ein L-falscher Satz. Ein weder L-wahrer noch L-falscher Satz heißt *kontingent*. Im Folgenden steht ⊤ immer für einen logisch wahren und ⊥ für einen logisch falschen Satz. Ein Schluß „$P_1,...,P_n/C$" (von einer Prämissenmenge {$P_1,...,P_n$} auf eine Konklusion C) heißt *logisch gültig*, wenn alle möglichen Modelle, die alle Prämissen wahr machen, auch die Konklusion wahr machen.

Wenn ein Satz logisch wahr (oder ein Schluß logisch gültig) ist, dann resultiert seine Wahrheit (bzw. Gültigkeit) allein aus den vorausgesetzten Definitionen bzw. Bedeutungspostulaten für die im Satz (bzw. Schluß) enthaltenen *logischen* Begriffe. Darüber hinausgehend nennt man einen Satz *analytisch* wahr (bzw. einen Schluß analytisch gültig), wenn seine Wahrheit (bzw. Gültigkeit) aus vorausgesetzten Definitionen oder Bedeutungspostulaten für nichtlogische Begriffe logisch folgt (näheres in Schurz 2006, Kap. 3.3-4).

Konvention zur syntaktischen Unterscheidung von Objekt- und Metasprache:
Streng genommen müssten wir objektsprachliche Symbole und ihre metasprach-

lichen Interpretationen syntaktisch unterscheiden, entweder durch andere Zeichengestalten (I(R) = R), oder durch Anführungszeichen (I("R") = R). In dieser Abhandlung verwenden wir bequemerweise dieselben Symbole (z. B. „R"), wenn der Kontext eindeutig bestimmt, was gemeint ist.

10.2 Logische Konstruktion statistischer Wahrscheinlichkeitsfunktionen über kombinierten Zufallsexperimenten

Wir behandeln kombinierte statistische Zufallsexperimente wegen der größeren Transparenz zuerst im sprachsemantisch-statistischen Aufbau. Im Folgenden sei $o \in \mathbb{N} \cup \{\infty\}$ entweder eine natürliche Zahl oder die Zahl „∞" für „unendlich", womit die kleinste unendliche Ordinalzahl ω gemeint ist. Für jedes $o \in \mathbb{N} \cup \{\infty\}$ fungiert D^o, das o.te Cartesische Produkt von D, als Möglichkeitsraum eines o-fachen Zufallsexperimentes. Insbesondere ist D^∞ der Ergebnisraum eines unendlichfach iterierten Zufallsexperimentes, bestehend aus unendlichen Ergebnissequenzen. Die Sprache $\mathscr{L}$ enthalte unendlich viele Individuenvariablen, kurz Iv's, in einer fixen Indizierung $x_1, x_2, \ldots$. Für jedes $o \in \mathbb{N} \cup \{\infty\}$ wählt man als Mengenalgebra $AL(D^o)$ eine Algebra über D^o, die alle Extensionen von offenen Formeln der gegebenen Sprache mit höchstens o vielen verschiedenen Iv's umfasst (vgl. Bacchus 1990, 83; Adams 1974). Um die Extensionen offener Formeln so zu definieren, dass sie rekursiv auf höher-dimensionale Ereignisräume erweiterbar sind, definieren wir ihre statistische Wahrscheinlichkeit in Bezug auf eine Sequenz von Iv's, die mindestens alle Iv's in der Formel umfasst. Für alle $n \in \mathbb{N}$ bezeichne im Folgenden V_n eine n-gliedrige Sequenz von paarweise verschiedenen Iv's. V_3 könnte z. B. (x_1, x_3, x_7) oder (x_{12}, x_3, x_1) sein. Wir schreiben $V_m \subseteq V_n$, wenn jede Iv in V_m auch in V_n vorkommt (möglicherweise an unterschiedlicher Position). V(A) bezeichnet die Sequenz aller in Formel A vorkommenden freien Iv's, *geordnet* in der Reihenfolge ihres *ersten Auftretens* von links nach rechts. Z. B. gilt $V(Rx_1x_2) = (x_1, x_2)$, $V(Rx_2x_1) = (x_2, x_1)$, $V(Fx_1 \wedge Rx_2x_1) = (x_1, x_2)$, usw. Wir benutzen nun $v_1, v_2, \ldots$ als *metasprachliche* Variablen für beliebige Iv's x_i der Objektsprache und definieren die Extension $||A:V_n||^D$ von A in Bezug auf eine Iv-Sequenz $V_n =_{def} (v_1, \ldots, v_n) \supseteq V(A)$ wie folgt (wir folgen hier Bacchus 1990, 86ff):

(10-1) *Extension von Formeln in Produkträumen:* Sofern $V_n \supseteq V(A)$: $||A:V_n||^D =_{def}$ $\{(d_1, \ldots, d_n) \in D^n : (D, I[v_1:d_1, \ldots, v_n:d_n]) \models A\}$.
In Worten: Die Extension von Formel A in Bezug auf eine Iv-Sequenz V_n, die alle Iv's in A umfasst, ist die Menge aller n-Tupel von D-Objekten, die, wenn den Iv's der Sequenz V_n von links nach rechts zugeordnet, die Formel A erfüllen.
Die *simple* Extension einer Formel A ist definiert als $||A||^D =_{def} ||A:V(A)||^D$.

10.2 Logische Konstruktion statistischer Wahrscheinlichkeitsfunktionen — 187

(10-2) *Beispiele zu (10-1):* (a) Für alle $i,j \in \mathbb{N}$: $\|Rx_ix_j\| = \|Rx_ix_j:(x_i,x_j)\| = \{(d_1,d_2) \in D^2: I[x_i:d_1, x_j:d_2] \mid == Rx_ix_j\} = I(R)$.
(b) Für alle $i,j \in \mathbb{N}$: $\|Rx_ix_j:(x_j,x_i)\| = \{(d_1,d_2) \in D^2: I[x_i:d_2, x_j:d_1] \mid == Rx_ix_j\} = I(R)^{-1}$.
(c) $\|Rx_1x_2 \land Rx_2x_1\| = \{(d_1,d_2) \in D^2: I[x_1:d_1, x_2:d_2] \mid == Rx_1x_2 \land Rx_2x_1\}$
$= \{(d_1,d_2) \in D^2: (d_1,d_2) \in I(R) \land (d_2,d_1) \in I(R)\} = I(R) \cap I(R)^{-1}$.
(d) $\|x_1=x_1 \land Rx_2x_1\| = \{(d_1,d_2) \in D^2: I[x_1:d_1, x_2:d_2] \mid == x_1=x_1 \land Rx_2x_1\} = I(R)^{-1}$.
(e) $\|Rx_2x_3 \land Fx_3:(x_2,x_3,x_5)\| = \{(d_1,d_2,d_3) \in D^3: I[x_2:d_1, x_3:d_2, x_5:d_3] \mid == Rx_2x_3 \land Fx_3\} =$
$= \{(d_1,d_2,d_3) \in D^3: (d_1,d_2) \in I(R) \land d_2 \in I(F)\} = \{(d_1,d_2) \in D^2: (d_1,d_2) \in I(R) \land d_2 \in I(F)\} \times D$.
(f) $\|Rx_1x_1\| = \{d \in D: (d,d) \in I(R)\}$.

Die Relativierung der Extension von Formeln auf Iv-Sequenzen ist z. B. nötig, um zwischen Rx_1x_2 und Rx_2x_1 in Kombinationen beider Formeln zu unterscheiden: Zwar ist $\|Rx_1x_2\| = \|Rx_2x_1\|$, aber $\|Rx_1x_2:(x_1,x_2)\| \neq \|Rx_1x_2:(x_2,x_1)\|$ (Beispiele (a)-c)). Steht „Rxy" für die Relation „x liebt y", dann enthält $\|Rx_1x_2\|$ und $\|Rx_2x_1\|$ alle Paare, deren erstes Glied das zweite liebt, aber $\|Rx_1x_2 \land Rx_2x_1\|$ alle Paare, deren zwei Glieder sich gegenseitig lieben. Die Definition der simplen Extension einer Formel A ist bezogen auf die Variablensequenz V(A). Die Vereinbarung, dass in V(A) die Individuenvariablen in der Reihenfolge ihres ersten Auftretens in A von links nach rechts angeordnet werden, ist nötig, damit Formeln mit n freien aber ansonsten beliebigen Individuenvariablen (für n=3 z. B. (x_{17}, x_2, x_{3001}), usw.) auf die Algebra über dem Produktraum D^n referieren (anstatt immer auf D^∞ zu referieren, was nötig wäre, wenn sich „x_i" immer auf das i.te Indivuum einer Individuensequenz beziehen würde). Daher gilt $\|x_1=x_1 \land Rx_2x_1\| = I(R)^{-1} \neq \|Rx_2x_1\| = I(R)$ (vgl. Beispiel (a) mit (d)).

Die Relativierung auf Iv-Sequenzen benötigt man auch, um die Zuordnung zwischen logischen und mengentheoretischen Operationen gemäß (10-3) unten für Formeln mit mehreren Individuenvariablen korrekt darzustellen. Die Extension von $Fx_1 \land Gx_2$ ist nämlich nur dann der Durchschnitt der Extensionen von Fx_1 und von Gx_2, wenn beide Formeln in Relation zur selben Iv-Sequenz (x_1,x_2), also im Produktraum D^2 (oder in höherdimensionalen Räumen D^o mit $o \geq 2$) ausgewertet werden. Es gilt dann $\|Fx_1 \land Gx_2:(x_1,x_2)\|^p = \|Fx_1:(x_1,x_2)\|^p \cap \|Gx_2:(x_1,x_2)\|^p = \{(d_1,d_2): d_1 \in I(F)\} \land d_2 \in I(G)\}$. Werden die beiden Formeln dagegen in D ausgewertet, dann ist die Extension von $Fx_1 \land Gx_2$ das Cartesische Produkt beider Extensionen, also $\|Fx_1 \land Gx_2\|^p = \|Fx\|^p \times \|Gx\|^p$. Offenbar sind die beiden Extensionen identisch. Generell gilt:

(10-3) *Ergänzung zu Satz (3-5):* (a) Für $V_n \supseteq V(A)$: $\|\neg A:V_n\|^p = D^n - \|A:V_n\|^p$.
Für $V_n \supseteq V(A)$ und $V_n \supseteq V(B)$: (b) $\|(A \lor B):V_n\|^p = \|A:V_n\|^p \cup \|B:V_n\|^p$
(c) Analog für $\land$ und $\cap$.

Man beachte, dass jede Formel in n freien (distinkten) Iv's in allen mindestens n-dimensionalen Produkträumen eine Extension besitzt. Somit ist AL(D^n) die Algebra der D^n-Extension von Formeln in höchstens n freien Iv's. Man nimmt nun auf AL(D^n) ein Wahrscheinlichkeitsmaß p:AL→[0,1] an, das man auf beliebige offene Formeln A und Variablensequenzen $V_n \supseteq V(A)$ wie üblich überträgt:

$p(A:V_n) = p(||A:V_n||^p)$.

Die *simple* Wahrscheinlichkeit wird definiert als $p(A) =_{def} p(||A||^p) =_{def} p(||A:V(A)||^p)$.

Das *Unabhängigkeitsgesetz* für statistische Wahrscheinlichkeiten nimmt nun die allgemeine Form von Satz 10-1(a) an, mit Iv(A) als der Menge der in A frei vorkommenden Iv's. Zwei weitere daraus folgende Gesetze sind das Projektionsgesetz und das Permutationsgesetz.

(Satz 10-1) *Gesetze für unabhängig kombinierte statistische Wahrscheinlichkeiten* (in Formeln mit mehreren Variablen):
(a) *Statistische Unabhängigkeit (Produktgesetz):*
Sofern Iv(A)∩Iv(B) = ∅: $p(A \wedge B) = p(A) \cdot p(B)$.
(b) *Projektionsgesetz:* Für alle $V_n \supseteq V(A)$: $p(A:V_n) = p(A)$.
(c) *Permutationsgesetz:* Für alle Permutationen von Individuenvariablen, $\pi: \mathbb{N} \to \mathbb{N}$: $p(A(v_1,...,v_n)) = p(A(v_{\pi(1)},...,v_{\pi(n)}))$.

Das Projektionsgesetz folgt direkt aus dem Produktgesetz, denn $p(A(x_1):(x_1,x_2))$ = $p(A(x_1) \wedge (Fx_2 \vee \neg Fx_2)) = p(A(x)) \cdot p(Fx \vee \neg Fx)$ (wegen des Produktgesetzes) = $p(A(x))$ (denn $p(Fx \vee \neg Fx) = 1$). Dagegen gilt *nicht* $p(Rx_1x_2 \wedge Qx_2x_3) = p(Rx_1x_2) \cdot p(Qx_2x_3)$, weil Rx_1x_2 und Qx_2x_3 die Iv x_2 gemeinsam haben. Das Permutationsgesetz (Satz 10-1)(c) folgt direkt aus unserer Definition der simplen Formelextension in (10-1), denn $||A(x_1,...,x_n):(x_1,...,x_n)|| = ||A(x_{\pi(1)},...,x_{\pi(n)}): (x_{\pi(1)},...,x_{\pi(n)})||$. Man beachte, dass ein analoges Gesetz nicht für *Variablenkondensationen* gilt, denn $p(Rx_1x_1)$ ist im Allgemeinen verschieden von $p(Rx_1x_2)$ als auch von $p(Rx_1x_2 \wedge x_1=x_2)$. Z. B. könnten nur 10 % aller D-Individuen sich selbst lieben, aber jedes Individuum jedes andere lieben. Dann gilt für |D| = 100: $p(Rxx) = 0,1$, $p(Rx_1x_2 \wedge x_1 \neq x_2) = 99/100 = 0,99$, $p(Rx_1x_2 \wedge x_1=x_2)$ = $(1/100) \cdot 0,1 = 0,001$, und daher $p(Rx_1x_2) = 0,991$.

Im mathematischen Aufbau wird der Möglichkeitsraum eines kombinierten Zufallsexperimentes ebenfalls als *Produktraum* charakterisiert, was hier nur knapp umrissen sei (vgl. Jeffrey 1971b, 196; Bauer 1978, 41, 112). Seien (Ω_i, AL_i, p_i) (i∈{1,...,n}) Wahrscheinlichkeitsräume (die nicht unbedingt identisch sein müssen), so ist ihr *Produktraum* (Ω, AL, p) wie folgt definiert: (i) $\Omega =_{def} \Omega_1 \times ... \times \Omega_n$, und (ii) AL $=_{def}$ die kleinste Algebra über Ω, welche für alle $A_1 \in AL_1$, ..., $A_n \in AL_n$ das Cartesische Produkt $A_1 \times ... \times A_n$ enthält. Für jedes $A \in \Omega$ heißt $\pi_i(A) =_{def} \{d \in D_i:$

$\exists (d_1,...d_{i-1},d,d_{i+1},...,d_n) \in A\}$ die *i.te Projektion* von A; und für jedes $A_i \in AL_i$ heißt $e(A_i) =_{def} \Omega_1 \times ... \times \Omega_{i-1} \times A_i \times \Omega_{i+1} \times ... \times \Omega_n$ die *projektive Erweiterung* von A_i. Aufgrund (ii) ist AL die kleinste Algebra, welche für jedes $A_i \in \Omega_i$ (1≤i≤n) auch $e(A_i)$ enthält. Das Wahrscheinlichkeitsmaß p über AL erfüllt das Unabhängigkeitsgesetz und das Projektionsgesetz, welche nun folgende Formen annehmen[77] (vgl. Bauer 1978, 112; Stegmüller 1973b, 72):

(10-1) (a) Unabhängigkeitsgesetz, mathematischer Aufbau: $\forall A_i \in AL_i$ (1≤i≤n): $p(e(A_1) \cap ... \cap e(A_n)) = \Pi_{1 \leq i \leq n} p_i(A_i)$.
(b) Projektionsgesetz, mathematischer Aufbau: $\forall A \in AL_i$: $p_i(A) = p(e(A))$.

Mithilfe von (10-1)(a) wird die Wahrscheinlichkeitsfunktion über AL festgelegt. Man beachte aber, dass so definierte Algebra AL nur Ereignistypen enthält, die Kombinationen von Ereignistypen einfacher Zufallsexperimente sind, also sprachlich gesprochen die Extensionen von Konjunktionen monadischer Formeln. Um auch die Wahrscheinlichkeit genuiner Relationen zu erfassen, so wie dies im sprachsemantischen Aufbau möglich ist, muss eine umfassendere Algebra als AL gewählt werden.

10.3 Beweise

10.3.1 Beweis von Satz 3-1: Theorem (T1) folgt unmittelbar aus (A2) und (A3), denn A und ¬A sind disjunkt, somit $p(A \lor \neg A) = p(A) + p(\neg A) = 1$. Aus (T1) folgt sogleich (T2) und (aufgrund der Disjunktivität von $A \lor \neg A$ und $A \land \neg A$ und (A3)) auch (T3). Die Beweise der weiteren Theoreme von Satz 2 sind in der mengenalgebraischen Darstellung einfach (s. Kolmogorov 1933, §4); wir zeichnen sie in sprachlicher Darstellung nach. Zu (T6): (a) aus $\Vdash - (\neg A_1 \lor A_2)$ folgt (b) $\Vdash - \neg(A_1 \land \neg A_2)$, d. h. A_1 und $\neg A_2$ sind disjunkt, woraus gemäß (A3) folgt: (c) $P(A_1 \lor \neg A_2) = P(A_1) + P(\neg A_2)$ = (gemäß T1) $1 + P(A_1) - P(A_2)$. Daraus ergibt sich aufgrund von (T2) $P(A_1) \leq P(A_2)$. Benutzt man (T6) in beide Richtungen, so folgt Theorem (T7), demzufolge logisch äquivalente Formeln dieselbe Wahrscheinlichkeit besitzen. Damit sind auch (T4) und (T5) einfach herleitbar. Für (T4) zeigt man durch Iteration von A3 mithilfe Disjunktivität zunächst (d) $p(A_1 \lor ... \lor A_n) = p(A_1) + ... + p(A_n)$. Wegen Exhaustivität von $A_1 \lor ... \lor A_n$ und (T7) gilt (e) $p(A_1 \lor ... \lor A_n) = p(A \lor \neg A) = 1$ und $p((B \land A_1) \lor ... \lor (B \land A_n))$ = p(B), also (T4). Für (T5) zeigt man zuerst $\Vdash - A \lor B \leftrightarrow A \lor (\neg A \land B)$, somit $p(A \lor B)$ = $p(A \lor (\neg A \land B))$; wegen A3 und weil A und $\neg A \land B$ disjunkt sind, folgt daraus (f) $p(A \lor B) = p(A) + p(\neg A \land B)$. Ferner gilt $\Vdash - B \leftrightarrow (B \land A) \lor (B \land \neg A)$, und wegen (A3) somit $p(B) = p(A \land B) + p(\neg A \land B)$, also (g) $p(\neg A \land B) = p(B) - p(A \land B)$. Aus (f) und (g) folgt (T5). □

10.3.2 Beweis von (3-1) und (3-2) in Kap. 3.1: Zu (2), erstes „g. d. w.": (i) Wenn $p(B) = 0$, dann gilt $p(A \wedge B) = p(A) \cdot p(B) = 0$. (ii) Wenn $p(B) > 0$, gilt $p(A \wedge B) = p(A|B) \cdot p(B) = p(A) \cdot p(B)$ g. d. w. $p(A|B) = p(A)$. Aussagenlogisch gilt: $A \perp B$ g. d. w. $A \perp B \wedge (p(B)=0) \vee A \perp B \wedge (p(B)>0)$ (wir verwenden hier die objektsprachlichen logischen Symbole auch in der Metasprache.) $A \perp B \wedge (p(B)=0)$ ist wegen (i) mit $p(B)=0$ äquivalent, und $A \perp B \wedge (p(B)>0)$ wegen (ii) mit $p(A|B)>p(A) \wedge (p(B)>0)$. Daraus folgt $A \perp B$ g. d. w. $p(B)=0 \vee p(A|B)>p(A)$. – Das zweite „g. d. w." von (2) zeigt man analog. – Das erste „g. d. w." von (3) zeigt man analog zu (2), nur dass hier statt „$p(B)=0$" die Bedingung „$\Box \neg B$" (B wird von keinem möglichen Modell erfüllt) steht, und statt „$p(B)>0$" „$\Diamond B$". – Analog für das zweite „g. d. w." von (3). □

10.3.3 Beweis von Satz 3-3: (TB1) zeigt man, indem man die drei Grundaxiome (Satz 1) für die bedingte Wahrscheinlichkeitsfunktion $p_B(-)$ beweist; s. hierzu Carnap (1971, 41, T1-4). – (TB2) gilt, denn aus $\| {-}\ A \rightarrow B$ folgt $\| {-}\ (A \wedge B) \leftrightarrow A$. Somit gilt $p(A \wedge B) = p(A)$ gemäß (T7) von Satz 3-1, woraus $p(B|A) = p(A \wedge B)/p(A) = p(A \wedge B)/p(A \wedge B) = 1$ folgt. – (TB3) ist eine triviale Konsequenz von Def. 3-2. – (TB4) gilt, da unter den gemachten Voraussetzungen die Ereignisse $A \wedge B_1, ..., A \wedge B_n$ disjunkt sind und deren Disjunktion notwendig äquivalent mit A ist, weshalb (nach T7 von Satz 3-1) $p(A) = p((A \wedge B_1) \vee ... \vee (A \wedge B_n)) = \sum_{1 \leq i \leq n} p(A \wedge B_i) = \sum_{1 \leq i \leq n} p(A|B_i) \cdot p(B_i)$ (aufgrund T4 von Satz 3-1 und TB3 von Satz 3-3). – (TB5) sieht man aufgrund $p(B|A) \cdot p(A) =_{\text{def}} p(A \wedge B) \cdot p(A)/p(A) = p(A \wedge B) = p(A/B) \cdot p(B)$. – (TB6) folgt durch Einsetzen von (T4) in (TB5).

(TB7) gilt ohne die Klammerbemerkung, sofern wir eine Aussage der Form „$p(A|B) >(=,<) ...$" falsch sein lassen, wenn $p(B) = 0$ (bzw. bei direkter Axiomatisierung $\neg \Box B$) gilt. Wenn $p(B)=0$ gilt, dann sind die Aussagen links vom linken und rechts vom rechten „g. d. w." falsch aufgrund dieser Konvention, und die Aussage in der Mitte ist dann falsch, weil $p(B|A) = p(B) = 0$ gilt. Falls $p(B) = 1$, dann sind die Aussagen links und rechts vom linken „g. d. w." falsch weil dann $p(A|B) = p(A)$ und $p(B|A) = p(B)$ gilt, und die Aussage rechts vom rechten „g. d. w" ist falsch aufgrund unserer Konvention, weil $p(\neg B) = 0$ gilt. Analog zeigt man dies für $p(A) = 0$ oder $= 1$. – Angenommen nun, es gilt $1 > p(B), p(A) > 0$ (bzw. bei direkter Axiomatisierung $\Diamond A, \Diamond B, \Diamond \neg A, \Diamond \neg B$). Die erste Hälfte von (TB7) ergibt sich dann aufgrund $p(A|B) > p(A)$ g. d. w. $p(B|A) = p(A|B) \cdot (p(B)/p(A)) > p(A) \cdot (p(B)/p(A)) = p(B)$ (aus TB5). Die zweite Hälfte sieht man, da $p(A)$ ein gewichtetes Mittel von $p(A|B)$ und $p(A|\neg B)$ mit Gewichten $p(B)$ bzw. $p(\neg B) = 1-p(B)$ ist (TB4, Spezialfall). Somit muss $p(A)$ (echt oder unecht) *zwischen* $p(A|B)$ und $p(A|\neg B)$ liegen. Aus $p(A|B) > p(A)$ folgt somit $p(A|B) > p(A) \geq p(A|\neg B)$. Die andere Richtung sieht man so: Wenn $p(A|B) > p(A|\neg B)$, aber $p(A|B) = p(A)$ gelten würde, müsste das Gewicht $p(B)=1$ betragen; das ist aber aufgrund unserer Annahme $p(B) < 1$ ausgeschlossen; somit folgt $p(A|B) > p(A)$. □

10.3.4 Beweis von Satz (4-1):
Zu (i) ⇒ (ii) ⇒ (iii) ⇒ (iv): (i) ⇒ (ii) gilt, weil wegen (i) $A_1 \wedge ... \wedge A_n \wedge B$ mit $A_1 \wedge ... \wedge A_n$ logisch äquivalent ist, weshalb gemäß (T7) von Satz 3-1 $p(B|A_1 \wedge ... \wedge A_n) = p(A_1 \wedge ... \wedge A_n \wedge B)/p(A_1 \wedge ... \wedge A_n) = 1$ gelten muss. Daraus ergeben sich unmittelbar (iii) und (iv). – Zu ¬(i) ⇒ ¬(ii) ⇒ ¬(iii) ⇒ ¬(iv): Falls $A_1,...,A_n \;|\!|\!/\!\!- B$, gibt es Modelle M, die $A_1 \wedge ... \wedge A_n$ verifizieren und B falsifizieren; wir geben der Menge dieser Modelle die *positive* Wahrscheinlichkeit x und der Menge von Modellen, die sowohl $A_1 \wedge ... \wedge A_n$ wie B verifizieren, die variable Wahrscheinlichkeit y. Dann gilt: $p(B|A_1 \wedge ... \wedge A_n) = p(B \wedge A_1 \wedge ... \wedge A_n)/(p(A_1 \wedge ... \wedge A_n) = y/(x+y) < 1$ (weil x positiv ist); also ¬(ii). Daraus folgt direkt ¬(iii), und indem man zusätzlich $P(A_1 \wedge ... \wedge A_n) = x+y = 1$ annimmt, ¬(iv). □

10.3.5 Beweis, dass die Mindestlänge der Oszillationsperioden Folgen ohne Häufigkeitsgrenzwert exponentiell anwächst
(Bemerkung im 2. Absatz nach (5-1)): Gegeben eine Sequenz von Einsen und Nullen der Länge n mit relativer 1-Häufigkeit $h_n = a$. Die minimale Länge einer Fortsetzung dieser Sequenz aus m Einsen, um die 1-Häufigkeit auf $h_{n+m} = b$ ($0 \leq a < b < 1$) hinauf zu treiben, ist gegeben durch die Gleichung $(a \cdot n+m)/(n+m) \geq b$. Daraus folgt $m \geq n \cdot (b-a)/(1-b)$. Die Mindestlänge einer Fortsetzung dieser Sequenz aus p Nullen, die den Häufigkeitsgrenzwert wieder unter a drückt, ist gegeben durch die Gleichung $(a \cdot n+m)/(n+m+p) \leq a$, woraus $p \geq m \cdot (1-a)/a$ und daher (für m eingesetzt) $p \geq n \cdot (b-a) \cdot (1-a)/(1-b) \cdot a$ folgt. Daraus errechnet man $m+p \geq n \cdot (b-a)/(1-b) \cdot a$. – Wir kürzen den Wert $(b-a)/(1-b) \cdot a$ durch k ab. $k \cdot n = m+p$ ist somit die Mindestlänge einer Oszillationsperiode, die beim n.ten Folgeglied beginnt. Die Mindestlänge einer Sequenz aus r Perioden, L_r, errechnet sich daraus iterativ als $L_r = (1+k)^{r-1}$. Denn $L_1 = 1$, und es gilt $L_r = L_{r-1} + L_{r-1} \cdot k =$ (nach Induktionsvoraussetzung) $(1+k)^{r-2} + k \cdot (1+k)^{r-2} = (1+k)^{r-1}$. Die Länge der r.ten Periode, P_r, ergibt sich daraus als $P_r = (L_r - L_{r-1}) = (1+k)^{r-1} - (1+k)^{r-2} = (1+k)^{r-2} \cdot k$. Das heißt, P_r wächst exponentiell mit r–2. □

10.3.6 Beweis von Satz 5-1:
(Schritt 1:) Sei $(k_1,...,k_m)$ eine beliebige aufsteigende Sequenz von m natürlichen Zahlen. Sei $f_{n,m}$ die unendliche Folge von m-gliedrigen Teilfolgen in g mit Stellenzahlen $((a_i+k_1,...,a_i+k_m): i \in \mathbb{N})$. Der Häufigkeitsgrenzwert von m-gliedrigen Sequenzen von k E's und m–k ¬E's (k<m) in dieser Folge beträgt nach dem Produktgesetz (3-3) $p^k \cdot (1-p)^{(m-k)}$, denn für jedes Glied k_j, $j \in \{1,...,m\}$, der m-gliedrigen Sequenzen ist die Folge $(a_i+k_j: i \in \mathbb{N})$ ergebnisunabhängig berechenbar und daher eine zulässige Stellenauswahl, die den Häufigkeitsgrenzwert nicht verändert. Daraus folgt das Binomialgesetz: (*) der Häufigkeitsgrenzwert m-gliedriger Folgen in $((a_n+k_1,...,a_n+k_m): n \in \mathbb{N})$ mit $h_m(Ex) = k/m$ ist: $\binom{n}{k} \cdot p^k \cdot (1-p)^{n-k}$.

(Schritt 2): Mithilfe des Resultates (*) berechnet man für jede beliebige (auch nicht-berechenbare) aufsteigende Zahlenfolge $(k_1,...k_i...: i \in \mathbb{N})$ für die Folge von Ergebnisfolgen $((a_n+k_i: i \in \mathbb{N}): n \in \mathbb{N})$, so wie unterhalb von Satz 3-4 erläutert, das schwache und unter Voraussetzung der σ-Additivität auch das starke Gesetz der großen Zahlen. □

10.3.7 Beweis von Satz 6-1: Axiom (A1) ist durch die Definition von fairen Wettquotienten für jede Glaubensfunktion erfüllt.

Richtung ⇐: Für Axiome (A2) und (A3) beweisen wir diese Richtung per Kontraposition und zeigen: wenn (A2,3) nicht erfüllt sind, gibt es ein Wettsystem, das in jeder möglichen Welt einen negativen Ertrag produziert. Angenommen (A2) ist nicht erfüllt, und Sie wetten *gegen* die Proposition p∨¬p mit einem aus Ihrer Sicht fairen Wettquotient von q < 1. Somit wetten Sie auf die Proposition ¬(q∨¬q) mit einem Wettquotient von (1–q) > 0. Dann verlieren Sie in jedem möglichen Weltzustand (1–q)·e, weil der Fall ¬(p∨¬p) nie eintritt; d. h. das nur aus dieser Wette bestehende Wettsystem ist inkohärent. – Angenommen Ihre fairen Wettquotienten verletzen (A3). Sie akzeptieren also das Wettsystem WS = {W_A, W_B, $W_{¬(A∨B)}$}, bestehend aus zwei fairen Wetten W_A, W_B auf zwei disjunkte Propositionen A und B (d. h. A∧B ist unmöglich) und einer fairen Wette $W_{¬(A∨B)}$ gegen die Proposition A∨B, wobei Ihr Wettquotient $q_{A∨B}$ (in Widerspruch zu Axiom A3) angenommen kleiner sei als q_A+q_B. Dann sieht Ihr Wetterrag in den drei möglichen Welten, mit e als konstantem Einsatz, wie folgt aus (denn es gilt $q_{¬(A∨B)} = 1-q_{A∨B}$):

A∧¬B: $(1-q_A)·e - q_B·e - (1-q_{A∨B})·e = (q_{A∨B} - (q_A+q_B))·e$
¬A∧B: $-q_A·e + (1-q_B)·e - (1-q_{A∨B})·e = (q_{A∨B} - (q_A+q_B))·e$
¬A∧¬B: $-q_A·e - q_B·e + q_{A∨B}·e = (q_{A∨B} - (q_A+q_B))·e$.

In allen drei Welten beträgt ihr Gesamtertrag $(q_{A∨B} - (q_A+q_B))·e$, und dieser Betrag ist wegen $q_{A∨B} < (q_A+q_B)$ negativ. (Falls Ihr $q_{A∨B}$ größer ist als q_A+q_B, erfolgt der Beweis analog mit dem System der Gegenwetten WS★ = {$W_{¬A}$, $W_{¬B}$, $W_{A∨B}$}.)

Richtung ⇒: Wir folgen hier Howson und Urbach (1996, 86). Der Ertrag einer einzelnen Wette W_i, $g(W_i)$, kann als Zufallsvariable betrachtet werden, mit den zwei Werten g_i falls die Wettproposition A_i wahr ist, und $-v_i$ falls A_i falsch ist. Wie oben erläutert, ist der Erwartungswert jeder fairen Einzelwette $E(W_i) = q(A)·g_i - q(¬A)·v_i$ null. Erfüllt nun q die Wahrscheinlichkeitsaxiome, so gilt gemäß einem bekannten Satz über Erwartungswerte (Satz 8-2): der Erwartungswert einer Summe von Variablen (Wetten) ist die Summe der Erwartungswerte dieser Variablen (Wetten). Somit muss, wenn q die Wahrscheinlichkeitsaxiome erfüllt, der Erwartungswert eines aus fairen Einzelwetten bestehenden Wettsystems ebenfalls null sein. Wenn q aber inkohärent wäre, ist der Ertrag des Wettsystems in jeder möglichen Welt negativ, und dann muss auch der Erwartungswert des Wettsystems negativ sein. Daher muss, wenn q die Wahrscheinlichkeitsaxiome erfüllt, q kohärent sein. □

10.3.8 Beweis von Satz 6-2: *Richtung* $\Leftarrow$ zeigen wir per Kontraposition: Ist P nicht regulär, dann gibt es eine nicht-notwendige Proposition A mit fairem Wettquotienten $q = 1$. Ein aus einer fairen Wette auf A bestehendes Wettsystem liefert in keiner möglichen Welt einen positiven Gewinn (denn $(1-1) \cdot e = 0$), doch in den möglichen (obwohl nullwahrscheinlichen) Welten, in denen A falsch ist, einen Verlust im Ausmaß von $-q \cdot e$. Also ist P nicht strikt kohärent.

Richtung $\Rightarrow$: Aufbauend auf Satz 6-1 zeigen wir per Kontraposition: Wenn q kohärent aber nicht strikt kohärent ist, dann ist q nicht regulär. Wegen des Fehlens strikter Kohärenz gibt es ein aus fairen Einzelwetten bestehendes Wettsystem W, in dem in keiner möglichen Welt ein Gewinn und in einer möglichen Welt $w^- \in \Omega$ ein nichtverschwindender Verlust eintritt. Aus q's Kohärenz folgt aufgrund von Satz 6-1 jedoch, dass q eine Wahrscheinlichkeitsfunktion ist und somit der Erwartungswert E(W) null beträgt (s. Richtung $\Rightarrow$ des Beweises von Satz 6-1). Dies ist nur möglich, wenn $P(w^-) = 0$ gilt und somit P nicht regulär ist. □

10.3.9 Beweis von Satz 7-1: *Für (a):* Sei H* eine vollständige statistische Hypothese, die p(A) für alle offenen Formeln von $\mathscr{L}$ festlegt (zur Formulierung von H* benötigt man evtl. infinite aussagenlogische Operatoren). Wir nehmen eine bijektive Abbildung $\pi: \mathscr{K} = \mathscr{V}$ aller Individuenkonstanten auf Individuenvariablen von $\mathscr{L}$ an. Für jeden Satz A $\in$ Sent($\mathscr{L}$) sei $\pi(A)$ das Ergebnis der Ersetzung von A's Individuenkonstanten durch Individuenvariable. Dann definieren wir, für alle A$\in$Sent($\mathscr{L}$), $P(A|H^*) = p(\pi(A))$. Die resultierende Funktion $P_{H^*} =_{def} P(-|H^*)$ ist kohärent, weil p kohärent ist. P_{H^*} erfüllt zudem die spezifischen Gesetze (a) und (c) von Satz (10-1), aber nun für Individuenkonstanten: probabilistische Unabhängigkeit und Permutationsinvarianz (auch Vertauschbarkeit genannt; s. unten). – Als nächstes zeigen wir, dass für jede statistische Hypothese H, die aus H* folgt und denselben Wert von $p(\pi(A)) =_{def} r$ impliziert wie H, $P(A|H^*) = P(A|H)$ gilt. H ist L-äquivalent mit einer möglicherweise infiniten Disjunktion von disjunkten vollständigen Hypothesen H_i^* ($i \in I \subseteq \mathbb{N}$), die alle $p(\pi(A)) = r$ implizieren. Somit gilt $P(A|H) = \Sigma_i P(A \wedge H_i^*)/\Sigma_i P(H_i^*)$. Nun ist $P(A \wedge H_i^*)/P(H_i^*) = r$ für alle $i \in I$, d. h. $P(A \wedge H_i^*) = r \cdot P(H_i^*)$, woraus $P(A|V_i H_i^*) = \Sigma_i r \cdot P(H_i^*)/\Sigma_i P(H_i^*) = r$ folgt.[78]

Für (b): Aus H folgt gemäß dem StK eine Wahrscheinlichkeitsaussage der Form $p(A^*|B^*) = r$. Wir müssen zeigen, dass aus H auch $p(A^*|B^* \wedge E^*) = q$ folgt. Wenn die Zulässigkeitsbedingung erfüllt ist, gilt $\mathscr{K}(E) \cap \mathscr{K}(A,B) = \emptyset$, und somit auch $\mathscr{V}(E) \cap \mathscr{V}(A,B) = \emptyset$ (mit $\mathscr{K}(A)$ und $\mathscr{V}(A)$ als der Menge der in A enthaltenen Individuenkonstanten bzw. freien Individuenvariablen), und da p die statistische Unabhängigkeit erfüllt (Satz 10-1(a)), erhalten wir $p(A^*|B^* \wedge E^*) = p(A^* \wedge B^* \wedge E^*)/p(B^* \wedge E^*) =$ (wegen Unabhängigkeit) $= p(A^* \wedge B^*) \cdot p(E^*)/p(B^*) \cdot p(E^*) = p(A^* \wedge B^*)/p(B^*) = p(A^*|B^*) = r$.

Für (c): Die Verletzung der Umkehrung von (a) wurde in Kap. 7–1, vor (7–1), durch das Beispiel der Hypothese H = (p(Fx|Gx) = 0.5) ∧ (p(Fx|Qx) = 0.8) gezeigt: durch Verletzung der Zulässigkeitsbedingung erhielten wir P(Fa$_i$|Ga$_i$∧H∧Qa$_i$) = 0,5 („Qa$_i$" ist unzulässige Evidenz) und P(Fa$_i$|Qa$_i$∧H∧Ga$_i$) = 0,8 („Ga$_i$" ist unzulässige Evidenz). – Die Umkehrung von (b) ist z. B. verletzt, wenn A = Ga, B = Fa, E = Ea, und p(Gx|Fx) ≠ p(Gx|Fx∧Ex) gilt. □

10.3.10 Beweis von Satz 7-2(b): Sei H$_r$ die Hypothese p(Gx|Fx)=r und K$_s$ die Hypothese p(Fx)=s (für variable r, s einer Menge möglicher Werte). Dann gilt (wobei im kontinuierlichen Fall Summen durch Integrale zu ersetzen sind):
P(Ga|Fa) = P(Ga∧Fa)/P(Fa) =
= $\sum_{r,s}$ P(Ga∧Fa|H$_r$∧K$_s$) · P(H$_r$∧K$_s$)/$\sum_{r,s}$ P(Fa|H$_r$∧K$_s$) · P(H$_r$∧K$_s$) = (gemäß 7-1(a) und Basisaxiome) = $\sum_{r,s}$ r · s · P(H$_r$) · P(K$_s$|H$_r$)/$\sum_r \sum_s$ s · P(H$_r$) · P(K$_s$|H$_r$) =
= $\sum_r$ r · P(H$_r$) · $\sum_s$ s · P(K$_s$|H$_r$)/$\sum_r$ P(H$_r$) · $\sum_s$ s · P(K$_s$|H$_r$) = (*).
Gemäß 7-2(a) gilt $\sum_s$ s · P(K$_s$|H$_r$) =$\sum_s$ P(Fa|K$_s$∧H$_r$) · P(K$_s$|H$_r$) = P(Fa|H$_r$). Wir setzen damit so fort: (*) = $\sum_r$ r · P(H$_r$) · P(Fa|H$_r$)/$\sum_r$ P(H$_r$) · P(Fa|H$_r$) =
= $\sum_r$ r · P(Fa) · P(H$_r$|Fa)/$\sum_r$ P(Fa) · P(H$_r$|Fa) =
= $\sum_r$ r · P(H$_r$|Fa)/$\sum_r$ P(H$_r$|Fa) = (wegen $\sum_r$ P(H$_r$|Fa) =1) = $\sum_r$ r · P(H$_r$|Fa) =
= $\sum_r$ P(Ga|Fa∧H$_r$) · P(H$_r$|Fa). □

10.3.11 Beweis von Satz 7-3: Die Äquivalenz von (1) mit (2)(i) geht auf de Finetti (1931) zurück, s. de Finetti (1964), Carnap (1980), Hewitt/Savage (1955). Spielman (1976) zeigte: wenn P σ-additiv ist, folgt aus (1), dass mit P=1 ein p existiert, das die statistische Unabhängigkeit erfüllt; in diesem Fall sind (1) und (2i+ii) äquivalent.

Dass die Implikation (2)(i) ⇒ (3)(i) gilt, sieht man wie folgt: gemäß (2)(i) gilt für ein beliebiges Ereignis Ea (im diskreten Fall) P(Ea) = $\sum_{1\leq i\leq n}$r$_i$ · P(H$_i$), mit H$_i$ als der p-Hypothese p(Ex) = r$_i$. Wendet man dies auf das tautologische Ereignis Ea∨¬Ea an, resultiert P(Ea∨¬Ea) = 1 = $\sum_{1\leq i\leq n}$1 · P(H$_i$). Somit P(H$_1$∨...∨H$_n$) = $\sum_{1\leq i\leq n}$ P(H$_i$) = 1. Die subjektive Wahrscheinlichkeit, dass Ereignis Ex keinen Grenzwert besitzt, muss demnach Null betragen, denn P(H$_1$∨...∨H$_n$∨H$_{Kein\_Grenzwert}$) = 1 folgt schon aus den Grundaxiomen. Somit impliziert (2)(i), dass mit P = 1 jedes in Form($\mathscr{L}$) ausdrückbares Ereignis einen Häufigkeitsgrenzwert besitzt. Analog argumentiert man im kontinuierlichen Fall, nur dass die Summe durch ein Integral ersetzt wird. – Ferner folgt aus (2)(i) auch (3)(ii): Wenden wir gemäß (2)(i) die Gleichung von Satz 7-2(a) an, mit H$_i$ = p(Ex)=r$_i$, so erhalten wir P(Ea|H$_k$) = $\sum_{1\leq i\leq n}$ r$_i$ · P(H$_i$|H$_k$) = r$_k$·1 = r$_k$; also die Aussage des StK gemäß (3)(ii). – [(2)(ii) und (3)(iii) sind identisch].

Umgekehrt gilt (3)(i+ii) ⇒ (2)(i): P(Ea) ist im diskreten Fall gemäß Bayes'schem Theorem gegeben als P(Ea) = $\sum_{1\leq i\leq n}$P(Ea|H$_i$) · P(H$_i$) + P(Ea|X) · P(X); dabei sei X die Aussage, dass kein [die statistische Unabhängigkeit erfüllender] Häufigkeitsgrenzwert p(Ex) existiert. Aus (3i) folgt P(X) = 0, somit $P(H_1 \vee ... \vee H_n) = 1$ und ergo $P(Ea) = \sum_{1 \leq i \leq n} P(Ea|H_i) \cdot P(H_i)$. Daraus und aus (ii) ergibt sich $P(Ea) = \sum_{1 \leq i \leq n} r_i \cdot P(H_i)$, also (2)(i). □

10.3.12 Beweis von Satz 7-5: Im Folgenden verwenden wir „x_{1-n}" als Abkürzung für „$x_1,...,x_n$". Seien $R_{r,1},...,R_{r,k}$ alle Referenzklassen der Partition $\mathscr{R}$, welche dem vorauszusagenden Typ von Singulärsatz $S(x_1,...,x_n)$ eine bedingte statistische Wahrscheinlichkeit von approximativ r zuweisen. Weil für alle Instanziierungen $S(c_1,...,c_n)$ $P_t(S(c_1,...,c_n))$ durch das Prinzip der engen Referenzklasse gebildet wurde, ist $\{(d_{i_1},...,d_{i_n}) \in D^n: P_t(S(a_{i_1},...,a_{i_n}))=r\}$ – also die Menge von n-Tupeln von Individuen, für die S im Grad r geglaubt wird – gegeben durch die Extension der (exklusiven) Disjunktion dieser Referenzprädikate, $R_{r,1}(x_{1-n}) \vee ... \vee R_{r,k}(x_{1-n})$. Die statistische Wahrscheinlichkeit $p(\|S(x_1,...,x_n)\| \mid \{(d_1,...,d_n) \in D^n: P_t(S(a_{i_1},...,a_{i_n}))=r\})$ ist also identisch mit $p(S(x_1,...,x_n)|R_{r,1}(x_{1-n}) \vee ... \vee R_{r,k}(x_{1-n}))$.

Um Kalibrierung für $S(x_1,...,x_n)$ zu beweisen, müssen wir zeigen, das diese statistische Wahrscheinlichkeit r beträgt. Dies ist einfach, denn die Disjunktion $R_{r,1}(x_{1-n}) \vee ... \vee R_{r,k}(x_{1-n}))$ ist exklusiv, und für jedes Referenzprädikat $R_{r,i}$ gilt (approximativ): $p(S(x_1,...,x_n)|R_{r,i}(x_{1-n})) = r$. Daraus folgt das gesagte (mit $S =_{def} S(x_1,...,x_n)$ und $R_{r,i}(x_{1-n}) =_{def} R_i$) wie folgt: $p(S|R_1 \vee ... \vee R_n)$ = (wegen Disjunktheit) $\sum_{1 \leq i \leq n} p(S \wedge R_i)/\sum_{1 \leq i \leq n} p(R_i)$ = (wegen $p(S \wedge R_i) = p(S|R_i) \cdot p(R_i)$) $\sum_{1 \leq i \leq n} p(S|R_i) \cdot p(R_i)/\sum_{1 \leq i \leq n} p(R_i)$ = (wegen $p(S|R_i)$ = r für alle i) $r \cdot \sum_{1 \leq i \leq n} p(R_i)/\sum_{1 \leq i \leq n} p(R_i) = r$. □

10.3.13 Beweis von Satz 8-3: *Für (i):* $\mu(\mu_{s_n}(X)) = E((1/n) \cdot (X_1+...+X_n)) = (1/n) \cdot n \cdot (E(X))$ (nach Satz 8-2(a) und weil die X_i identisch verteilt sind, d. h. $E(X_i) = E(X)$ für alle $1 \leq i \leq n$) $= E(X) = \mu(X)$. – *Für (ii):* $v(s_n(X)) = v((1/n) \cdot (X_1+...+X_n)) = (1/n^2) \cdot n \cdot v(X)$ (nach Satz 8-3(c), weil die X_i identisch verteilt sind, d. h. $v_i(X) = v(X)$, und weil $cov(X_i,X_j) = 0$ für $i \neq j$ gilt, da die X_i voneinander statistisch unabhängig sind) $= (1/n) \cdot v(X)$. – *(iii)* folgt unmittelbar. □

10.3.14 Beweis von Satz 9-3: Für (9-3a): Man benutzt den Integrationssatz $\int_0^1 x^a \cdot (1-x)^b \, dx = a! \cdot b!/(a+b+1)! = 1/((a+b+1) \cdot \binom{a+b}{a}))$ (Billingsley 1995, 279). Daraus sowie aus (9-3) und der Gleichverteilung $D(x)=1$ ergibt sich das Resultat (a):

$P(Fa_n^k) = \int_0^1 r^k (1-r)^{(n-k)} \cdot 1 \, dr = 1/(\binom{n}{k} \cdot (n+1))$,

woraus (wie im Text erklärt) direkt (9-3b) folgt.

(9-3c) folgt aus (a) und der Überlegung, dass es in einer Sprache mit dem binären Grundprädikat F genau $\binom{n}{k}$ Zustandsbeschreibungen der Form Fa_{n+1}^{k+1} gibt, die die Konjunktion $Fa_{n+1} \wedge h_n(F) = \frac{k}{n}$ erfüllen:

$$P(Fa_{n+1} \mid h_n(F) = \tfrac{k}{n}) = \binom{n}{k} \cdot P(Fa_{n+1}^{k+1}) / \binom{n}{k} \cdot P(Fa_n^k) = P(Fa_{n+1}^{k+1}) / P(Fa_n^k)$$

$$= \frac{\binom{n}{k} \cdot (n+1)}{\binom{n+1}{k+1} \cdot (n+2)} = \frac{n! \cdot (n+1) \cdot (k+1)! \cdot (n-k)!}{(n+1)! \cdot (n+2) \cdot k! \cdot (n-k)!} = \frac{k+1}{n+2}.$$

(9-3d) erhält man aus (9-3b), $D(p(Fx)=r) = 1$ und Anwendung der Bayes-Regel:

$$D(p(Fx)=r \mid h_n(F)=\tfrac{k}{n}) = P(h_n(F)=\tfrac{k}{n} \mid p(Fx)=r) \cdot D(p(Fx)=r)/P(h_n(F)=\tfrac{k}{n}) =$$

$$= \binom{n}{k} \cdot r^k \cdot (1-r)^{(n-k)} \cdot 1 \cdot (n+1).$$

10.3.15 Beweis von (9-4): Die Beweisskizze von Earman sei hier vervollständigt. Wir definieren $x_i =_{def} P(\neg Fa_{n+1} \mid Fa_1 \land ... \land Fa_n)$. Ist die genannte Bedingung erfüllt, dann ist nach dem Cauchyschen Ratiotest die Summe $\Sigma_{i \in \mathbb{N}} x_i$ positiv und endlich. Ist dies der Fall, dann gilt auch
(*): für jedes $k \in \mathbb{N}$ ist die Summe $\Sigma_{i \in \mathbb{N}} k \cdot x_i = k \cdot (\Sigma_{i \in \mathbb{N}} x)$ positiv und endlich.
Gemäß dem Kernreihenkriterium ist dann auch das unendliche Produkt $\lim_{n \to \infty} \Pi_{n \in \mathbb{N}}(1 + k \cdot x_n)$ positiv und endlich. Nun gilt wegen $x_i < 1$ für hinreichend großes k: $(1+x_i)/(1-x_i) < 1 + k \cdot x_i$, *für alle i*. Somit gilt auch
(**): $\lim_{n \to \infty} \Pi_{n \in \mathbb{N}}((1+x_i)/(1-x_i)) = (\lim_{n \to \infty} \Pi_{n \in \mathbb{N}}(1+x_i))/(\lim_{n \to \infty} \Pi_{n \in \mathbb{N}}(1-x_i)) <$
$< \lim_{n \to \infty} \Pi_{n \in \mathbb{N}}(1 + k \cdot x_i)$.
Wäre $\lim_{n \to \infty} \Pi_{n \in \mathbb{N}}(1-x_i) = \lim_{n \to \infty} P(\Lambda_{1 \leq i \leq n} Fa_i) = 0$ der Fall, dann wäre der mittlere Ausdruck in (**) unendlich und somit wäre auch $\lim_{n \to \infty} \Pi_{n \in \mathbb{N}}(1+k \cdot x_i)$ unendlich, im Widerspruch zu (*) oben. Also gilt $P(\Lambda_{i \in \mathbb{N}} Fa_i) > 0$, und daher, sofern P σ-additiv ist, auch $P(\forall x Fx) > 0$. □

10.3.16 Beweis von Satz 9-4 (Skizze): Wir kürzen ab: $p(F) =_{def} p$, $h(F:s^n) =_{def} h(s^n)$. Gemäß Annahme gilt für beliebige $q_1, q_2 \in [0,1]$:
(1) $P(p \in [q_1 \pm a_n] \mid h(s^n)=q_1) = P(p \in [q_2 \pm a_n] \mid h(s^n)=q_2)$.
Umformung gemäß Bayes ergibt (für $i \in \{1,2\}$):
(2) $P(p \in [q_i \pm a_n] \mid h(s^n)=q_i) = P(h(s^n)=q_i \mid p \in [q_i \pm a_n]) \cdot P(p \in [q_i \pm a_n])/P(h(s^n)=q_i)$, wobei
(2.1) $P(h(s^n)=q_i \mid p \in [q_i \pm a_n]) = {}_{q_i-a}\!\int^{q_i-a} P(h(s^n)=q_i \mid p=x) \cdot D(x) dx$,
(2.2) $P(h(s^n)=q_i) = {}_0\!\int^1 P(h(s^n)=q_i \mid p=x) \cdot D(x) dx$, und
(2.3) $P(p \in [q_i \pm a_n]) = {}_{q_i-a}\!\int^{q_i+a} D(x) dx$.
(2.2) unterscheidet sich von (2.1) darin, dass zusätzlich über das Likelihood der Hypothese p=x in Regionen x außerhalb des 95 %-Konfidenzintervalls der Hypothese $p = q_i$ integriert wird, wo die Stichprobenwahrscheinlichkeit $P(h(s^n)=q_i \mid p=x)$ unabhängig von der Dichte $D(x) =_{def} D(p=x)$ sehr gering ist. Angenommen das Integral der Hypothese p=x ist im Intervall $[q_1 \pm a_n]$ größer als im Intervall $[q_2 \pm a_n]$; somit ist es außerhalb des Intervalls $[q_1 \pm a_n]$ kleiner als außerhalb des Intervalls $[q_2 \pm a_n]$. Dann ist auch das Verhältnis der beiden Integrale (2.1) und (2.2)

für die Intervallhypothese $p \in [q_1 \pm a_n]$ mit größerer Dichte in ihrem Intervall *größer* als für die Intervallhypothese $p \in [q_2 \pm a_n]$ mit geringerer Dichte in ihrem Intervall. Zusätzlich ist unter der Annahme $D(p=q_1) > D(p=q_2)$ die Ausgangsdichte (2.3) im Konfidenzintervall um q_1 größer als im Konfidenzintervall um q_2, sodass sich der Effekt für die Wahrscheinlichkeit in (2) verstärkt, also $P(p \in [q_1 \pm a_n] \,|\, h(s^n)=q_1)$ $> P(p \in [q_2 \pm a_n] \,|\, h(s^n)=q_2)$ gilt. Das bedeutet: wenn die Ausgangsdichte über den Intervallen $[q_i \pm a_n]$ unterschiedlicher Intervallhypothesen $p \in [q_i \pm a_n]$ ungleich verteilt ist, kann die Endwahrscheinlichkeit dieser Intervallhypothesen gemäß Gleichung (2) nicht denselben Wert 95 % betragen. Nachdem für große n das Intervall $\pm a_n$ sehr klein gemacht werden kann, folgt die Behauptung. □

10.3.17 Beweis von Satz 9-5(b): Eine Skizze des Beweises von Satz (9-5)(b) findet sich in Kutschera (1972, 85f, T2.1.6-2). Der Beweis geht von der Beobachtung aus, dass $P(h_n(F) = k/n) = \binom{n}{k} \cdot {}_0\!\!\int^1 x^k \cdot (1-x)^{(n-k)} \cdot D(x)dx$, und $P(Fa_{n+1} \wedge h_n(F)=k/n) = \binom{n}{k} \cdot {}_0\!\!\int^1 x^{(k+1)} \cdot (1-x)^{((n+1)-(k+1))} \cdot D(r)dr$ (siehe Beweis zu Satz 9-3(c)). Daraus folgt

(*) $P(Fa_{n+1} \,|\, h_n(F)=k/n) = {}_0\!\!\int^1 x^{(k+1)} \cdot (1-x)^{(n-k)} D(x)dx / {}_0\!\!\int^1 x^k \cdot (1-x)^{(n-k)} \cdot D(x)dx$.

Kutschera nimmt die obige Stetigkeitsbedingung nicht mit hinzu und argumentiert, dass sich für hinreichend große n aufgrund des Gesetzes der großen Zahlen die Verteilungsfunktion $x^k \cdot (1-x)^{n-k}$ immer mehr über den Wert $r = k/n$ konzentriert, dort immer steilgipfliger wird und anderswo gegen null konvergiert. Daher unterscheidet sich ${}_0\!\!\int^1 x^k \cdot (1-x)^{n-k}$ beliebig wenig von $c \cdot (k/n)^k \cdot (1-k/n)^{(n-k)}$; somit der Ausdruck in (*) beliebig wenig von k/n. Ein Beweis für dieses Argument wird von Kutschera nicht angegeben. – Gillies (2000, 72) nimmt letztere Behauptung als „plausibel" an. De Finetti (Buch, Kap. XI.4.6) formuliert als unpräzise Annahme, dass die Dichte $D(r)$ um r herum „diffus" sein muss. – Ich präsentiere hier einen alternativen Beweis, der auf dem Prinzip der stabilen Schätzung („stable estimation") von Edwards, Lindman und Savage (1963) beruht (s. Howson/Urbach 1996, 361f). Weil $D(r)$ stetig ist, ist die Steigung über r endlich. Somit gibt es für jedes noch so kleine $\varepsilon > 0$ ein positives hinreichend kleines Intervall $[r \pm a]$ um r herum, in dem die Dichte $D(r)$ um höchstens einen ε-Anteil schwankt, also „ε-approximativ" konstant ist. Da $D(r)$ in $[r \pm a]$ überall positiv ist, nimmt ${}_{r-a}\!\!\int^{r+a} D(r)dr$ einen nichtverschwindenden Anteil der Gesamtwahrscheinlichkeit an. Die Voraussetzungen des Prinzips der stabilen Schätzung sind damit erfüllt, woraus folgt, dass wir n so hoch werden lassen können (bei konstantem Verhältnis k/n), dass sich das Integral ${}_0\!\!\int^1 x^k \cdot (1-x)^{(n-k)} \cdot D(r)dr$ von jenem, das man bei Annahme einer Gleichverteilung erhalten würde – also ${}_0\!\!\int^1 x^k \cdot (1-x)^{(n-k)} dr = 1/(\binom{n}{k} \cdot (n+1))$ gemäß Satz 9-3a – nur mehr um einen von ε monoton abhängigen Faktor ε^* unterscheidet, wobei $\varepsilon^* \to 0$ wenn $\varepsilon \to 0$. Daraus ergibt sich gemäß (*) und

Satz 9-3(c), dass $P(Fa_{n+1} \wedge h_n(F)=k/n)$ sich von $(k+1)/(n+2)$ nur um ϵ unterscheidet, wobei für $n\to\infty$ dieser Ausdruck gegen k/n konvergiert, und wir ϵ^* durch Wahl immer kleinerer Intervalle ϵ gegen null gehen lassen können. □

10.3.18 Beweis von Satz 9-6: Gemäß Satz 9-2 ist $D(H_r|h_n(F)=k/n)$ proportional zu $p_{H_r}(h_n(F)=k/n) \cdot D(H_r) = \binom{n}{k} \cdot r^k(1-r)^{(n-k)} \cdot D(H_r)$. Wie im Beweis von Satz 9-5(b) angeführt, verlagert sich die Gesamtfläche unter dieser Funktion für größer werdende n immer mehr über den Wert k/n, wird dort immer steilgipfeliger und konvergiert anderswo gegen null. Daraus folgen sowohl 9-6(a) und (b). Man kann 9-6(a) und (b) auch wie im Beweis von Satz 9-5(b) mithilfe des Prinzips der stabilen Schätzung nachweisen. Demnach kann man die Endwahrscheinlichkeit für hinreichend große n durch eine Endverteilung approximieren, die man ausgehend von einer anfänglichen Gleichverteilung erhalten hätte. Da die Gleichverteilung mit der β-Verteilung der Form β_2^1 identisch ist, ergibt sich Satz 9-6 dann aus zwei bekannten Sachverhalten über die in Kap. 9.3 erwähnten β-Verteilungen (Hays/Winkler 1970, 233): (1.) Der Erwartungswert einer β-Verteilung, $E(x|\beta_n^k(x))$, beträgt k/n und ihre Varianz, $Var(x|\beta_n^k(x))$, beträgt $k \cdot (n-k)/n^2 \cdot (n+1)$. (2.) Ist die Ausgangsverteilung über p(Fx) eine β-Verteilung der Form β_m^r und liegt ein Stichprobenresultat $h_n(Fx)=k$ vor, dann erzeugt Konditionalisierung auf dieses Stichprobenresultat die Endverteilung β_{m+n}^{r+k}. Der Mittelwert wird somit, für alle Ausgangsverteilungen von der Form einer β-Verteilung, mit zunehmendem n zum Stichprobenmittelwert hin verschoben, und die Verteilung wird steilgipfeliger (d. h., die Varianz kleiner). □

10.3.19 Beweis von Satz 9-8: *Für (a)* s. Gaifman/Snir (1982).
(b) folgt aus (a) wie folgt: Sei $W_{[r:n]}$ die Menge aller Welten, in denen die F-Häufigkeit in den ersten n Gliedern der Sequenz $(\pm_w A_1 \wedge ... \wedge \pm_w A_n)$ $[r \cdot n]$ beträgt. $H_r =_{def}$ $||p(Fx) = r||$ stehe für die Menge der Welten, in denen „p(Fx)=r" wahr ist. Es gilt: $P(H_r | h_n(F) = [r \cdot n]/n) = P(H_r \cap W_{[r:n]})/P(H_r \cap W_{[r:n]}) + P(\neg H_r \cap W_{[r:n]})$. Somit $\lim_{n\to\infty} P(H_r | h_n(F) = [r \cdot n]/n) = \lim_{n\to\infty} P(H_r \cap W_{[r:n]})/(\lim_{n\to\infty} P(H_r \cap W_{[r:n]}) + \lim_{n\to\infty} P(\neg H_r \cap W_{[r:n]}))$. $\lim_{n\to\infty} P(H_r \cap W_{[r:n]}) = P(H_r)$ ist unbekannt, aber nach Voraussetzung größer 0; wir nennen diesen Wert x. Aufgrund 9-8(a) (Gaifman-Snir) gilt $\lim_{n\to\infty} P(\neg H_r \cap W_{[r:n]}) = 0$. Daraus folgt $\lim_{n\to\infty} P(H_r | h_n(F) = [r \cdot n]/n) = x/(x+0) = 1$.
Zu (c): Auch ohne σ-Additivität gilt $P(\forall x Fx) \leq \lim_{n\to\infty} P(Fa_1 \wedge ... \wedge Fa_n)$. Aus $P(\forall x Fx) > 0$ folgt also $\lim_{n\to\infty} P(Fa_1 \wedge ... \wedge Fa_n) > 0$. Wegen $P(Fa_1 \wedge ... \wedge Fa_n) = \Pi_{1 \leq i \leq n} P(Fa_i | Fa_{i-1} \wedge ... \wedge Fa_1)$ (mit „Π" für das fortlaufende Produkt) kann $\lim_{n\to\infty} P(Fa_1 \wedge ... \wedge Fa_n)$ für $n\to\infty$ nur dann größer Null bleiben, wenn $\lim_{n\to\infty} P(Fa_{n+1}|Fa_1 \wedge ... \wedge Fa_n) = 1$ gilt. (Denn andernfalls wäre $\lim_{n\to\infty} P(Fa_1 \wedge ... \wedge Fa_n) \leq \lim_{n\to\infty} x^n$ für eine Zahl $0 < x < 1$ und letzterer Grenzwert ist bekanntlich null, da er für jede Zunahme von n, $n \Rightarrow n+1$, weiter sinkt.)

Zu (d): Wegen $P(\forall xFx \wedge Fa_1 \wedge ... \wedge Fa_n) = P(\forall xFx)$ gilt: $\lim_{n \to \infty} P(\forall xFx | Fa_1 \wedge ... \wedge Fa_n)$
= $P(\forall xFx \wedge Fa_1 \wedge ... \wedge Fa_n)/P(Fa_1 \wedge ... \wedge Fa_n)$ = (*) $\lim_{n \to \infty} P(\forall xFx)/P(Fa_1 \wedge ... \wedge Fa_n)$. Aus
$P(\forall xFx) > 0$ folgt $\lim_{n \to \infty} P(Fa_1 \wedge ... \wedge Fa_n) > 0$ (wie in c)); und daher folgt aus (*) die
Gleichung (**): $\lim_{n \to \infty} P(\forall xFx | Fa_1 \wedge ... \wedge Fa_n) = P(\forall xFx)/\lim_{n \to \infty} P(Fa_1 \wedge ... \wedge Fa_n)$. Die
σ-Additivität impliziert für Sprachen mit Standardnamen nun aber das Kontinuitätsprinzip $P(\forall xFx) = \lim_{n \to \infty} P(Fa_1 \wedge ... \wedge Fa_n)$ (s. (3-7)). Daraus und aus (**) ergibt sich die Behauptung. □

10.3.20 Beweis von Satz 9-9: Wir kürzen $P(E_i|H_k)$ durch p_i ab, schreiben $\Sigma\{x_1,...,x_n\}$ und $\Pi\{x_1,...,x_n\}$ für Summe bzw. Produkt der Zahlen $x_1,...,x_n$, und rechnen wie folgt:
$P(H_k|E_1 \wedge ... \wedge E_n) = P(E_1 \wedge ... \wedge E_n|H_k) \cdot P(H_k)/\Sigma\{P(E_1 \wedge ... \wedge E_n|H_r) : 1 \leq r \leq m\}$ (Bayes-Theorem)

$$= \frac{h \cdot \Pi\{p_i : 1 \leq i \leq n\}}{h \cdot \Pi\{p_i : 1 \leq i \leq n\} + \Sigma\{P(H_r) \cdot \Pi\{P(E_i|H_r) : 1 \leq i \leq n\} : 1 \leq r \leq m, r \neq k\}}$$

(aufgrund (i))

$$\geq \frac{h \cdot \Pi\{p_i : 1 \leq i \leq n\}}{h \cdot \Pi\{p_i : 1 \leq i \leq n\} + \Sigma\{P(H_r) : 1 \leq r \leq m, r \neq k\} \cdot \Pi\{(p_i - \delta) : 1 \leq i \leq n\}}$$

(wegen (ii))

$$= \frac{h \cdot \Pi\{p_i : 1 \leq i \leq n\}}{h \cdot \Pi\{p_i : 1 \leq i \leq n\} + (1-h) \cdot \Pi\{(p_i - \delta) : 1 \leq i \leq n\}} =$$

$$= \frac{1}{1 + \frac{1-h}{h} \cdot \frac{\Pi\{(p_i - \delta) : 1 \leq i \leq n\}}{\Pi\{p_i : 1 \leq i \leq n\}}} \cdot$$

Wegen $\frac{\Pi\{(p_i - \delta) : 1 \leq i \leq n\}}{\Pi\{p_i : 1 \leq i \leq n\}} \leq (1-\delta)^n$ erhalten wir die Aussage (a) von Satz 9-9, woraus aufgrund $\lim_{n \to \infty}(1-\delta)^n = 0$ (b) folgt.□

Anmerkungen

1 Für das folgende s. Gillies (2000, Kap. 1) und David (1998).

2 Laplace erwähnt das Problem des asymmetrischen Würfels an einer Stelle, ignoriert es jedoch in seiner Theorie (Gillies 2000, 18).

3 Eine prädikatenlogische Formel heißt *offen*, wenn sie Individuenvariablen enthält, die frei sind, also nicht von einem Quantor gebunden werden; andernfalls heißt die Formel *geschlossen*. Siehe Anhang 10.1.

4 Genau genommen müssten wir die Klasse „*R*" vom Zeichen „R" unterscheiden und I(R) = *R* setzen. Siehe den Anhang 10.1.3 zur logischen Semantik.

5 Wenn sich die statistische Wahrscheinlichkeitsverteilung nach einer Durchführung des Zufallsexperimentes ändert, ist die Unabhängigkeitsbedingung verletzt; die Ergebnisfolgen solcher von der eigenen Vergangenheit abhängigen Experimente nennt man *Markov-Ketten*.

6 Algebraisch schreibt man statt „p(Fx$_1 \land$Gx$_2$) = p(Fx)·p(Gx)" „p(F$_1$,G$_2$) = p(F$_1$)·p(G$_2$)"; man ersetzt also das „$\land$" durch ein Komma und die Individuenvariablen x$_i$ durch Indizes i, die auf die den einzelnen Experimentdurchführungen korrespondierenden Algebren referieren.

7 Sind die Wahrscheinlichkeiten p({d$_i$}) für verschiedene d$_i \in$ D unterschiedlich, so liegt keine Zufallsziehung, sondern ein Ziehungsexperiment mit *Bias* vor. In diesem Fall koinzidiert p(Fx) für endliche Individuenbereiche *nicht* mit der Häufigkeit von F. Eine andere Möglichkeit, statistische Wahrscheinlichkeiten zu definieren, sind *Ziehungen ohne Zurücklegung*. Hier beträgt die Wahrscheinlichkeit p({d$_i$}) *per definitionem* für jedes Individuum d$_i\in$D gleich 1/|D|, mit |D| als Kardinalität von D (Schurz/Leitgeb 2008, § 3). Auch hier muss im Falle |D| = ∞ verlangt werden, dass die Ziehungen zufällig erfolgen, andernfalls handelt man sich das in Kap. 5.2 besprochene Problem der Umordnung von Zufallsfolgen ein.

8 Jeder Menge L-äquivalenter Formeln/Sätze entspricht *genau* eine Extension/Modellmenge.

9 Besitzt die Sprache Standardnamen, dann können die Elemente von Ω durch „Diagramme" wiedergegeben werden: das sind maximal konsistente Mengen von Basissätzen.

10 Die zusätzlichen Formregeln solcher Sprachen lauten: wenn X $\subseteq$ Form($\mathscr{L}$), dann $\bigwedge$X, $\bigvee$X$\in$ Form($\mathscr{L}$), mit X als beliebiger Formelmenge und „$\bigwedge$" und „$\bigvee$" für die potentiell unendliche Konjunktion bzw. Disjunktion der Glieder einer Formelmenge. Analog müssen Herleitungsregeln erweitert werden; z. B. lautet die infinite Konjunktionsregel: wenn für alle A$\in$X$\subseteq$ Form($\mathscr{L}$): $\vdash$ A, dann $\vdash$ $\bigwedge$X.

11 Dabei muss man die zulässigen Modelle auf *mathematische Standardmodelle* einschränken, welche den mathematischen Konstanten, Funktions- und Relationszeichen die korrekten Interpretationen zuordnen, also z. B. reellen Zahlentermen Elemente aus dem Standardmodell reeller Zahlen, „+" die arithmetische Additionsoperation, usw.

12 Z. B. besitzt die unendliche Summe der Folge 1/2 + 1/4 + 1/8 + ... den Wert 1, aber die unendliche Summe 1/2 + 1/3 + 1/4 +... den ‚Wert' ∞.

13 Zur Axiomatisierung (Def. 4-1) und dem Beweis von Satz 4-2 s. Popper (ibid.) und Hawthorne (1996, Theorem 1+1).

14 *Beweis:* P($\neg$A$\lor$B) = P($\neg$A)+P(B)−P($\neg$A$\land$B) $\geq$ P(B|A) = P(A$\land$B)/P(A) g.d.w. P($\neg$A)+P(A$\land$B) $\geq$ P(A$\land$B)/P(A) (denn P(B)−P($\neg$A$\land$B) = P(A$\land$B)) g.d.w. P($\neg$A)·P(A) $\geq$ P(A$\land$B) − P(A$\land$B)·P(A) g.d.w. (1−P(A))·P(A) $\geq$ (1−P(A))·P(A$\land$B), was wegen P(A) $\geq$ P(A$\land$B) offenbar wahr ist.

15 Dagegen ist die Ersetzung primitiver Prädikate durch komplexe Prädikate zwar in deduktiven, nicht aber in induktiven Schlüssen generell möglich. In induktiven Schlüssen müssen „Goodman-Prädikate" ausgeschlossen werden (s. dazu Kap. 9.7).

16 Die Rechnungen basieren auf den Umformungen $\sum_{i \leq x, i \text{ gerade}} 2^i = 1 + 2 \cdot \sum_{i \leq x, i \text{ ungerade}} 2^i$, falls x gerade, und $\sum_{i \leq x, i \text{ ungerade}} 2^i = 2 \cdot \sum_{i \leq x, i \text{ gerade}} 2^i$, falls x ungerade.
17 Der Limes superior (bzw. inferior) einer unendlichen Zahlenfolge ist definiert als Supremum (Infimum) aller reellen Zahlen, die von den Folgengliedern unendlich oft überschritten (bzw. unterschritten) werden. Diese beiden Limites existieren immer; für Folgen mit Häufigkeitsgrenzwert fallen sie in denselben Limes zusammen.
18 Dabei werden die Umstände als unabhängig von den Handlungen angenommen. Eine Erweiterung, die handlungsabhängige Umstände mit einbezieht, findet sich in Skyrms (1980, § II.C).
19 *Beweis:* Der Wahrheitserfolg unserer Voraussagen ist wegen der Unabhängigkeit gegeben als $h_1 \cdot p(e_1) \ldots + h_n \cdot p(e_n)$. Dieser Wert ist genau dann maximal, wenn für das (bzw. für ein) Ereignis e_k mit maximaler Wahrscheinlichkeit $p(e_k)$ (unter den $p(e_1), \ldots, p(e_n)$) h_k den Wert 1 und die übrigen h_i, $i \neq k$, den Wert 0 besitzen. □
20 Indem man nach jeder kten Null 2^k Einsen setzt, kann man durch Umordnung sogar den Häufigkeitsgrenzwert von Einsen auf 1 hinauf treiben.
21 Da jede unendliche Folge mit einem von 0, 1 verschiedenem Häufigkeitsgrenzwert nach jeder (endlichen) Stellenzahl immer noch unendlich viele Nullen und unendlich viele Einsen besitzt, kann man daraus sowohl durch Permutation wie durch Stellenauswahlen jede beliebige andere Folge mit einem von 0,1 verschiedenem Häufigkeitsgrenzwert erzeugen. Durch Stellenauswahlen, nicht aber durch Permutationen, kann man auch Folgenglieder weglassen und somit auch reine Einsen- oder Nullenfolgen generieren. In Anwendung auf unendliche Folgen lassen sich durch Stellenauswahlen also noch mehr Folgen konstruieren als durch Permutationen, weshalb sich von Mises (1964) auf die Betrachtung von Stellenauswahlen beschränkte.
22 Vgl. Skyrms (1980, 29f), Eagle (2004, 396f), Hájek (1999, 223), Kutschera (1972, 104). Stegmüller (1973b, 37) sieht darin einen „tödlichen Einwand".
23 Vgl. von Mises (1964), Kap. 1; Howson/Urbach (1996), 324; Church (1940); Kutschera (1972), 140; Salmon (1984), 57 ff.; Gillies (2000), 105-9.
24 Formal ausgedrückt, s:{(n,g↑(n−1)):n∈ℕ} → {+,−}.
25 Zur Erläuterung: Ist e_n ein Glied von g mit Vorgänger $F(e_{n-1})$ und Stellenzahl n, dann ist s(n) $=_{def} h_n(Fx) \cdot n$ die Stellenzahl, die dieses Glied in der Teilfolge s(g) besitzt, und die identisch ist mit der Anzahl von Fs bis zum (n−1)ten Glied von g.
26 Für n = 4 also $((e_1, e_2, e_3, e_4), (e_2, e_3, e_4, e_5), (e_3, e_4, e_5, e_6), \ldots)$.
27 Hat Ω 2^k Elemente, und gibt man jedes Glied der Folge durch eine k-ziffrige Zahl in Binärdarstellung wieder, dann wird Ω^∞ bijektiv auf das reelle Zahlenintervall [0,1] in Binärdarstellung abgebildet (vgl Kelly 1996, 57).
28 Im sogenannten *Tropennominalismus* werden Eigenschaftsuniversale als Klassen typengleicher Tropen expliziert (s. Loux 1998, Kap. 1-2).
29 Man kann zwar im Sinne von von Mises alle Folgen in unserer Welt in eine raumzeitlich angeordnete Gesamtfolge vereinigen, aber man kann dies nicht für Folgen in unterschiedlichen möglichen Welten bzw. Raumzeiten tun.
30 *Beweis:* $\lim_{n \to \infty} (f(n)+k)/n = \lim_{n \to \infty} f(n)/n + \lim_{n \to \infty} k/n = \lim_{n \to \infty} f(n)/n$, denn $\lim_{n \to \infty} k/n = 0$.
31 Differentialgleichungen mit höheren Ableitungen sind auf Systeme von Differentialgleichungen zurückführbar, die nur Ableitungen erster Ordnung enthalten.
32 Mathematisch erfüllen divergente Trajektorien folgende Bedingung: $\forall \Delta > 0 \; \forall \epsilon > 0 \; \exists s, s' \in S \; \exists t \geq 0$: $|s(0) - s'(0)| \leq \epsilon \land |s(t) - s'(t)| > \Delta$. In Worten: für jedes beliebig große Δ und noch so kleine ϵ gibt es zwei Systemzustände s, s' (im Zustandsraum S) und einen Endzeitpunkt t, sodass der Anfangszustand beider Systeme um nicht mehr als ϵ und der Endzustand um mehr als Δ voneinander abweicht.

33 Allgemein gesprochen sind nur Würfe mit symmetrischen Würfeln unter ausschließlicher Wirkung der Gravitationskraft mit ebenem Landeplatz und innerhalb eines zulässigen Intervalls von Anfangsgeschwindigkeiten und Anfangshöhen und bei Normaltemperatur und nicht zu hohem Luftdruck zulässig. Es handelt sich hierbei um eine definite exklusive ceteris paribus Bedingung im Sinne von Schurz (2002).
34 Für Details s. Carnap (1971), Kap. 8; Skyrms (1999), Kap. 6; Howson/Urbach (1996), Kap. 5; Gillies (2000), Kap. 4.
35 *Beweis:* $E((A,g,v)) = g \cdot P(A) - v \cdot P(\neg A) = g \cdot P(\neg\neg A) - v \cdot P(\neg A) = (-v) \cdot P(\neg A) - (-g) \cdot P(\neg\neg A) = E((\neg A, v, g))$. Dieses Resultat gilt unabhängig von $P(\neg A) = 1 - P(A)$.
36 Strevens (2004) führte den Begriff „probability coordination principle" ein. Das singuläre principal principle wurde auch „Miller's principle" genannt, weil es Miller (1966) der Inkonsistenz überführen wollte. Millers Einwand wurde durch Jeffrey (1970) entkräftet. Wie wir sehen werden, muss das singuläre wie das statistische Koordinationsprinzip auf „zulässige Evidenzen" eingeschränkt werden, um Inkonsistenzen zu vermeiden. Williamson (2013, 299) führt ein „calibration" Prinzip als Verallgemeinerung des principal principles ein, das jedoch offen lässt, *wie* Häufigkeitsevidenzen die möglichen subjektiven Wahrscheinlichkeitsfunktionen einschränken sollen und insofern von geringem Nutzen ist.
37 Die Konstanten a_i werden daher mit den definiten Deskriptionen „das in der i.ten Ziehung gezogene Individuum" identifiziert, um ein Vorwissen über diese Individuen auszuschließen. Identitätssätze erhalten damit nichttriviale Wahrheits- und Wahrscheinlichkeitswerte, z. B. kann $a_4 = a_{16}$ wahr und $p(x_4 = x_{16})$ größer null sein.
38 *Beweis:* Seien H und H_q die statistischen Hypothesen $p(Gx|Fx) = r$ und $p(Fx) = q$. Es gilt (*): $H_q \wedge H$ implizieren wahrscheinlichkeitstheoretisch die statistische Wahrscheinlichkeitsaussage $p(Gx \wedge Fx) = r \cdot q$. Dann gilt $P(Ga|Fa \wedge H \wedge Eb) = P(Ga \wedge Fa|H \wedge Eb)/P(Fa|H \wedge Eb) = \sum_{q \in [0,1]} P(Ga \wedge Fa|H_q \wedge H \wedge Eb) \cdot P(H_q|H \wedge Eb)/\sum_{q \in [0,1]} P(Fa|H_q \wedge H \wedge Eb) \cdot P(H_q|H \wedge Eb) = $ (gemäß 7-2(a) und (*)) $\sum_{q \in [0,1]} r \cdot q \cdot P(H_q|H \wedge Eb)/\sum_{q \in [0,1]} q \cdot P(H_q|H \wedge Eb) = r \cdot \sum_{q \in [0,1]} q \cdot P(H_q|H \wedge Eb)/\sum_{q \in [0,1]} q \cdot P(H_q|H \wedge Eb) = r$.
39 *Beweis:* Denn $h(Fx|\{a_1,...,a_n\}$ ist äquivalent mit der exklusiven Disjunktion $\vee\{Fa_{i_1} \wedge ... \wedge Fa_{i_k} \wedge \neg Fa_{i_{k+1}} \wedge ... \wedge \neg Fa_{i_n} : \{i_1,...,i_k\} \in AW\}$; dabei ist AW die Menge der k-über-n- möglichen Auswahlen von k aus n Individuenindizes $\{1,...,n\}$. Aufgrund obiger Überlegung gilt für jede dieser möglichen Auswahlen: $P(Fa_{i_1} \wedge ... \wedge Fa_{i_k} \wedge \neg Fa_{i_{k+1}} \wedge ... \wedge \neg Fa_{i_n} \mid p(Fx) = r)) = r^k \cdot (1-r)^{n-k}$.
40 Z. B. könnten 30 % aller Väter, die irgendeinen Sohn haben, schwarzhaarig sein, aber 60 % aller Vater-Sohn-Paare einen schwarzhaarigen Vater als erstes Glied besitzen, sofern schwarzhaarige Väter mehr Söhne haben als nicht-schwarzhaarige Väter.
41 Als Einschränkung kann gefordert werden, dass die Individuenvariablen z_k nicht konjunktiv separierbar sind, wie z. B. im Fall $F(x_1,x_2,z_1) =_{def} F^*x_1x_2 \wedge Hz_1$. Letzterer Fall ist mithilfe des erweiterten StK auf die statistische Wahrscheinlichkeit $p(Gx_1|F^*x_1x_2)$ zurückführbar, denn aufgrund statistischer Unabhängigkeit gilt $p(Gx_1|F^*x_1x_2 \wedge Hz_1) = p(Gx_1|F^*x_1x_2)$.
42 Die Abschwächungen dieser Bedingung auf *Atomsätze*, über die noch keine Erfahrungen gemacht wurden, würden zu Widersprüchen mit der Regel der Konditionalisierung (Kap. 7.4) führen.
43 Ein derartiges Theorem findet sich in Bacchus (1990, 151, theorem 50), aber ohne Beweis.
44 Bacchus (1990, 189) schreibt, der direkte Erwartungswert bedingter Wahrscheinlichkeiten sei nicht immer identisch sind mit den Quotienten der Erwartungswerte unbedingter Wahrsacheinlichkeiten. Dies gilt nur dann, wenn man die subjektive Hypothesenwahrscheinlichkeit nicht auf das Antecedens konditionalisiert, also in Satz 7-2(b) „$P(K_s|E(b))$" statt „$P(K_s|Fa_i \wedge E(b))$" schreibt. $P(K_s|E(b))$ weicht im Regelfall von $P(K_s|Fa_i \wedge F(b))$ ab.

45 Vgl. de Finetti (1931, 1964), Carnap (1980), Hewitt/Savage (1955), Kingman (1978). Für endliche Individuenbereiche oder eingeschränkte Vertauschbarkeit gilt das Repräsentationstheorem nur approximativ (Diaconis und Freedman 1980).
46 Humburg benutzt zusätzlich das mit Satz 9-5(b) identische „Reichenbachaxiom", das aber (wie dort gezeigt) unter der Voraussetzung der Regularität selbst ableitbar ist (s. Kutschera 1972, 129, Fn. 13).
47 Vertreter sind z. B. H. Jeffrey (1939), Keynes (1921), Carnap (1950, 1971) oder Williamson 2010, 28f). Vgl. Gillies (2000, Kap. 3).
48 Wir nehmen hier an, dass $\neg E$ keinen Einfluss auf den Erwartungsnutzen hat; andernfalls argumentiert man analog für die Bedingung $\neg E$.
49 Wir können dies mit Formeln statt mit Formelextensionen durch „$p(S(x_1,...,x_n)| P_t(S(x_1,...,x_n))=r) = r$" ausdrücken, wenn wir die Erfüllung von offenen P_t-Ausdrücken durch Variablenbelegungen folgt erklären: $I[x_1:d_1,...,x_n:d_n](P_t(S(x_1,...,x_n))=r) =_{def} I(P_t(S(a_1,...,a_n))=r)$.
50 Die Terminologie ist nicht immer einheitlich; manche Autoren nennen Akzeptanzintervalle „Konfidenzintervalle für Stichprobenresultate" (z. B. Lauth/Sareiter 2002, 276)
51 Zum Unterschied zwischen methodischer, logischer und epistemischer Induktion s. Schurz (2006, Kap. 2.6.2).
52 Vgl. Bauer (1978, 136f); Lauth/Streiter (2002, 255-7); Hays/Winkler (1970, 103ff); Jeffrey (1971b, 183f).
53 Definiert als die 1. Ableitung der kumulativen Wahrscheinlichkeit, $d(x) =_{def} dp([-\infty,x])/dx$.
54 Das Integral der Dichtefunktion $d(r)$ ist nicht für beliebige Teilmengen von reellen Zahlen sinnvoll definiert, sondern nur für *messbare* Teilmengen. Das gewöhnliche (Riemannsche) Integral ist für *Intervalle* von reellen Zahlen erklärt. Darauf aufbauend lässt sich ein σ-additives Maß über die Borelsche Algebra allen Booleschen Kombinationen von Intervallen definieren; dieses Maß heißt auch Borel-Lebesguesches Maß.
55 Beispielsweise folgt (a) aus der Linearität von Integralen so: $E(a \cdot X + b \cdot Y + c) = \int (a \cdot X(r) + b \cdot Y(r) + c) \cdot d(r) dr = a \cdot \int X(r) \cdot d(r) dr + b \cdot \int Y(r) \cdot d(r) dr + c \cdot \int d(r) dr = a \cdot E(X) + b \cdot E(Y) + c$.
56 Für kleinere Stichproben behilft man sich bei binären Variablen mit der Binomialverteilung und bei quantitativen Variablen mit der t-Verteilung (beide in Statistiklehrbüchern in Tabellenform einsehbar).
57 *Beweis:* $p(A|B) = p(A|B \wedge C) \cdot p(C|B) + p(A|B \wedge \neg C) \cdot (1-p(C|B))$ (gemäß TB4, Satz 3-3) = (*): $p(A|C) \cdot p(C|B) + p(A|\neg C) \cdot (1-p(C|B))$ wegen den Abschirmungsbedingungen (1), (2). Aus den positiven Relevanzbedingungen (3), (4) folgt $p(A|C) > p(A) > p(A|\neg C)$, $p(C|B) > p(C)$ und somit $(1-p(C|B)) < (1-p(C))$. Dies zusammen mit (*) impliziert, dass $p(A|B)$ größer sein muss als $p(A) = p(A|C) \cdot p(C) + p(A|\neg C) \cdot (1-p(C))$.
58 Die Schreibweise „$p(E|H)$" wäre inkorrekt, denn H macht eine Aussage über $p:AL \to [0,1]$ und ist daher kein Element der Algebra AL, über die p definiert ist.
59 An dem Sachverhalt würde sich auch nichts ändern, wenn die Verteilungen in Abb. 9-1 in der Mitte mehrere Gipfel hätten. Nur wenn die Kurve uniform bzw. flach wäre, oder wenn sie mehrere kleine Gipfel in der 5%-Zurückweisungszone besäße, gäbe es mehr als ein kürzestes 95%-Intervall.
60 Dies ist der Fall g. d. w. Power $=_{def} 1-P(\beta\text{-Fehler}) > P(\alpha\text{-Fehler})$ (ibid. 216).
61 In (9-3) geht die in Satz 7-3(3)(i) erwähnte Voraussetzung ein, dass mit P=1 die Häufigkeiten gegen Grenzwerte konvergieren.
62 Williamson (2010, 16, 28f) spricht vom Prinzip der „equivocation".
63 Vgl. Jeffrey (1971, 219), Gillies (2000, 72ff), Howson/Urbach (1996, 55ff), Billingsley (1995, 279).

64 Im Fall unendlicher Individuenbereiche entspricht einer Zustandsbeschreibung eine unendliche Menge von Basissätzen.
65 Auch die in Kap. 3.4 erklärte nicht-σ-Additivität für abzählbar-unendliche Möglichkeitsräume kann man als Instanz dieses Problems ansehen: Ist die Verteilung über den einzelnen Zahlen einer unendlichen Zahlenurne gleichverteilt (biasfrei), dann ist für jede Zahl die Ausgangswahrscheinlichkeit, diese Zahl zu ziehen, null.
66 Denn es gilt $\lim_{n\to\infty} P(\Lambda_{1\leq i\leq n} Fa_i) = \lim_{n\to\infty} \Pi_{0\leq i\leq n} P(Fa_{i+1}|Fa_1\wedge...\wedge Fa_i) = \lim_{n\to\infty}(1/2)\cdot(2/3)\cdot(3/4)\cdot... \cdot(n+1/n+2) = \lim_{n\to\infty}(1/n+2) = 0$. Da unabhängig von σ-Additivität $P(\forall xFx) \leq \lim_{n\to\infty} P(\Lambda_{1\leq i\leq n} Fa_i)$ gilt (Schurz/Leitgeb 2008, Lemma 1), folgt $P(\forall xFx)=0$.
67 Darüber hinaus ersetzt er Zustandsbeschreibungen als Argumente der Wahrscheinlichkeitsfunktion durch Modelle (in unendlichen Sprachen sind beide Begriffe gleichwertig).
68 Carnap nahm die Instanzenrelevanz als unabhängiges Axiom an, die wie in Satz 7-4 gezeigt aus Vertauschbarkeit und Regularität folgt (s. Kutschera 1972, 129, Fn. 13).
69 Zum Beweis von (12-6) s. Anhang 10.3.14; zum Beweis von (12-5) und (12-6) s. Carnap (1950), § 110, Carnap (1980), Kap. 19 und Kutschera (1972), 131-5, 532-7.
70 Einen ähnlichen Einwand findet man bei Howson/Urbach (1996, 240), allerdings bezogen auf eine singuläre Prognose. Angewandt auf unser Beispiel lautet ihr Argument so: Der Glaubensgrad, dass die Kopfhäufigkeit einer fairen Münze in der nächsten 100-Wurf-Serie zwischen 0,42 und 0,58 beträgt, ist 95 %. Angenommen wir beobachten jedoch eine Kopfhäufigkeit von 0,30: wenn wir nun das StK auf diese Evidenz hin konditionalisieren, erhielten wir daraus die widersprüchliche Aussage, die Wahrscheinlichkeit, dass 0,3 zwischen 0,42 und 0,58 liege, sei 95 %. Williamson (2013, 306f) erwidert, dass bei Hypothesenwahrscheinlichkeiten im Gegensatz zu Stichprobenprognosen der wahre Wert nicht bekannt sei. Doch wie wir zeigten, gibt es auch Ausgangswahrscheinlichkeiten über Hypothesen, die mit der Konditionalisierung des StK in Konflikt geraten können.
71 Die Forderung, dass $(\pm_w A_i : i \in \mathbb{N})$ die vollständige Information über w, also alle in w wahren Basissätze von $\mathscr{L}$ enthält, ist eine äquivalente Reformulierung der Bedingung von Gaifman and Snir, dass die Satzmenge $\{\pm_w A_i : i \in \mathbb{N}\}$ die Menge aller $\mathscr{L}$-Modelle *separiert*, in dem Sinn, dass keine zwei $\mathscr{L}$-Modelle dieselben Sätze dieser Satzmenge wahr machen.
72 Die Kirche des „fliegenden Spaghetti-Monsters" ist eine Erfindung von Physikstudenten, um den Kreationismus ad absurdum zu treiben. Siehe *www.venganza.org/aboutr/open-letter*.
73 Vgl. Musgrave (1974), der Descartes, Leibniz, Whewell und Duhem als Vertreter des Voraussagekriteriums der Bestätigung zitiert.
74 Ist die wahre Streuung σ bekannt, kann die Wahrscheinlichkeit der gefundenen Stichprobenstreuung gegeben σ als ceteris paribus Präferenzkriterium dienen.
75 Ein praktischer Anwendungsfall ist das Erdbeben von L'Aquila, das zur höchst fragwürdigen gerichtlichen Verurteilung von sieben Erdbebenexperten führte (s. Schurz 2013a, 326).
76 Die Zuordnung von Individuen zu Individuenvariablen nennt man auch „Variablenbelegung"; sie hat nur Hilfsfunktion zum Zwecke der Interpretation quantifizierter Formeln.
77 Das Permutationsgesetz wird im mathematischen Aufbau nicht erwähnt; es würde die Invarianz des Produktmaßes in Bezug auf Umindizierungen der Komponentenalgebren ausdrücken.
78 Im kontinuierlichen Fall, mit R^* als ∞-dimensionaler Raum, $p(\pi(A))=p^* \in R^*$: $P(A|H) = \int_{p^* \in R^*} P(A \wedge H_{p^*}) \cdot dp^* / \int_{p^* \in R} P(H_{p^*}) \cdot dp^* = \int_{p^* \in R} r \cdot P(H_{p^*}) \cdot dp^* / \int_{p^* \in R} P(H_{p^*}) \cdot dp^* = r$.

Literatur

Adams, E. W. (1974): „On the Logic of ‚Almost All'", *Journal of Philosophical Logic* 3: 3-17.
Albert, M. (1992): „Die Falsifikation statistischer Hypothesen", *Journal for General Philosophy of Science* 23, 1-32.
Aron, A., und Aron, E. (2002): *Statistics for Psychology* (3rd ed.), Prentice-Hall, New Jersey.
Bacchus, F. (1990): *Representing and Reasoning with Probabilistic Knowledge*, MIT Press, Cambridge, MA.
Barwise, J. und Etchemendy, J. (2005): *Sprache, Beweis und Logik*, mentis, Paderborn.
Bauer, H. (1978): *Wahrscheinlichkeitstheorie und Grundzüge der Maßtheorie*, W. de Gruyter, Berlin, New York (5. Aufl. 2002).
Bayes, T. und Price, R. (1763): „An Essay Towards Solving a Problem in the Doctrine of Chances", reprinted in: E. S. Preason, M. G. Kendall (Hg.), *Studies in the History of Statistics and Probability*, Griffin, New York 134-153.
Bernoulli, J. (1713): *Ars Conjectandi*, Thurneysen Brothers, Basel.
Bhaskara Rao, K. P. S., und Bhaskara Rao, M. (1983): *Theory of Charges. A Study of Finitely Additive Measures*, Academic Press Inc., New York.
Billingsley, P. (1995): *Probability and Measure* (3rd ed.), John Wiley & Sons, New York.
Bortz, J. (1985): *Lehrbuch der Statistik*, 2. Aufl., Springer, Berlin (Neuaufl. als *Statistik für Human- u. Sozialwissenschaflter*, 6. überarb. Aufl. 2005).
Bortz, J., und Döring, N. (2002): *Forschungsmethoden und Evaluation*, Springer, Berlin (3. Aufl.).
Brier, G. W. (1950): „Verification of Forecasts Expressed in Terms of Probability", *Monthly Weather Review* 78, 1-3.
Campbell, S., and Franklin, J. (2004): „Randomness and the Justification of Induction", *Synthese* 138, 79-99.
Carnap, R. (1947): „On the Application of Inductive Logic", *Philosophy and Phenomenological Research* 8, 133-147.
Carnap, R. (1950): *Logical Foundations of Probability*, Univ. of Chicago Chicago. Dt. Kurzfassung in: Carnap (1959).
Carnap, R. (1959): *Induktive Logik und Wahrscheinlichkeit*. Bearbeitet von W. Stegmüller, Springer, Wien.
Carnap, R. (1971): „Inductive Logic and Rational Decisions", und „A Basic System of Inductive Logic, Part I", in: Carnap/Jeffrey (1971), Kap. 1 und 2.
Carnap, R. (1972): *Bedeutung und Notwendigkeit*, Springer, Berlin (engl. Orig. 1947).
Carnap, R. (1980): „A Basic System of Inductive Logic, Part 2", in: Jeffrey (1980), Kap. 6.
Carnap, R. und Jeffrey, R. (1971): *Studies in Inductive Logic and Probability*, Univ. of California Press, Berkeley.
Church, A. (1940): „On the Concept of a Random Sequence", *Journal of Symbolic Logic* 1, 40-41, 101-102.
Clauß, G., und Ebner, H. (1977): *Grundlagen der Statistik*, Harri Deutsch, Thun.
Coffa, J. (1974): „Hempel's Ambiguity", *Synthese* 28, 141-163.
Cramér, H. (1946): *Mathematical Models of Statistics*, Princeton Univ. Press, Princeton.
Crupi, V., und Trentori, K. (2010): „Irrelevant Conjunction: Statement and Solution of a New Paradox", *Philosophy of Science* 77, 1-13.

David, F. N. (1998): *Games, Gods, and Gambling. The Origin and History of Probability and Statistical Ideas from the Earliest Times to the Newtonian Era*, Dover Publ., Dover.
De Finetti, B. (1931): „Funzione caratteristica di un fenomeno aleatorio", Atti della R. Academia Nazionale dei Lincei, Serie 6. Memorie, Classe di Scienze Fisiche, Mathematice e Naturale, 4, 251-299.
De Finetti, B. (1964): „Foresight, its Logical Laws, its Subjective Sources", in: H. Kyburg, H. Smokler (Hg.), *Studies in Subjective Probability*, John Wiley, New York.
De Finetti, B. (1970): *Wahrscheinlichkeitstheorie*, Oldenbourg, München 1981 (zuerst 1970 italienisch; 1974 als *Theory of Probability* bei John Wiley, New York).
Diaconis, P. und Freedman, D. (1980): „Finite Exchangeable Sequences", *Annals of Probability* 8, 745-764.
Douven, I. (2002): „A New Solution to the Paradoxes of Rational Acceptability", *British Journal for the Philosophy of Science* 53, 391-410.
Eagle, A. (2004): „Twenty-One Arguments Against Propensity Analyses of Probability", *Erkenntnis* 60, 371-416.
Earman, J. (1986): *A Primer on Determinism*, Reidel, Dordrecht.
Earman, J. (1992): *Bayes or Bust?*, MIT Press, Cambridge, MA.
Ebbinghaus, H.-D. (2003): *Einführung in die Mengenlehre*, Spektrum, Heidelberg (4. Aufl.).
Edwards, W., Lindman, H. und Savage, L. J. (1963): „Bayesian Statistical Inference for Psychological Research", *Psychological Review* 70, 193-242.
Fine, T. (1973): *Theories of Probability*, Academic Press, New York.
Fisher, R. A. (1925): „Theory of Statistical Estimation", *Proceedings of the Cambridge Philosophical Society* 26, 528-535.
Fisher, R. A. (1956): *Statistical Methods and Scientific Inference*, Hafner Press, New York (ext. ed. Oxford Univ. Press 1995).
Fitelson, B. (1999): „The Plurality of Bayesian Measures of Confirmation", *Philosophy of Science* 66, S362-S378 (Proceedings).
Foley, R. (1992): „The Epistemology of Belief and the Epistemology of Degrees of Belief", *American Philosophical Quarterly* 29 (2), 111-121.
Gaifman, H., und Snir, M. (1982): „Probabilities Over Rich Languages", *Journal of Symbolic Logic* 47, 495-548.
Gemes, K. (1993): „Hypothetico-Deductivism, Content, and the Natural Axiomatization of Theories", *Philosophy of Science* 54, 477-487.
Gillies, D. (2000): *Philosophical Theories of Probability*, Routledge, London.
Glymour, C. (1981): *Theory and Evidence*, Princeton Univ. Press, Princeton.
Good, I. J. (1966): „On the Principle of Total Evidence", *British Journal for the Philosophy of Science* 17, 319-321, wiederabgedruckt in: Good (1983).
Good, I. J. (1983): *Good Thinking. The Foundations of Probability and Its Applications*, Univ. of Minnesota Press, Minneapolis.
Greeno, J. (1970): „Evaluating of Statistical Hypotheses Using Information Transmitted", *Philosophy of Science* 37, 279-293.
Goodman, N. (1946): „A Query on Confirmation", *Journal of Philosophy* 44, 383-385.
Goodman, N. (1975): *Tatsache, Fiktion, Voraussage*, Suhrkamp, Frankfurt/M. (engl. Original 1955).
Grünbaum, A. (1972): *Philosophical Problems of Space and Time*, Reidel, Dordrecht.
Hacking, J. (1965): *On the Logic of Statistical Inference*, Cambridge Univ. Press, Cambridge 1965.
Hájek, A (1999): „Fifteen Arguments against Hypothetical Frequentism", *Erkenntnis* 70, 211-235.

Halpern, J. Y. (2003): *Reasoning about Uncertainty*, MIT Press, Cambridge, MA.
Harman, G. (1965): „The Inference to the Best Explanation", *Philosophical Review* 74, 88-95.
Hawthorne, J. (1996): „On the Logic of Non-Monotonic Conditionals and Conditional Probabilities", *Journal of Philosophical Logic* 25, 185-218.
Hawthorne. J. (2005): „*Degree-of-Belief* and *Degree-of-Support*: Why Bayesians Need Both Notions", *Mind* 114, 277-320.
Hays, W., und Winkler, R. (1970): *Statistics: Probability, Inference, and Decision*, Holt, New York (2nd ed. 1975).
Haken, H. (1983): *Synergetik*, Springer, Berlin (3., erw. Aufl. 1990).
Hempel, C. G. (1965): *Aspects of Scientific Explanation and Other Essays in the Philosophy of Science*, New York & London.
Hewitt, E. und Savage, L. J. (1955): „Symmetric Measures on Cartesian Products", *Transactions of the American Mathematical Society* 80, 470-501.
Hintikka, J. (1965): „Towards a Theory of Inductive Generalization", in: Bar-Hillel, Y. (Hg.), *Logic, Methodology and Philosophy of Science*, North-Holland Publ. Company, Amsterdam, 274-288.
Hintikka. J. (1966): „A Two-Dimensional Continuum of Inductive Methods", in: Hintikka/Suppes (Hg.), 113-132.
Hintikka, J., und Suppes, P. (1966, Hg.): *Aspects of Inductive Logic*, North-Holland Publ. Company, Amsterdam.
Hitchcock C. und Sober, E. (2004): „Prediction Versus Accommodation and the Risk of Overfitting", *British Journal for the Philosophy of Science* 55, 1-34.
Horwich, P. (1982): *Probability and Evidence*, Cambridge Univ. Press, Cambridge.
Howson, C. (1990): „Fitting Theory to the Facts: Probably not Such a Bad Idea After All", in: C. Savage (Hg.), *Scientific Theories*, Univ. Minnesota Press, Minneapolis, 222-224.
Howson, C. und Urbach, P. (1996): *Scientific Reasoning: The Bayesian Approach*, Open Court, Chicago (2. Aufl.).
Huber, F. (2008): „Hempel's Logic of Confirmation", *Philosophical Studies* 139, 181-189.
Humburg, J. (1971): „The Principle of Instantial Relevance", in: Carnap/Jeffrey (1971), Kap. 4.
Hume, D. (1748): *Eine Untersuchung über den menschlichen Verstand*, reclam, Hamburg.
Humphreys, P. (1985): „Why Propensities Cannot Be Probabilities", *The Philosophical Review* 94, 557-70.
Jamison, D. (1970): „Bayesian Information Usage", in: J. Hintikka, P. Suppes (Hg.), *Information and Inference*, Reidel, Dordrecht, 28-57.
Jaynes, E. T. (1976): „Confidence Intervals versus Bayesian Intervals", in: Harper, W. L., Hooker, C. (Hg., 1976), *Foundations of Probability Theory. Vol II*, Reidel, Dordrecht, 175-257.
Jeffrey, H. (1939): Theory of Probability, Oxford Univ. Press, Oxford.
Jeffrey, R. C. (1971): „Probability Measures and Integrals", in Carnap/Jeffrey (1971), 167-224.
Jeffrey, R. C. (1980): *Studies in Inductive Logic and Probability. Vol. II*, Univ. of California Press, Berkeley.
Jeffrey, R. C. (1983): *The Logic of Decision*, (2nd ed.), McGraw-Hill, New York.
Kahneman, D., Slovic, P., und Tversky, A. (1982, Hg.): *Judgement under Uncertainty: Heuristics and Biases*, Cambridge Univ. Press, Cambridge.
Keynes, J. M. (1921): *A Treatise on Probability*, MacMillan, New York.
Kingman, J. F. C. (1978): „Uses of Exchangeability", *Annals of Probability* 6, 183-197.
Klenk, V. (1989): *Understanding Symbolic Logic*, Prentice Hall, Englewood Cliffs, NJ, 2nd ed. (4th ed. 2001).

Kolmogorov, A. N. (1933): *Grundbegriffe der Wahrscheinlichkeitsrechnung*, (Zentralblatt der Mathematik, 2. Band), Julius Springer, Berlin (engl. *Foundations of the Theory of Probability*, Chelsea Publ. Comp., New York 1950).
Krantz, D., Luce, R. D., Suppes, P., und Tversky, A. (2006): *Foundations of Measurement. Vol I*, Dover Publications, New York (orig. 1971).
Kromrey, H. (2002): *Empirische Sozialforschung*, Leske+Budrich, Opladen (10. Aufl.).
Kutschera, F. v. (1972): *Wissenschaftstheorie, Bd. I und II*, Fink, München.
Kyburg, H. E. (1961): *Probability and the Logic of Rational Belief*, Wesleyan University Press, Middletown, CT.
Lad, F. (1984): „The Calibration Question", *British Journal for the Philosophy of Science* 35, 213-221.
Lakatos, I. (1970): „Falsification and the Methodology of Scientific Research Programmes", reprinted in: Lakatos (1978), *Philosophical Papers Vol 1*, Cambridge Univ. Press, Cambridge, 8-101.
Laplace, P. S. (1814): *A Philosophical Essay on Probabilities*, Dover, New York 1951.
Lauth, B., und Sareiter, J. (2002): *Wissenschaftliche Erkenntnis*, mentis, Paderborn.
Leblanc, H. (1963): „A Revised Version of Goodman's Confirmation Paradox", *Philosophical Studies* 12, 49-51.
Lehrer, K. (1975): „Induction, Rational Acceptance, and Minimally Inconsistent Sets", in: G. Maxwell, R. M. Anderson (Hg.), *Induction, Probability, and Confirmation*, University of Minnesota Press, Minneapolis, 295-323.
Leitgeb, H. (2013): „Reducing Beliefs Simpliciter to Degress of Belief", *Annals of Pure and Applied Logic* 164, 1338-1389.
Lenz, J. (1974): „Problems for the Practicalist's Justification of Induction", in: Swinburne (1974), 98-101.
Levi, I. (1967): *Gambling with Truth*, Knopf, New York.
Levi, I. (1977): „Direct Inference", *The Journal of Philosophy* 74, 5-29.
Lewis, D. (1973): *Counterfactuals*, Basil Blackwell, Oxford.
Lewis, D. (1980): „A Subjectivist's Guide to Objective Chance", wiederabgedruckt in: Lewis, D. (1986), *Philosophical Papers Vol II*, Oxford Univ. Press, New York, Kap. 19.
Lipton, P. (1991): *Inference to the Best Explanation*, Routledge, London.
Losee, J. (1977): *Wissenschaftstheorie. Eine historische Einführung*, C. H. Beck, München (engl. Orig. 1972).
Loux, M. J. (1998): *Metaphysics*, Routledge, London & New York.
Maher, P. (1996): „The Hole in the Ground of Induction", *Australasian Journal of Philosophy* 74/3, 423-432.
Makinson, D. (1965): „The Paradox of the Preface", *Analysis* 25, 205-207.
Mayntz, R., Holm, K., und Hübner, P. (1974): *Einführung in die Methoden der empirischen Soziologie*, Westdeutscher Verlag, Opladen (4. Aufl.).
Mill, J. St. (1865): *System of Logic*, London; deutsch: als Bde. 2-3 der *Gesammelten Werke von J. St. Mill*, hg. von T. Gomperz, Leipzig 1872, 8. Aufl., zitiert danach.
Miller, D. (1994): *Critical Rationalism. A Restatement and Defence*, Open Court, Chicago.
Musgrave, A. E. (1974): „Logical versus Historical Theories of Confirmation", *British Journal for the Philosophy of Science* 25, 1-23.
Neyman, J. (1937): „Outline of a Theory of Statistical Estimation", *Philosophical Transactions of the Royal Society"*, Vol. 236A, 333-380.
Niiniluoto, I. (1987): *Truthlikeness*, Reidel, Dordrecht.

Niiniluoto, I. (1999): „Defending Abduction", *Philosophy of Science* 66, S436 – S451.
Pearl, J. (2000): *Causality*, Cambridge Univ. Press, Cambridge (2. Auflage 2009).
Peirce, C. S. (1903): „Lecures on Pragmatism", dt. als „Vorlesungen über Pragmatismus" in: Apel, K.-O. (1976, Hg.), *Charles Sanders Peirce: Schriften zum Pragmatismus und Pragmatizismus*, Suhrkamp, Frankfurt/M. (2. Aufl.), 337-427.
Popper, K. (1935): *Logik der Forschung*, 10. Aufl. J. C. B. Mohr, Tübingen 2005.
Popper, K. (1959): „The Propensity Interpretation of Probability", *British Jounal for the Philosophy of Science* 10, 25-42.
Popper, K. (1982): *The Open Universe*, Rowman and Littlefield, Totowa, NJ.
Popper, K. (1990): *A World of Propensities*, Thoemmes, London.
Popper, K., und Miller, D. (1983): „A Proof of the Impossibility of Inductive Probability", *Nature* 302, 687-688.
Raiffa, H. (1973): *Einführung in die Entscheidungstheorie*, Oldenbourg, München (engl. Original 1968).
Ramsey, F. P. (1926): „Truth and Probability", wiederabgedruckt in: ders., *Philosophical Papers*, hg. von H. D. Mellor, Cambridge Univ. Press, Cambridge 1990.
Reichenbach, H. (1935): *Wahrscheinlichkeitslehre*, A. W. Sijthoff's, Leiden.
Reichenbach, H. (1938): *Experience and Prediction*, University of Chicago Press, Chicago.
Reichenbach, H. (1949): *The Theory of Probability*, University of California Press, Berkeley (erweit. engl. Fassung von 1935).
Rescher, N. (1987): *Induktion*, Philosophia Verlag, München (engl. Orig. 1980).
Reutlinger, A., Schurz, G., und Hüttemann, A. (2011): „Ceteris Paribus Laws", *The Stanford Encyclopedia of Philosophy* (Spring 2011 Edition), Edward N. Zalta (ed.), URL = <http://plato.stanford.edu/entries/ceteris-paribus>.
Rosenkrantz, R. (1977): *Inference, Method and Decision*, Reidel, Dordrecht.
Rosenthal, J. (2004): *Wahrscheinlichkeiten als Tendenzen. Eine Untersuchung objektiver Wahrscheinlichkeitsbegriffe*, Mentis, Paderborn 2004.
Runggaldier, E. (1990): *Analytische Sprachphilosophie*, Kohlhammer, Stuttgart.
Ryder, J. M. (1981): „Consequences of a Simple Extension of the Dutch Book Argument", *British Journal for the Philosophy of Science* 32, 164-167.
Sachs, L. (1992): *Angewandte Statistik*, Springer, Berlin, 9. Aufl. (11. überarb. Aufl. 2004).
Salmon, W. (1974): „The Pragmatic Justification of Induction", in: Swinburne (1974), 85-97.
Salmon, W. (1984): *Scientific Explanation and the Causal Structure of the World*, Princeton Univ. Press.
Salmon, W. (1989): *Four Decades of Scientific Explanation*, Univ. of Minnesota Press, Minneapolis.
Schlesinger, G. (1974): *Confirmation and Confirmability*, Clarendon Press, Oxford.
Schurz, G. (1991): „Relevant Deduction", *Erkenntnis* 35, 391-437.
Schurz, G. (1994): „Relevant Deduction and Hypothetico-Deductivism: A Reply to Gemes", *Erkenntnis* 41.
Schurz, G. (2002): „Ceteris Paribus Laws: Classification and Deconstruction", *Erkenntnis* 57(3), 351-372.
Schurz, G. (2006): *Einführung in die Wissenschaftstheorie*, Wissenschaftliche Buchgesellschaft, Darmstadt (3. Aufl. 2011).
Schurz, G. (2008a): „Patterns of Abduction", *Synthese* 164, 201-234.
Schurz, G. (2008b): „The Meta-Inductivist's Winning Strategy in the Prediction Game: A New Approach to Hume's Problem", *Philosophy of Science* 75, 278-305.

Schurz, G. (2011): *Evolution in Natur und Kultur*, Spektrum, Heidelberg.
Schurz, G. (2012): „Tweety, or Why Probabilism and even Bayesianism Need Objective and Evidential Probabilities", in: D. Dieks et al., *Probabilities, Laws and Structures*, Springer, New York, 57-74.
Schurz, G. (2013a): „Wertneutralität und hypothetische Werturteile", in: Schurz, G., Carrier, M. (Hg.), *Werte in den Wissenschaften*, Suhrkamp, Frankfurt/M., 305-335.
Schurz, G. (2013b): *Philosophy of Science: A Unified Approach*, Routledge, New York.
Schurz, G. (2013c): „Bayesian Pseudo-Confirmation, Use-Novelty, and Genuine Confirmation", *Studies in History and Philosophy of Science* 45, 2013, 87-96.
Schurz, G., und Leitgeb. H. (2008): „Finitistic and Frequentistic Approximations of Probability Measures with or without Sigma-Additivity", *Studia Logica* 89/2, 258-283.
Schurz, G., und Weingartner, P. (2010): „Zwart and Franssen's Impossibility Theorem Holds for Possible-World-Accounts but not for Consequence-Accounts to Verisimilitude", *Synthese* 172, 415-436.
Schuster, H. G. (1994): *Deterministisches Chaos*, VCH, Weinheim.
Skyrms, B. (1980): *Causal Necessity*, Yale University Press, New Haven.
Skyrms, B. (1999): *Choice and Chance – an Introduction to Inductive Logic*, Wadsworth Publishing, Belmont, CA (orig. 1975).
Sober, E. (1993): *Philosophy of Biology*, Westview Press, Boulder (2nd ed. 1999).
Spielman, S. (1976): „Exchangeability and the Certainty of Objective Randomness", *Journal of Philosophical Logic* 5, 399-406.
Spielmann, S. (1977): „Physical Probability and Bayesian Statistics", *Synthese* 36, 235-269.
Stegmüller, W. (1973a,b): *Probleme und Resultate der Wissenschaftstheorie und Analytischen Philosophie. Band IV: Personelle und Statistische Wahrscheinlichkeit*. Springer, Berlin. – (1973a): Erster Halbband: *Personelle Wahrscheinlichkeit*. – (1973b): Zweiter Halbband: *Statistisches Schließen*.
Stove, D. (1986): *The Rationality of Induction*, Clarendon Press, Oxford.
Strevens, M. (2004): „Bayesian Confirmation Theory: Inductive Logic, or Mere Inductive Framework", *Synthese* 141, 365-379.
Strevens, M. (2008): *Depth. An Account of Scientific Explanation*, Harvard Univ. Press, Cambridge.
Suppes, P. (1966): „Probabilistic Inference and the Concept of Total Evidence", in: Hintikka, J., Suppes, P. (Hg.), 49-65.
Swinburne, R. (1974, Hg.): *The Justification of Induction*, Oxford University Press, Oxford.
Tarski, A. (1936): „Der Wahrheitsbegriff in den formalisierten Sprachen", *Studia Philosophica* 1, 261-405.
Unterhuber. M., und Schurz, G. (2013): „The New Tweety Puzzle: Arguments against Monistic Bayesian Approaches in Epistemology and Cognitive Science", *Synthese* 190, 1407-1435.
Van Fraassen, B. (1980): *The Scientific Image*, Clarendon Press, Oxford (Neuausgabe 1990).
Van Fraassen, B. (1983): „Calibration: A Frequency Justification for Personal Probability", in: Cohen, S. R., Laudan, L. (Hg.): *Physics, Philosophy, and Psychoanalysis*, Reidel, Dordrecht, 295-319.
Vickers, J. (2010): „The Problem of Induction", *The Stanford Encyclopedia of Philosophy (Spring 2010 Edition)*, Edward N. Zalta (Hg.), URL = <http://plato.stanford.edu/archives/spr2010/entries/induction-problem/>.
Von Mises, R. (1928): *Probability, Statistics and Truth* (2nd revised ed.), Allen and Unwin, London 1961.

Von Mises, R. (1964): *Mathematical Theory of Probability and Statistics*, Academic Press, New York.
Weingartner, P. und Schurz, G. (1996, Hg.): *Law and Prediction in the Light of Chaos Research*, Springer, Berlin.
Westermann, R., und Hager, W. (1982): „Entscheidung über statistische und wissenschaftliche Hypothesen", *Zeitschrift für Sozialpsychologie* 13, 13-21.
Wilholt, T. (2009): „Bias and Values in Scientific Research", *Studies in History and Philosophy of Science* 40, 92-101.
Williams, D. (1947): *The Ground of Induction*, Russell and Russell, New York.
Williamson, J. (2010): *In Defence of Objective Bayesianism*, Oxford University Press, Oxford.
Williamson, J. (2013): „Why Frequentists and Bayesians Need Each Other", *Erkenntnis* 78, 293-318.
Wójcicki, R. (1966): „Filozofia Nauki W Minnesota Studies", *Studia Filozoficzne*, 143-154.
Woodward, J. (2003): *Making Things Happen*. Oxford, Oxford University Press.
Worrall, J. (2006): „Theory-Confirmation and History", in: C. Cheyne, J. Worrall (Hg.), *Rationality and Reality*, Springer, New York, 31-61.

Verzeichnis der Abbildungen, Definitionen und Sätze

Abbildungen

Abb. 2-1 Konvergenz der relativen Häufigkeiten 4, Abb. 3-1 Bedingte statistische Wahrscheinlichkeiten 12, Abb. 3-2 Nichtmonotonie bedingter Wahrscheinlichkeiten 14, Abb. 3-3 Drei Binomialverteilungen 18, Abb. 3-4 σ-additive Wahrscheinlichkeitsmaße über $\mathbb{N}$ 27, Abb. 5-1 Erklärung der Gleichverteilung von Würfelwurfergebnissen 60, Abb. 8-1 Akzeptanzintervall für p(K|A) = 0,8 99, Abb. 8-2 Zusammenhang von Akzeptanz- und Konfidenzintervall 102, Abb. 8-3 Wahrscheinlichkeitsverteilung von Stichprobendifferenzen und signifikante Stichprobendifferenz 104, Abb. 8-4 Gaußsche Normalverteilung 115, Abb. 8-5 Gemeinsame Ursache 125, Abb. 8-6 Kausalrichtung 129, Abb. 9-1 Kürzestes 70 %-Intervall 135, Abb. 9-2 Sprachabhängigkeit von Gleichverteilungen 142, Abb. 9-3 Kurvenfitten und ungebrauchte Daten 173, Abb. 10-1 Logische Begriffsarten 179

Definitionen

Def. 2-1 Statistische und epistemische Wahrscheinlichkeit 3, Def. 2-2 Häufigkeitsgrenzwert 4, Def. 2-3 Prinzip der engsten Referenzklasse 7, Def. 3-1 Grundaxiome der Wahrscheinlichkeit 10, Def. 3-2 Bedingte Wahrscheinlichkeit 11, Def. 3-3 Direkte Axiomatisierung bedingter Wahrscheinlichkeit 12, Def. 3-4 Probabilistische Unabhängigkeit 13, Def. 3-5 Wahrscheinlichkeitstheoretische Folgerung 24, Def. 3-6 σ-Additivität 26, Def. 4-1 Axiomatisierung von Popper-Funktionen 32, Def. 5-1 Zulässige Stellenauswahl 46, Def. 5-2 Statistische Grundfolge und Zufallsfolge 47, Def. 6-1 Kohärenz 67, Def. 6-2 Strikte Kohärenz und Regularität 68, Def. 7-1 Singuläres Koordinationsprinzip 73, Def. 7-2 Statistisches Koordinationsprinzip 74, Def. 7-3 Induktiv-empirischer Gehalt einer statistischen Hypothese 78, Def. 7-4 Konditionalisierung auf die Gesamtevidenz 81, Def. 7-5 Vertauschbarkeit 85, Def. 7-6 Kalibrierung 95, Def. 8-1 Akzeptanzintervall 100, Def. 8-2 Signifikante Stichprobendifferenz 104, Def. 8-3 Mittelwert und Streuung in der Grundgesamtheit 116, Def. 8-4 Mittelwert und Streuung in einer Stichprobe 118, Def. 9-1 Unabhängig übereinstimmende Evidenzen 157, Def. 9-2 Goodmans Definition von „grot" 160, Def. 9-3 Bayesianische Bestätigung 163, Def. 9-4 Vollständige und partielle genuine Bestätigung 170

Sätze

Satz 3-1 Theoreme unbedingter Wahrscheinlichkeit 11, Satz 3-2 Definierte und direkt axiomatisierte bedingte Wahrscheinlichkeit 13, Satz 3-3 Theoreme bedingter Wahrscheinlichkeit 14, Satz 3-4 Gesetze der großen Zahlen 19, Satz 3-5 Logische und mengenalgebraische Operationen 22, Satz 4-1 Wahrscheinlichkeitstheorie und logische Folgerung 31, Satz 4-2 Popper-Funktionen 32, Satz 4-3 Regeln der konditionalen Wahrscheinlichkeitslogik 34, Satz 4-4 Unsicherheitssumme 34, Satz 5-1 Gesetze der großen Zahlen im von Mises'schen Rahmen 49, Satz 6-1 Kohärenz 67, Satz 6-2 Strikte Kohärenz 68, Satz 7-1 Kohärenz und Reliabilitat des StK 77, Satz 7-2 Stützungswahrscheinlichkeiten 83, Satz 7-3 Vertauschbarkeit von P 87, Satz 7-4 Uniformes induktives Lernen 88, Satz 7-5 Engste Referenzklassen und Kalibrierung 95, Satz 8-1 Überprüfung statistischer Gesetzeshypothesen 105, Satz 8-2 Rechengesetze für Erwartungswerte 118, Satz 8-3 Mittelwert und Streuung von Stichprobenmittelwerten 118, Satz 8-4 Reichenbach-Bedingungen für gemeinsame Ursachen 127, Satz 9-1 Bayesianische Rechtfertigung der Likelihood-Intuition 139, Satz 9-2 Endwahrscheinlichkeitsverteilung 140, Satz 9-3 Konsequenzen des Indifferenzprinzips 141, Satz 9-4 Gleichverteilung und Williamson-Argument 150, Satz 9-5 Kontinuierliche Konvergenz für induktive Voraussagen 152, Satz 9-6 Kontinuierliche Konvergenz für induktive Generalisierungen 153, Satz 9-7 Endliche Unbelehrbarkeit vorurteilsbehafteter Ausgangswahrscheinlichkeiten 154, Satz 9-8 Einfache Konvergenzresultate 155, Satz 9-9 Unabhängig übereinstimmende Evidenzen 157, Satz 9-10 Bayesianische Pseudobestätigung 164, Satz 9-11 Notwendige Bedingungen für die Übertragung des Wahrscheinlichkeitszuwachses 171, Satz 10-1 Gesetze für unabhängig kombinierte statistische Wahrscheinlichkeiten 188

Personenindex

Adams, E.W. 21, 33f, 186, 207
Albert, M. 112, 207
Aron, A. 112, 207
Aron, E. 112, 207
Bacchus, F. 6, 21f, 24, 186, 203, 207
Barwise, J. 182, 207
Bauer, H. 2, 19f, 116, 119, 122f, 188f, 204, 207
Bayes, T. Vf, X, 1f, 14f, 36, 53f, 66, 69, 74f, 80, 83f, 88f, 114, 133-46, 148-56, 158-68, 170, 172, 174, 176, 178, 194, 196, 199, 207-9, 212f, 215f
Bernoulli, J. 1, 18, 87, 207
Bhaskara Rao, K.P.S. 27, 207
Bhaskara Rao, M. 27, 207
Billingsley, P. 2, 20, 116, 195, 204, 207
Bortz, J. 2, 98, 101-3, 107f, 118f, 121-3, 134, 172, 207
Brier, G.W. 94, 207
Campbell, S. 108, 207
Carnap, R. 2, 7, 12f, 22-4, 32, 67, 71, 80f, 85f, 88f, 91f, 136, 141, 143-6, 160, 162f, 175, 184, 190, 194, 203-5, 207, 209
Church, A. 46, 202, 207
Clauß, G. 123, 207
Coffa, J. 56, 89, 207
Cramér, H. 53, 207
Crupi, V. 165, 207
David, F.N. 201, 208
De Finetti, B. X, 2, 26, 65-67, 74, 85f, 88, 152, 194, 197, 204, 208
Diaconis, P. 204, 208
Döring, N. 107, 207
Douven, I. 178, 208
Eagle, A 61, 202, 208
Earman, J. 2, 57f, 68, 71, 73, 81, 84, 88, 143, 152, 156, 165, 170, 196, 208
Ebbinghaus, H.-D. 183, 208
Ebner, H. 123, 207
Edwards, W. 75, 197, 208
Etchemendy, J. 182, 207
Fine, T. 2, 40, 208
Fisher, R.A. 2, 78, 98, 102, 112f, 133-35, 137, 208
Fitelson, B. 163, 208

Foley, R. 175, 208
Franklin, J. 108, 207
Freedman, D. 204, 208
Gaifman, H. 154-6, 198, 205, 208
Gemes, K. 165, 208, 211
Gillies, D. 2, 39, 53, 61, 63, 68f, 71, 86, 88f, 112, 142, 197, 201-4, 208
Glymour, C. 165, 172, 208
Good, I.J. 89-91, 208
Goodman, N. X, 86, 91, 158-62, 165, 167, 201, 208, 210, 215
Greeno, J. 43, 208
Grünbaum, A. 126, 208
Hacking, J. 133, 208
Hager, W. 107, 113, 213
Hájek, A 51f, 202, 208
Haken, H. 58, 209
Halpern, J.Y. 24, 209
Harman, G. 30, 209
Hawthorne, J. 75, 80, 84, 201, 209
Hays, W. 2, 19, 98, 112f, 118, 134f, 137, 139, 142, 151, 198, 204, 209
Hempel, C.G. 54, 89, 92f, 207, 209
Hewitt, E. 194, 204, 209
Hintikka, J. 146, 209, 212
Hitchcock, C. 173f, 209
Holm, K. 210
Horwich, P. 89, 91, 209
Howson, C. 2, 19, 27, 41, 50, 54, 68, 70, 74, 81, 85, 98, 112f, 134-37, 142, 148, 151, 159, 161, 163, 167f, 192, 197, 202-5, 209
Huber, F. 163, 209
Hübner, P. 210
Humburg, J. 88, 204, 209
Hume, D. 27, 161, 209, 211
Humphreys, P. 61, 209
Hüttemann, A. 211
Jamison, D. 146, 209
Jaynes, E.T. 134, 209
Jeffrey, R. 82, 116, 143, 188, 203, 204, 207
Jeffrey, R.C.
Kahneman, D. 65, 209
Keynes, J.M. 2, 89, 142, 153, 204, 209
Kingman, J.F.C. 204, 209

Klenk, V. 182, 209
Kolmogorov, A.N. 9f, 26, 32, 53, 65, 189, 210
Krantz, D. 181, 210
Kromrey, H. 109, 210
Kutschera, F.v. 2, 22, 48, 74, 88f, 160, 162, 197, 202, 204f, 210,
Kyburg, H.E. 94, 177f, 208, 210
Lad, F. 94, 210
Lakatos, I. 165, 210
Laplace, P.S. 1, 56f, 89, 141, 144f, 201, 210
Lauth, B. 119, 123, 204, 210
Leblanc, H. 160, 210
Lehrer, K. 178, 210
Leitgeb, H. 21, 27f, 40f, 175, 178, 201, 205, 210, 212
Lenz, J. 54, 210
Levi, I. 8, 176, 210
Lewis, D. 51, 61, 73, 210
Lindman, H. 197, 208
Lipton, P. 37, 210
Losee, J. 97, 210
Loux, M.J. 202, 210
Luce, R.D. 210
Maher, P. 149f, 210
Makinson, D. 177f, 210
Mayntz, R. 108f, 126, 210
Mill, J.St. 97, 210
Miller, D. 61, 166, 203, 210f
Musgrave, A.E. 205, 210
Neyman, J. 102, 134, 137, 210
Niiniluoto, I. 30, 146, 210f
Pearl, J. 80, 127, 211
Peirce, C.S. 29f, 211
Popper, K. 13, 32f, 50, 54, 57f, 60, 112f, 143, 166, 201, 211, 215
Price, R. 1, 207
Raiffa, H. 41, 211
Ramsey, F.P. 2, 65-67, 211
Reichenbach, H. 2, 7f, 43, 49, 54, 92, 126-8, 161, 204, 211, 216
Rescher, N. 146, 211
Reutlinger, A. 110, 211
Rosenkrantz, R. 89, 211
Rosenthal, J. 60, 211

Runggaldier, E. 184, 211
Ryder, J.M. 70f, 211
Sachs, L. 15, 211
Salmon, W. 49, 56, 92f, 113, 146, 202, 211
Sareiter, J. 119, 123, 204, 210
Savage, L.J. 194, 197, 204, 208f
Schlesinger, G. 173, 211
Schurz, G. 8, 21, 27f, 30, 34, 40f, 44, 51f, 58, 79, 91f, 110f, 127, 137, 157, 160-2, 165-8, 170, 181, 185, 201, 203-5, 211-3
Schuster, H.G. 57, 212
Skyrms, B. 161, 202f, 212
Slovic, P. 209
Snir, M. 154-6, 198, 205, 208
Sober, E. 167, 173f, 209, 212
Spielman, S. 86, 109, 194, 212
Spielmann, S. 26, 212
Stegmüller, W. 2, 19, 102, 113, 134, 189, 202, 207, 212
Stove, D. 146-8, 150, 212
Strevens, M. 59, 74f, 203, 212
Suppes, P. 32, 34, 209f, 212
Swinburne, R. 167, 210-2
Tarski, A. 184, 212
Trentori, K. 165, 207
Tversky, A. 209f
Unterhuber, M. 79, 212
Urbach, P. 2, 19, 27, 41, 50, 54, 68, 74, 81, 85, 98, 112f, 134-7, 142, 148, 151, 163, 167, 192, 197, 202-5, 209
Van Fraassen, B. 41, 88, 94f, 212
Vickers, J. 146, 150, 212
Von Mises, R. 1f, 46-54, 202, 212f, 215
Weingartner, P. 58, 166, 212f
Westermann, R. 107, 113, 213
Wilholt, T. 176, 213
Williams, D. 146-8, 150, 213
Williamson, J. 74, 89, 146, 148-50, 203-5, 213, 216
Winkler, R. 2, 19, 98, 112f, 118, 134f, 137, 139, 142, 148, 151, 198, 204, 209
Wójcicki, R. 91, 213
Woodward, J. 110, 127, 213
Worrall, J. 112, 168, 213

Sachindex

Abschirmung 127, 204
Additivität 10-3, 19, 21, 26-8, 39, 51, 67, 86, 88, 154-6, 159
  abzählbare – (s. Sigma-–)
  endliche – 10, 12f, 48
  Sigma-– (σ-–) 19, 21, 26-8, 48
Akzeptanz 52, 77, 89, 100, 113, 137, 163, 175-178
  epistemische – 175f
  –intervall 78, 98-123, 134-7, 147
  –koeffizient 98-102, 105
  kürzestes –intervall 135
  Lockes –regel 175
  praktische – 175f
  –schwelle 176
Algebra 9f, 20-24, 31, 40f, 47f, 65-8, 77, 87, 116, 144, 186-9
  Borel-– 20, 48, 116, 117, 204
analytisch 2, 12, 54, 147, 160, 185, 211f
Antecedens 11-4, 74, 79, 97, 106f, 121, 125, 131, 141, 203
Äquivalenz (materiale) 181
Argument (s. auch Schluss)

Bayes-Regel 138, 196
Bayesianismus 133-158, 164-171
  objektiver – 140
  subjektiver – 151
Bedeutung 184f,
Begriff 179ff
  –sarten 179-184
  genereller – 179
  logischer – 181
  nichtlogischer – 179
  singulärer – 179
  theoretischer – 167
Bestätigung
  absolute – 164
  Bayesianische – 84, 163f
  genuine – 164-170, 173f, 212
  inkrementelle – 164
  partielle genuine – 179
  Pseudo-– 164-170
  vollständige genuine – 170

Binomialformel 18, 48, 75, 133

Ceteris Paribus 110f, 203, 205, 211

Determinismus 45f, 55-8
deterministisches Chaos 57f
Disjunktion 181
Doppelblindtest 124
Dutch book 67, 70f, 211

Effektstärke 106f
Einzelfall 130f
Entscheidungstheorie 25
Ereignis 3f, 6f, 9-14, 16-20, 39-49, 54-6, 60-2, 73f, 79, 86f, 92, 94, 112, 129, 161, 186, 189f
erwartungstreu 118, 120, 134
Erwartungswert 41f, 66, 68, 80, 83, 87, 89-91, 95, 99, 117-20, 134, 153, 174, 176
Evidenz 12, 36, 74-85, 114, 133, 138-40, 151
  Gesamt– 8, 81, 175
  Problem der alten – 84f, 164
  unabhängig übereinstimmende –en 156f
  ungebrauchte – 168f
  zulässige – 75-7, 79f, 83, 194
Experiment 1, 5, 9, 15f, 25, 50, 62, 69, 80, 90, 125, 127f, 169, 201
  kombiniertes Zufalls– 25, 188f
  randomisiertes – 125, 128
  Zufalls– 4-6, 9, 16f, 21, 25, 43f, 47-50, 61f, 75, 110, 113, 136, 186
Extension 184-8

fallibel 12
Falsifikation 27, 98, 112, 207
  Quasi-– 45, 112f, 125
Folgerung
  logisch-deduktive – 185
  wahrscheinlichkeitstheoretische – 24
Formalisierung 182f
Formel
  geschlossene – 6
  offene – 6, 186-8

g.d.w. (s. Äquivalenz)
Gehalt 9, 48f, 54f, 77f, 97, 113, 143, 215
  –santeil 166
  –selement 166
  induktiv-empirischer – 54f, 77f, 215
  logischer – 54
  probabilistischer – 54
  relevanter – 166
  –sbeschneidung
Gesetz
  –esartigkeit 110f,
  Permutations– 188
  Projektions– 188
  Unabhängigkeits– 17, 188
Gesetz der großen Zahl 19
  schwaches – 19, 49, 119
  starkes – 19, 49, 119
Grundgesamtheit (s. Population)

Häufigkeit
  relative – 3
  –sgrenzwert 3-6, 9, 11, 19, 21, 25, 39-55, 59-62, 77, 87, 110, 140, 143, 149, 159
Hypothese 8, 15, 27, 36, 77, 97ff, 163ff
  Alternativ– 103
  Null– 103
  –nwahrscheinlichkeit 113, 133-171

Implikation (materiale) 181
Indeterminismus 46, 50, 55-8, 92
  epistemischer – 46
  objektiver – 46-50
Indifferenzprinzip 89, 137, 139-146, 149-54, 159, 216
Indikator 15, 114, 139
individueller Fall 123
Induktion 27, 30, 87, 91, 108, 112, 141, 145f, 158, 161f, 191, 204, 211
  methodische – 112
  logische (s. Wahrscheinlichkeit, logische)
  epistemische – 112
  Goodmans Rätsel der – 159f
  Meta-– 162
induktives Lernen 88
induktives Schließen 34-36, 140-146, 151-156, 158, 161f
Irrelevanz (s. Relevanz)

Integral 26, 83, 115-7, 140, 143, 152, 194, 196f, 204, 209
Intersubjektivität 2, 89, 152
intervenierende Variable 128

Kalibrierung 95
Kausalität 125
  –mechanismus 129
  Richtung der – 128f
  Schein– 125f
Kohärenz 65, 67f, 70f, 77, 93, 193, 215f
  strikte – 68
Konditional, unsicheres 33f
Konditionalisierung 76, 79-83, 90f, 151, 165, 198, 203, 205, 215
  – auf die Gesamtevidenz 81
  strikte – 82
  Jeffrey- 82
Konfidenzintervall 102
Konjunktion 181
  –sregel 176
Konklusionsabspaltung 130f
Konsequens 11, 79, 107f
Kontinuitätsprinzip 28
Kontrollgruppe 103, 124, 127f
Konvergenz von Häufigkeiten 4
Konvergenz von Glaubensgraden 152-5
  einfache – 155
  kontinuierliche – 152f
Koordinationsprinzip 8, 73f, 76, 79, 94
  statistisches – 74-77
  singuläres – 73f,
Korrelation 97f, 104-7, 123, 125-30
Kovarianz 97f, 123
Kreuzvalidierung 174
Kurvenfitten 171-174

Lambda-Kontinuum 145
Laplacesche Folgeregel 141, 144
Likelihood 36, 75, 83f, 114, 133-6, 138-42, 146, 149f, 153, 157f, 161-4, 170, 174, 196
  epistemisches – 134
  –erwartung 134f
  –intuition 114, 133f
  –maximierung 133
  statistisches – 134
Logik 179-186

logisch wahr (L-wahr) 185

maximal bestimmt 93
Medienkritik 129
Mengentheorie 183f
Methode der Übereinstimmung 97
Methode des Unterschieds 97
Mittel
 –wert (arithmetisches –) 116f, 118
 gewichtetes – 15, 144, 190
Modalwert 117
Modell 10, 20-5, 29, 31f, 78, 142, 155, 174, 185, 190f, 201, 205
 –selektion 174
mögliche Welt 23, 52, 185
Möglichkeitsraum 9-11, 20-6, 49, 68, 116, 159, 165, 186-8

Negation 181
nichtmonoton 14, 130, 215
Notwendigkeit 11, 207
Nullwahrscheinlichkeit 5, 143
Nutzen
 – matrix 42, 176
 Ewartungs– 42, 89-91, 176, 204

Overfitting 209

Paradox
 – des Vorwortes 177
 Goodman– 158
 Lotterie– 177
 Bestätigungs– 165
polynomische Funktion 172
Popper-Funktion 32
Population 5, 15, 87, 97-9, 101-3, 106-11, 113f, 118-22, 127f, 133f, 140, 149, 152
post-fakto 167f
Prädikat 179-181
 nomologisches – 91
 pathologisches – 162
 qualitatives – 162
principal principle (s. Koordinationsprinzip)
Produktraum 187f
Propensität 1, 5, 50, 60-3, 73f
 generische – 50, 60
 singuläre – 60-64

Proposition 5, 7, 22f, 31, 34, 65, 67-70, 73, 76, 81f, 94, 175-8, 184, 192f

Quantor 182
 All- 182
 Existenz- 182

Rechtfertigung
 Bayesianische – 138-140
 – der epistemischen Wahrsch. 65-72
 – der statistischen Wahrsch. 39-43
 – des induktiven Schließens 158-163
 – engster Referenzklassen 89-91
 probabilistische – von Schlussarten 29-39
Referenzklasse 7f, 43, 50, 61f, 71, 76, 81f, 84, 89, 91-5, 131, 195
 objektiv engste – 92f
 epistemisch engste – 92f
 relevante – 93
 faktisch engste – 93
 informationell engste – 93
Regularität 68, 87f, 136, 144, 153, 160, 204f, 215
Relevanz 42, 65, 88, 97, 103-7, 109f, 129, 144, 165, 204f
 logische – 165f
 probabilistische –
Repräsentationstheorem 57f
Repräsentativität 108-112, 123-125
 Definition der – 108
 Kriterien der – 108

Satzoperator 10, 179, 181f
 wahrheitsfunktionaler – 181
Schluss 29f
 abduktiver – 29f, 36f
 – auf die beste Erklärung (s. abduktiver –)
 deduktiver – 29f, 185
 induktiver – 29f, 34f
 unsicherer – 33f
Schwächung (s. Bestätigung)
Semantik 184
 logische – 184f
signifikante Stichprobendifferenz 103f
Signifikanz 125, 167
 hohe – (hochsignifikant) 105f
 –koeffizient 98, 100, 103-5

Skala 180
  Intervall– 180
  Nominal– 180
  Ordinal– 180
  Verhältnis– 180
Skaleneinheit 180
Skalennullpunkt 180
Sprachabhängigkeit 136f, 142, 151, 152f, 162, 215
Sprache
  Meta– 185
  Objekt– 185
Standardname 28, 87, 95, 144, 152, 154f, 185, 199, 201
Statistik 97-133
  Fehlerquellen in der – 123-133
  Inferenz– 112f
  Test– 112f
Stellenauswahl 43-49, 51f, 55, 62, 191, 202
  berechenbare – 46
  ergebnisunabhängige – 46
  Insensitivität gegenüber –en 47
  zulässige – 46
Stichprobe
  A–– 98-108, 121, 124
  A-Kontroll– 98-108, 103-5, 124
  geschichtete – 108
  –ndifferenz 103-7, 121, 215
  –nhäufigkeit 18f, 54, 78, 97-100, 105f, 113, 120, 131, 140-4, 147-9, 152f
  Zufalls– 18, 75, 77, 83, 98, 103, 108-10, 118, 148
Streuung 19, 100, 103, 106f, 113, 115, 116-23, 171-4, 205
  – der Stichprobenmittelwerte 118
  korrigierte Stichproben– 120
Strukturbeschreibung 136, 141, 145
Symmetrieargument 147-150

t-Test 121f

Überprüfung
  – auf Wahrheit 98-101
  – auf Relevanz 103-108
  unabhängige – 169
  – von qualitativen Hypothesen 97-114

  – von quantitativen Hypothesen 114-123, 171-175
Unabhängigkeit 13, 16-8, 25, 43, 46-8, 77, 86f, 107, 123, 140, 156f, 188f, 193f, 201-3
  physikalische – 43
  probabilistische – 13f
  statistische – 16f, 188
Ursache 29, 61, 111, 125-30, 156, 215f
  gemeinsame – 126f
  Mittler– 127

Variable
  diskrete – 59, 115
  kontinuierliche – 99, 114f
  logische – 180, 182
  mathematische – 180
  Zufalls– 114
Varianz 116-9, 122, 198
Vertauschbarkeit 35, 85-8, 144, 146, 153f, 158-60, 162, 167, 193, 204f, 215f
Verteilung
  β-– 141f
  Binomial– 16-20, 48, 75, 77, 98, 100, 103, 115, 121, 133, 141, 191, 204, 215
  – der Stichprobenhäufigkeiten 18f, 99f
  – der Stichprobenmittelwerte 118
  Gauß– 115
  Gleich– 1, 26, 58-60, 116, 136, 140-5, 149, 150, 195, 197f, 215f
  kontinuierliche – 114f
  schiefe – 117
  nichtdogmatische – 154
  Normal– 18, 98, 100, 104, 115-7, 119-21, 134, 151, 171, 215
  uniforme – 29, 87f, 116, 140, 142f, 152, 160f, 216
Voraussage(n) 42f, 50, 88-92, 94, 152, 155, 161, 167-9, 177f, 202, 216
  qualitativ neuartige – 168f

Wahrheit 97, 185
Wahrscheinlichkeit
  – als Disposition 43, 50
  – als Glaubensgrad 1, 76
  apriori – 79
  aktuale – 80-2

Ausgangs– 8, 15, 36, 79-89, 93, 138-43, 146, 149f, 154f, 158f, 161, 164, 167-70
Axiome der unbedingten – 10
Axiome der bedingten – 12
bedingte – 7, 11-5, 30-3, 67, 75, 83, 130, 143f, 190, 195, 203, 215
Bias der – 26f
Definition der statistischen – 43-54
Definition der epistemischen – 65
dichte 115
epistemische – 3, 65-73
erfahrungsunabhängige – 79f
formal-mengenalgebraischer Aufbau der – 20, 188f
formal-semantischer Aufbau der epistemischen – 22
formal-semantischer-epistischer Aufbau der statistischen – 21, 186-8
formal-syntaktischer Aufbau der – 23f
End– 139f
logische – 144-146
objektive – 3
reguläre – 68
statistische – 3, 39-60

Stützungs– 83f
subjektive – 3, 65-73
Theoreme der – 11, 14
– und Akzeptanz 175-7
undogmatische –
vertauschbare – 85f
Wettquotient 65-71, 192f
 fairer – 67
Wettsystem 67
Wirkung – s. Ursache

zentraler Grenzwertsatz 119
zirkuläre Definition 45
z-Transformation 117
Zufälligkeit 5, 47-50, 55f, 58, 92, 173
 objektive – 56-60
Zufallsfehler 119, 124, 127f
Zufallsfolge 3-6, 9, 11, 19, 21, 43-47, 50-5, 61f, 113, 148, 201
Zurückweisungsintervall 98-100, 103, 106, 113, 137
Zustandsbeschreibung 57, 136, 140-4, 195, 205

www.ingramcontent.com/pod-product-compliance
Lightning Source LLC
Chambersburg PA
CBHW051056230426
43667CB00013B/2327